알기 쉽게 풀어 쓴
펌프 이야기

노형운 지음

지오북스

[저자 약력]

지은이   노 형 운   rohlee1@gmail.com

숭실대학교 기계공학과에서 학사 및 석·박사 학위를 취득했으며, 조선대학교에서 BK21 계약교수, 시립인천전문대학에서 겸임교수를 역임했다. 2003년부터 (주)아이베이에서 대표이사로 약 20년째 재직 중이고, 2010년부터 숭실대학교 기계공학부에서 시간강사 및 겸임교수로 재직 중이다.

25여 년 동안 한국수자원공사, 한국수력원자력, 농어촌공사와 같은 공사부터 소기업의 유체공학 및 유체기계 관련 개념설계, 기본설계, 실험, 제작 및 생산 등 수많은 자문을 진행 및 해결했다.

또한, 생체유체역학 전공을 기초로 세브란스 병원과 삼성서울병원 및 여러 병원의 임상의와 함께 의료 관련 연구 및 의료기기를 생산했다. (사)한국유체기계학회 펌프분과의 총무직을 수년 역임했고, 현재 (사)순환기의공학회에서 사업이사를 맡고 있다.

[저서]
『문제 해결력을 키우는 유체역학』(한빛아카데미(주), 2023)

[공저]
『공학도를 위한 유체공학실험(2판)』 (지오북스, 2022)
『수차의 이론과 실제』 (동명사, 2014)
『실무 유압공학』 (삼성북스, 2009)

초판발행   2025년 2월 26일
저 자   노형운
펴낸곳   지오북스
등 록   2016년 3월 7일 제395-2016-000014호
전 화   02)381-0706 / 팩스   02)371-0706
이메일   emotion-books@naver.com
홈페이지   www.geobooks.co.kr
ISBN   979-11-94145-20-2
정 가   25,000 원

이 책은 저작권법으로 보호받는 저작물입니다.
이 책의 내용을 전부 또는 일부를 무단으로 전재하거나 복제할 수 없습니다.
파본이나 잘못된 책은 바꿔 드립니다.

머릿말

유체기계는 펌프, 수차와 같은 수력기계와 팬, 송풍기, 압축기 또는 풍차와 같은 공기기계 그리고 유압기계로 구분이 됩니다. 그런데, 언젠가부터 유체기계와 유압기계 등과 같은 학문은 현장에서 사용되는 아주 기본적인 학문임에도 불구하고, 더 이상 학교에서 가르치지 않거나, 유체역학의 한 챕터로 구성 및 다루고 있는 실정이 되어 버렸습니다.

이런 상황 속에서 유체기계 관련 중소기업에서 기계공학 전공자 학생들을 채용하여도, 펌프에 "펌"자도 더 나가서 "유체역학"의 "유"자도 모르는 것이 전혀 이상하지 않은 상황이 도래되었습니다.

이러한 상황은 충분히 이해는 됩니다. 유체역학2 끝 무렵(기말고사 가까이 돼서)에 1주에 한학기 분량을 다 배워야 하는데, 가르치는 선생이나 배우는 학생이나 암묵 간에 타협하고 넘어갔지 않나 생각합니다. (물론 다 그렇다는 것은 아닙니다.)

그렇다면 산업체 현실은 어떠할까요? 국내 굴지의 펌프회사들을 보면, 20세기 말까지 중요한 역할을 하던 설계자와 경험자들이 2025년에 현재 접어들어 대부분 노년기에 접어들거나 퇴사한 상황이 되어 버렸습니다.

또한, 제조단가를 맞추기 위하여 이제는 개발보다는, 중국에서 싸게 구매해서 재조립해서 파는 경우로 전향하다 보니, 체계적이지 않은 중소기업의 현실로 펌프의 개념과 원리 등을 쉽게 이해하기에는 더 이상 쉽지 않은 상황이 된 것이 현실입니다.

더 나아가, 이제는 펌프와 같은 대상은 신학문(New Technology)이 아니라는 생각에 근거하여, 이제는 레드오션 시장으로 편재되고 있으며, 기초 산업임에도 불구하고, 신규 프로젝트나 투자 등이나, 우수한 인력을 확보하기 힘든 실정이 되었습니다.

따라서, 필자는 이러한 현상을 조금이라도 지연시키고, 펌프관련 종사자들에게 조금이라도 도움을 주기 위하여, 25년간 관련 업종에서 종사하면서 설계 및 프로젝트 등을 통하여 얻은 산지식들을 이용하여 이 책을 집필하고자 했습니다.

책의 내용 중 개념을 파악하는 것이 중요하기에, 단위사용에 있어 영국단위계 그리고 SI 단위계를 혼재해서 사용하였고, 그림도 때때로 참고문헌에서 사용한 그대로 사용하였습니다. 이 점 양해 바랍니다.

책을 저술하면서, 될 수 있으면 주석으로 저자권을 표시해주었으나, 그동안 모아왔던 자료들이 오래된 것이다 보니, 참고문헌을 찾지 못한 것들이 있습니다. 보시다가 빠진 부분을 언급해 주시면 재판시 반드시 반영하겠습니다. 또한, 내용이 잘못 설명되었다고 생각하는 부분이나 오타가 있다면 연락해 주시기 바랍니다.

시국이 어렵습니다. 가내 두루 평안하시기 기원합니다.

2025. 2
노형운 배상

목 차

제 1 장 펌프 시스템에서의 에너지 ······ 1
- 1.1 압력(Pressure), 헤드(Head) ······ 1
- 1.2 에너지와 헤드(Head) ······ 3
- 1.3 배관내 압력 변화 ······ 11
- 1.4 펌프시스템의 출구조건 ······ 18
- 1.5 실양정과 정적헤드 ······ 20

제 2 장 펌프 ······ 29
- 2.1 펌프란? ······ 29
- 2.2 펌프의 구성요소 ······ 35
- 2.3 펌프의 종류 ······ 64

제 3 장 비속도 ······ 71

제 4 장 상사법칙 ······ 75
- 4.1 개념 ······ 75
- 4.2 임펠러 컷팅과 회전수제어 따른 상사법칙 ······ 75

제 5 장 점성의 영향 ······ 79
- 5.1 유체의 분류 ······ 79
- 5.2 뉴턴유체의 특성 ······ 84
- 5.3 비뉴턴유체의 특성 ······ 83
- 5.4 뉴턴유체에 대한 펌프의 성능특성 ······ 93
- 5.5 비뉴턴유체에 대한 펌프의 성능특성 ······ 94
- 5.6 뉴턴유체의 점성변화에 따른 펌프성능 환산법 ······ 97
- 5.7 비뉴턴유체의 점성변화에 따른 펌프성능 환산법 ······ 101

제 6 장 펌프 특성 곡선과 관로 저항 곡선 ······ 103
- 6.1 개념 ······ 103
- 6.2 회전수 변화에 의한 펌프 특성 곡선과 관로 저항 곡선 관계 ······ 108
- 6.3 관로의 특성곡선 계산 ······ 111
- 6.4 관련 예제 풀이1 ······ 111
- 6.5 관련 예제 풀이2 ······ 113
- 6.6 전력원단위(Specific Power) ······ 119

제 7 장 연합운전 ······ 123
- 7.1 개념 ······ 123
- 7.2 직렬운전 ······ 124
- 7.3 병렬운전 ······ 126

제 8 장 변속운전 ······ 133
- 8.1 개념 ······ 133
- 8.2 변속장치의 종류 ······ 134
- 8.3 변속운전시 기계적인 부하 ······ 145
- 8.4 변속장치의 일반적인 적용 ······ 147
- 8.5 변속장치 설치시 단점 ······ 148
- 8.6 전력원단위 계산 ······ 149

제 9 장 펌프의 흡입조건과 NPSH ······ 155
- 9.1 흡입조건 ······ 155
- 9.2 유효흡입헤드, NPSH ······ 160
- 9.3 흡입배관 설계 ······ 162
- 9.4 흡입손실 ······ 168
- 9.5 NPSH 계산 예제 ······ 169

제 10 장 캐비테이션 ······ 175
- 10.1 정의 ······ 175
- 10.2 흡입비속도 ······ 179
- 10.3 어느 정도의 NPSH라면 충분한가? ······ 181
- 10.4 재순환현상 ······ 185

제 11 장 흡수정과 보텍스 ······ 189
- 11.1 흡수정에서의 유동현상 ······ 189
- 11.2 보텍스의 종류 ······ 190
- 11.3 보텍스의 영향 ······ 191
- 11.4 보텍스의 발생원인 ······ 192
- 11.5 수리모형실험 ······ 199
- 11.6 보텍스 방지 기구 ······ 206
- 11.7 실험절차서 ······ 212

제 12 장 수격현상 ······ 217
- 12.1 정의 ······ 217
- 12.2 관련 이론 ······ 219
- 12.3 수격현상의 완화방법 ······ 245
- 12.4 설계 예를 통한 설계인자 검토 ······ 250

제 13 장 사례를 통한 펌프 선정과 유지보수 ······ 257
- 13.1 펌프선정시 고려해야 할 사항 ······ 257
- 13.2 관성에너지 ······ 260
- 13.3 복잡한 시스템에 대한 펌프선정 ······ 263
- 13.4 다운 힐 펌핑 시스템 ······ 268
- 13.5 펌프 성능 저하의 문제 해결 ······ 271
- 13.6 진동 ······ 276

※ 찾아보기 ······ 282

제 1 장 펌프 시스템에서 에너지

> ► 펌프시스템에서 유체의 이동을 표현하기 위하여 에너지(head, 헤드)의 개념을 자주 사용한다.
> ► 펌프를 다루전에 압력과 헤드에 대한 정확한 개념을 파악하여야 한다.

1.1 압력(Pressure)

정지 유체에서 압력은 높이(z)에 따라 변화된다.[1] 이를 확인하기 위하여 유체의 얇은 조각(dz)이 [그림 1.1.1]에서 보는 바와 같이 힘에 둘러싸여 있으면서 고립화되어있다고 가정해보자.

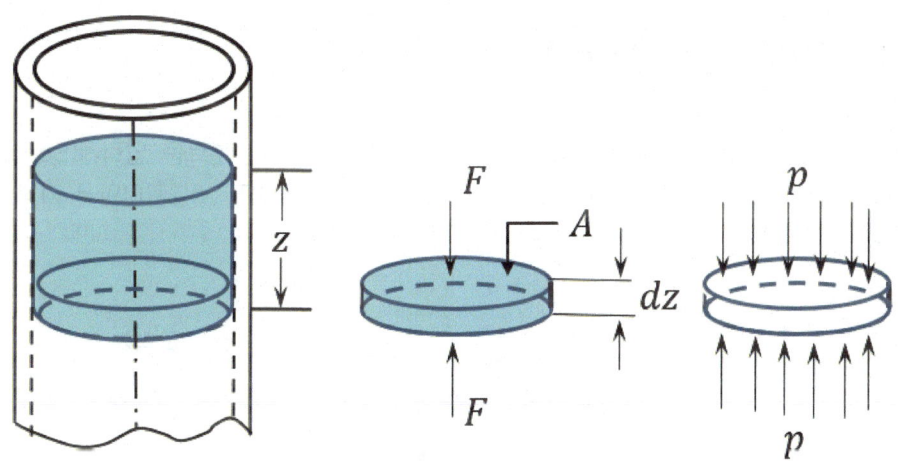

[그림 1.1.1] 수직방향으로 작용하는 검사체적내 유체의 자유물체도

만약 유체의 조각(slice)이 매우 얇다면(dz), 상부와 하부에서 작용되는 압력은 같아진다. [그림 1.1.1]에서 보는 바와 같이 힘 벡터는 이 조각의 상부와 하부에서 작용된다.

조각 내 유체는 또한 관내 벽에 대하여 수평 방향으로 압력이 작용하며 이러한 힘은 관벽 내에 응력에 의하여 균형이 이루어진다. 조각 하부에서 압력은 단위면석으로 나누어신 유체의 중량은 다음 식 (1.1.1)과 같다.

---

[1] 유체역학에서 정수력(Hydrostatic Force, $F = \rho g z$)를 확인해보자.

$$F = \rho g V = \gamma V = \gamma z A \quad \therefore \quad V = zA \qquad (1.1.1)$$

식 (1.1.1)에서 압력 p는 단위면적당(A) 유체 무게이므로, 식 (1.1.2)와 같이 계산된다.

$$p = \frac{F}{A} = \frac{\gamma z A}{A} = \gamma z \qquad (1.1.2)$$

여기서　　F : 유체 중량에 의한 힘

　　　　　V : 체적　　　　　g : 중력가속도
　　　　　p : 압력　　　　　γ : 유체 비중량

▶ NOTE 1.1 부르동 압력계

펌프시스템에서 많이 사용되는 압력계는 [그림 1.1.2]와 같이 부르동 압력계(Bourdon Pressure gauge)인데 이는 적용된 압력에 반응하여 변형되도록 만들어진 밀봉관이면서 가장 일반적인 압력 측정 시스템이다.

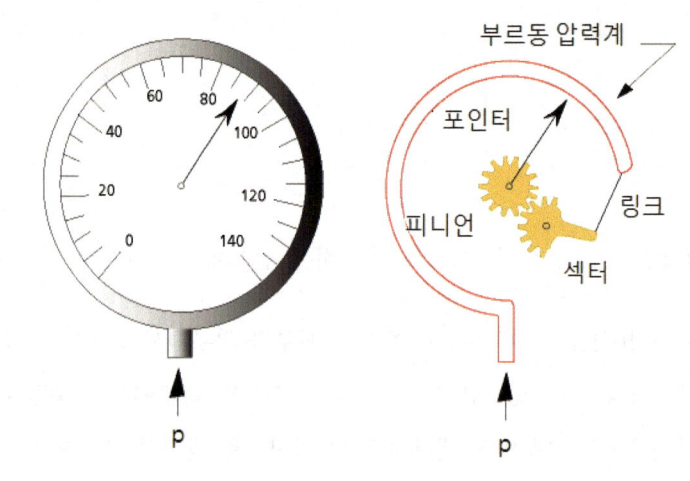

[그림 1.1.2] 부르동 타입 압력계

1.2 에너지와 헤드(Head)

펌프가 유체를 보낼 수 있는 높이를 압력보다는 헤드(head)라는 용어를 많이 사용한다. 헤드의 개념은 에너지 형태이고 펌프시스템에 사용되는 헤드는 아래와 같다.[2]

➡ 위치헤드 또는 정적헤드, 속도헤드, 압력헤드, 손실헤드.

1.2.1 압력과 압력헤드

압력은 저장 탱크 하단에서 생성된다. 왜냐하면, [그림 1.2.1]과 같이 컨테이너에 액체가 가득 채워졌거나 표면에 걸쳐 균등히 분포되는 힘을 생성하는 무게 때문이다. 이런 압력을 정압(static pressure)이라 한다.

[그림 1.2.1](a)와 같이 내부 압력은 탱크의 높이인 식 (1.1.2)로 사용할 수 있다. 이는 압력(p)은 압력헤드(γz)의 관계를 의미한다. 배관내 유체의 압력을 길이로 표현할 수 있다는 뜻이다. 따라서 헤드를 수두(水頭)[3]라고 사용하고 한다. 단, 압력헤드는 탱크에 있는 유체의 비중량[4]에 따라 [그림 1.2.1](b)와 식 (1.2.1)과 같이 달라진다.

$$p = SG\gamma_W z \qquad (1.2.1)$$

여기서 SG : 유체의 비중 γ_W : 물의 비중량

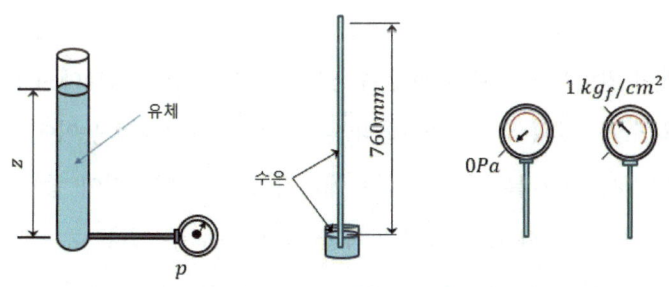

(a) 탱크압력을 길이로 표현 (b) 유체가 수은인 경우 (c) 압력의 단위

[그림 1.2.1] 압력헤드와 압력의 관계

---

[2] 펌프에서 양정, 수차에서 낙차라는 용어로 헤드가 사용되지만 영어로는 모두 1가지 용어인 헤드로 사용된다.
[3] 수두라는 한자를 살펴보며 물의 머리라는 일본식 한자이고 이는 영어로 마노미터(Mamometer)를 의미한다.
[4] 수은의 비중은 13.66이다.

압력의 단위는 [그림 1.2.1](c)와 같이 SI단위로 Pa, 중력단위계로 kg_f/cm^2, 영국단위계로 psi, psf, bar를 사용하므로 환산관계를 파악할 필요가 있다. 국내현장에서는 Pa보다는 kg_f/cm^2인 중력단위계를 많이 사용한다.[5]

▶ NOTE 1.2 파스칼 법칙

수위가 같을 때 저장 탱크의 밑단의 압력은 형태와 상관없고 밑단의 압력은 항상 같다. 만약 복잡한 배관 시스템에서 바닥에서 압력을 알기 위하여 높이만 알고 있다면 가능하다는 사실이 매우 중요하다.

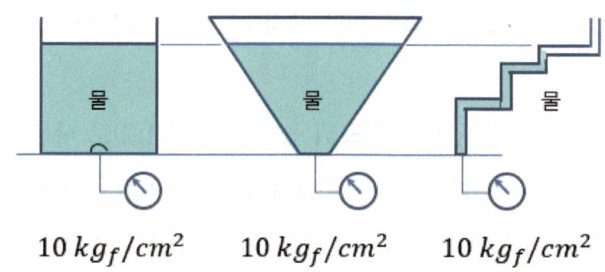

[그림 1.2.2] 압력이 높이의 함수라는 것을 의미하는 파스칼 법칙

1.2.2 압력, 위치, 마찰 및 속도에너지의 관계

식 (1.2.1)과 같이 압력을 높이로 표현할 수 있다는 것은, 정적 상태에서 [그림 1.2.3]와 같이 압력 헤드가 위치 헤드와 같다는 것을 의미한다. 위치 헤드는 임의의 높이에 있는 액체가 가지고 있는 에너지이다. 따라서 헤드라는 용어보다는 에너지로 사용하는 것이 좀 더 이해하기 쉽다.

예를 들어, [그림 1.2.3]에서 보면 물이 가득한 탱크를 볼 수 있다. 튜브에 물이 가득 차 있으며, 언덕 위에 있는 자전거를 표현하는 경우와 같다. 탱크는 바닥에서 압력을 생성하고 또한 튜브 내에서 압력이 생성된다. 자전거가 하강할 때 에너지로 사용되기 때문이다. 만약 이 에너지가 방출된다면 전기를 생산할 수 있는 터빈 등을 구동시킬 수 있다.

---

[5] 단위에 대한 개념은 유체역학에서 공부하기 바란다.

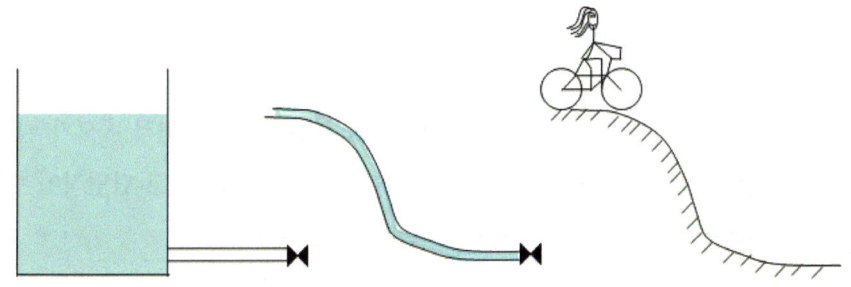

[그림 1.2.3] 정적 상태(평형 상태)에서 압력에너지와 위치에너지 관계

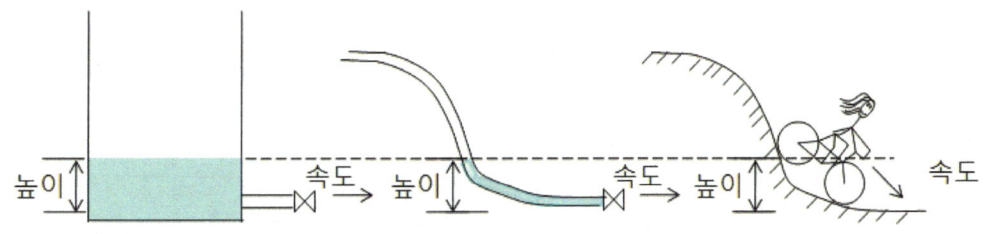

[그림 1.2.4] 동적 상태에서 위치, 압력, 속도에너지의 관계

탱크 바닥의 밸브가 개방됨에 따라 [그림 1.2.4]와 같이 임의 속도로 탱크에서 방출된다. 이런 경우, 압력에너지는 속도에너지로 변환되고, 위치에너지는 감소한다. 세 가지 형태의 에너지 즉 위치, 압력과 속도의 합은 같다.[6] 여기서 속도에너지는 움직이는 물체가 가지고 있는 에너지이다. 즉 투수가 야구공을 던질 때 운동에너지라 불리는 속도에너지를 의미한다. 여기서 마찰에너지 즉 손실(Loss)가 발생하게 되는데 이는 시스템 내 관로 또는 피팅을 통하여 액체의 운동에 의해 소실되는 에너지이다.

펌프에서 공급되는 에너지는 식 (1.2.2)와 같이 정지상태의 위치에너지에 마찰에너지를 더하여야 한다. 식 (1.2.2)의 펌프에너지는 식 (1.5.1)과 같은 전양정이라 정의된다.

$$펌프에너지 = 정치상태의 위치에너지 + 마찰에너지 \qquad (1.2.2)$$

---

[6] 베르누이 방정식으로 위치에너지+속도에너지+압력에너지의 합은 같다.

1.2.3 펌프내 에너지 보존법칙

[그림 1.2.5]에서 보듯이 입구에서 유입된 유량은 적은 관을 통과하면서 속도가 빨라지고 압력은 떨어진다. 즉 유량은 배관이 크거나 작거나 동일하다.[7] 유량은 동일하고 단면적에 변화에 따라 속도는 변화하기 때문에 배관이 적은 쪽에서는 속도가 빠르게 된다.

1.2.2절에서 보듯이 압력에너지와 속도에너지 사이에는 관계가 있다. 만약 속도가 증가한다면 압력에너지는 감소할 것이다. 이러한 법칙을 베르누이 방정식이라 하며 에너지 방정식이라 한다.

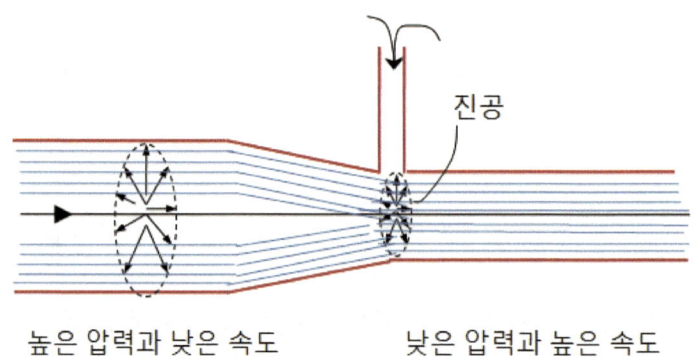

[그림 1.2.5] 벤투리관에서의 에너지의 관계

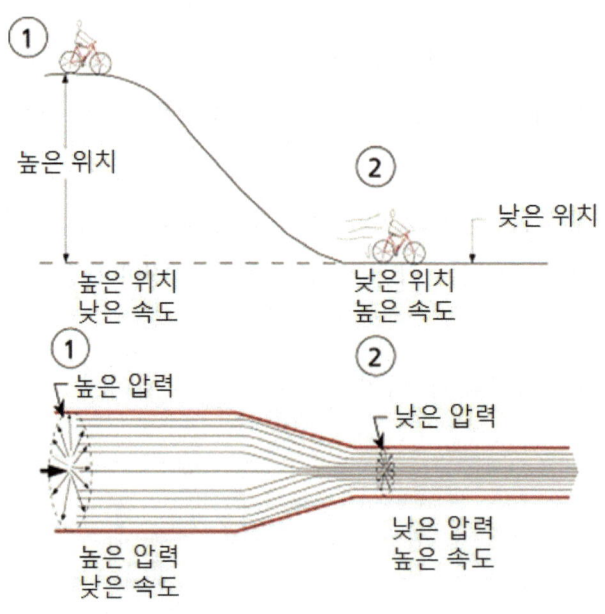

[그림 1.2.6] 에너지방정식 설명

---

7) 연속방정식($Q = A_1 V_1 = A_2 V_2$)을 참조하라.

이것은 [그림 1.2.6]과 같이 자전거 타는 사람이 정상과 바닥에 있는 것과 유사하다. ①점에서 자전거의 고도는 높고 속도가 거의 정지상태이다. 바닥(②점)에서 고도는 낮고 속도는 빠르게 된다.

즉, 위치에너지가 속도(운동)에너지로 변환된 것이다. 압력과 속도에너지는 같은 방식으로 작동된다. 관내 면적이 큰 영역에서는 압력은 높고 속도는 낮지만, 면적이 적은 영역에서는, 압력은 낮고 속도는 빠르다.

베르누이 방정식은 시스템의 두 점 사이의 관계인 식 (1.2.3)과 같다. 즉 압력, 속도, 위치에 관한 에너지의 합은 항상 같은데 마찰을 고려하면 식 (1.2.2)와 같다.

$$\frac{p_1}{\gamma}+\frac{v_1^2}{2g}+h_1=\frac{p_2}{\gamma}+\frac{v_2^2}{2g}+h_2 \qquad (1.2.3)$$

여기서 p_1은 ①점에서의 압력, v_1과 h_1은 점 ①에서의 속도와 위치가 되고, 하첨자 2는 ②점에서의 압력, 속도 및 위치가 된다.

자전거의 경우에는 작용하는 압력이 대기압이기에 압력은 0이 되고, 속도와 위치의 변화만 있으므로 베르누이 방정식은 식 (1.2.4)와 같다.

$$\frac{v_1^2}{2g}+h_1=\frac{v_2^2}{2g}+h_2 \qquad (1.2.4)$$

식 (1.2.4)는 자전거가 h_2로 하강할 때는 h_1보다 적게 되고, v_1보다 v_2가 커짐으로 평형을 이루게 된다. 단, 벤투리관의 경우에서는 위치변화가 없고, 단순히 속도와 압력이 변하므로 베르누이 방정식은 식 (1.2.5)와 다음과 같아진다.

$$\frac{p_1}{\gamma}+\frac{v_1^2}{2g}=\frac{p_2}{\gamma}+\frac{v_2^2}{2g} \qquad (1.2.5)$$

식 (1.2.5)에서 v_2가 v_1보다 크다면 에너지 평형을 위하여 p_2는 v_1보다 적어져야 한다. [그림 1.2.6]에서 ①점과 ②점에서 속도는 ①점과 ②점에서의 유체입자의 위치에서 펌프작용 때문에 발생한 것이다. ①점과 ②점의 속도에너지 차이가 에너지 차이가 된다. 그러나, 실제로 펌프 시스템에서 두 지점의 속도 차는 매우 적다. 그 이유는 [그림 1.2.7]에서 보듯이 일반적인 펌프 시스템에 주어지는 흡·토출 배관에 의하여 속도에너지가 좌우되고, 속도에너지는 배관지름의 제곱 차이이기 때문에 적다.

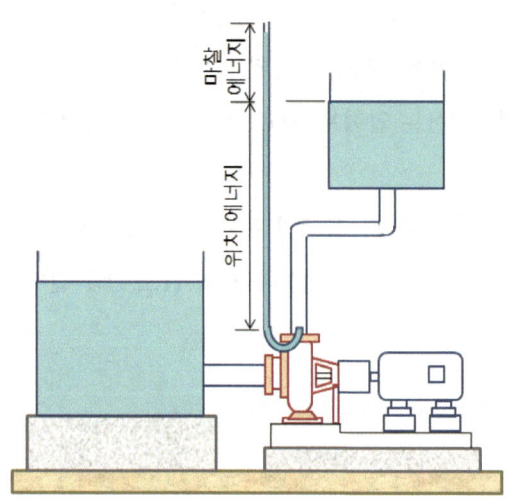

[그림 1.2.7] 일반적인 압상용 펌프 시스템

1.2.4 에너지와 헤드의 관계

지금까지 토의한 내용대로 한다면 헤드는 무엇일까? 헤드는 시스템에서 에너지 사용을 단순화하는 방법임을 알 수 있다. 따라서 에너지를 사용하기 위하여 유체중량을 이용하여 정리하면 식 (1.2.6)과 같고, 이 위치에너지(P_e)는 물체의 중량(W)에 거리(d)를 곱한 것과 같다.

$$P_e = W \cdot d \tag{1.2.6}$$

마찰에너지(f_e)는 식 (1.2.7)과 같이 마찰력(f)에 배관길이 또는 유체가 흐르는 길이(ℓ)를 곱하면 된다.

$$f_e = f \cdot \ell \tag{1.2.7}$$

헤드는 단위 중량당 에너지 또는 단위 중량당 물체의 총 에너지로 규정할 수 있다. 따라서 위치헤드(Elevation Head, E_H)는 식 (1.2.8)과 같이 길이 단위로 정리된다.

$$E_H = W \cdot d / W = d \tag{1.2.8}$$

마찰 헤드(f_H)는 유체 중량당 마찰에너지이므로 식 (1.2.7)은 식 (1.2.9)와 같이 변경된다.

$$f_H = f_e/W = f \cdot \ell / W \qquad (1.2.9)$$

식 (1.2.9)를 자세히 보면, 마찰력(f)의 단위는 $[N]$이며, 중량(W)의 단위 또한 $[N]$이기 때문에 마찰헤드의 단위는 길이인 $[m]$가 된다. 즉, 마찰 헤드는 펌프가 마찰을 극복하여 원하는 높이로 물을 공급할 수 있는가를 표현하는 에너지로 사용되며, 단위는 길이임을 알 수 있다. 이것이 **헤드의 개념**이다. 따라서 펌프에서 헤드와 에너지를 같은 용어로 사용한다.

만약 [그림 1.2.7]과 같이 펌프 토출 측에 배관을 부착시킨다면, 펌프 토출 쪽에서 압력을 정확히 평형 시킬 높이만큼 배관 내에서 유체가 상승한다. 배관 내에서 유체 높이는 위치 헤드와 마찰 헤드의 합으로 표현할 수 있고, $[m]$단위로 표현할 수 있다. 즉 [그림 1.2.8]과 같은 펌프시스템에서 펌프가 감당해야 될 펌프에너지는 위치에너지와 마찰에너지의 합으로 주어져야 한다.

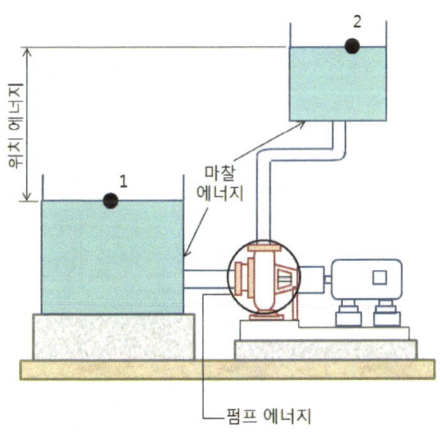

[그림 1.2.8] 길이 단위로 표시된 펌프에너지

▶ NOTE 1.3 헤드(Head)

영어사전에서 『헤드(head)』는 탱크 내에서 물이 높이를 유지하기 위한 에너지이다.

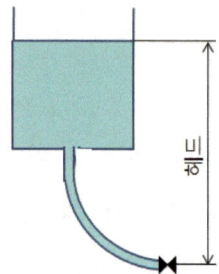

[그림 1.2.9] 헤드의 개념

    수위가 같을 때 저장 탱크의 밑단의 압력은 형태와 상관없고 밑단의 압력은 항상 같다. 만약 복잡한 배관시스템에서 바닥에서 압력을 알기 위하여 높이만 알고 있다면 가능하다는 사실은 매우 중요하다.

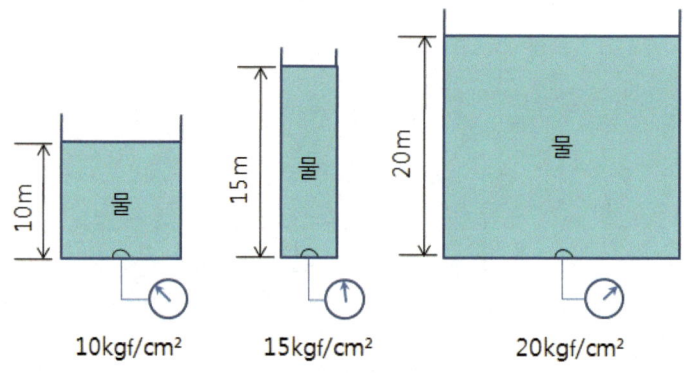

[그림 1.2.10] 탱크높이에 따른 압력의 차이

1.3 배관내 압력 변화

1.3.1 일반적인 펌프 시스템내 압력변화

[그림 1.3.1]과 같은 내용을 교재 1장에서부터 굳이 설명하는 이유는 펌프에 의하여 가압되는 경우, 관로내 압력변화가 중요하기 때문이다. 이를 위하여 먼저 [그림 1.3.1](a)와 같이 흡상되는 일반적인 펌프시스템에서 [그림 1.3.1](b)와 같이 위치별 압력 변화의 추이를 나타내었다. [그림 1.3.1](b)에서 보듯이 압력은 펌프(S와 P사이)를 기준으로 대기압보다 낮고 혹은 대기압보다 높아짐을 알 수 있다.

[그림 1.3.1](a)는 흡상시스템이기 때문에, 펌프의 흡입쪽은 음(-)의 압력을 갖고 펌프에너지에 의한 P점으로 가압되고 상부수조의 압력이 대기압이 되므로 2점에서의 압력은 0이 된다.

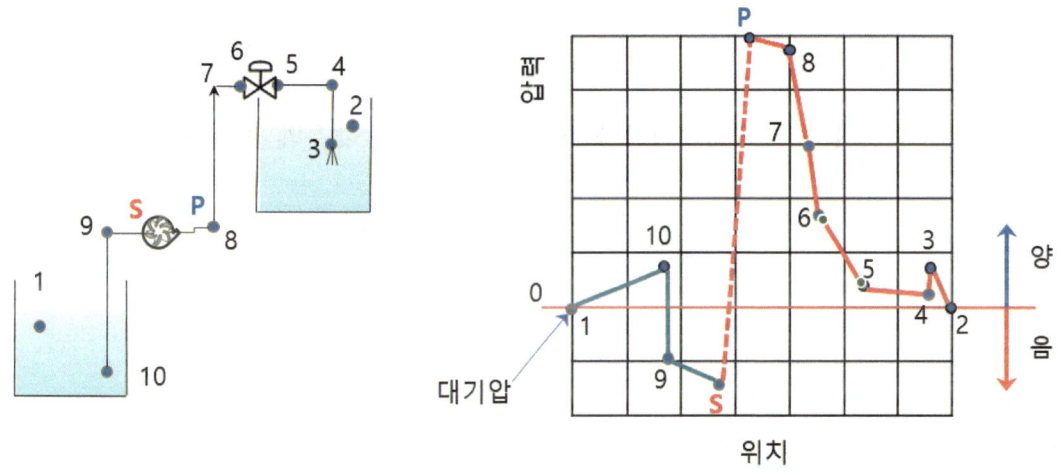

[그림 1.3.1] 펌프 시스템에서의 압력 변화[8]

펌프 시스템을 이해, 설계 및 선정하기 위하여 주어진 시스템에서 압력이 어떻게 변화하고 있는지 정확하게 파악해야 한다. 이를 알아보기 위하여 먼저 빨대를 통한 압력 변화를 먼저 살펴보자.

1.3.2 사이펀 효과와 수주 분리

[그림 1.3.2]의 같이 관속에 물이 공급되다가, 만약 공급되는 힘이 끊어졌다고 가정한 경우에 배관을 수직으로 세워보자. 이때 배관내 유체는 어떻게 될까? 유체는 밑으로 하강할 것이다. 왜냐하면, 중량을 지탱하기 위한 상승 힘이 없기 때문이다.(펌프에 의한 에너지 공급이 없기 때문) 배관내에서 유체는 양면에 대기압이 작용되고 대기압에 의하여 생성된 힘은 동일하고, 식 (1.3.1)과 같

---
[8] 자세한 압력변화는 주어진 배관자재에 의하여 변화될 수 있다.

이 유체의 중량을 지탱하기 위한 순수 중량에 의하여 하부로 떨어지게 된다.

$$W - F_{atm_{Top}} + F_{atm_{Bot}} \neq 0 \tag{1.3.1}$$

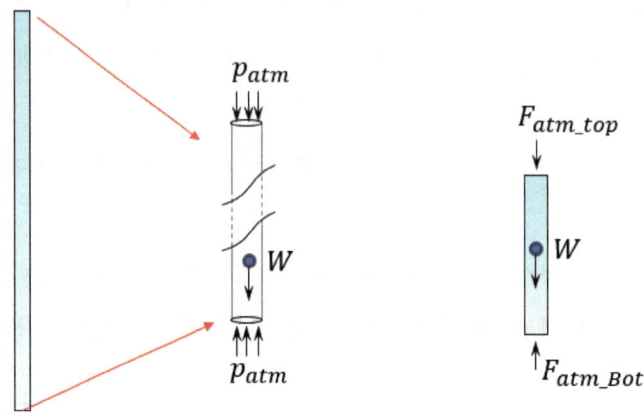

[그림 1.3.2] 빨대를 통하여 유체가 흘러갈 경우의 자유물체도

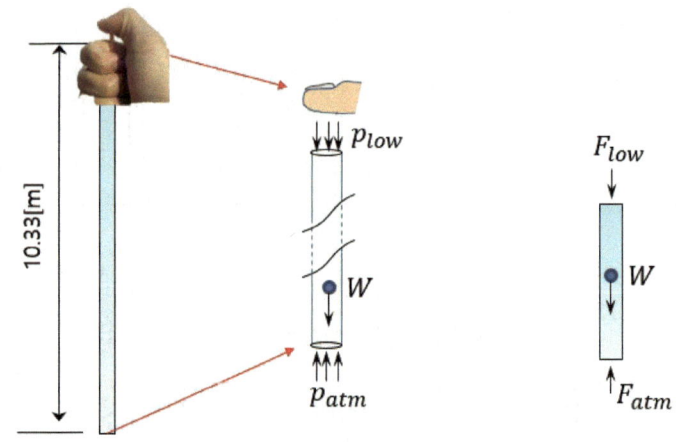

[그림 1.3.3] 손가락으로 빨대 상부 끝을 밀봉시킨 경우

$$W - F_{low} + F_{atm_{Bot}} = 0 \tag{1.3.2}$$

[그림 1.3.3]과 같이 빨대를 통하여 유체를 빨아올리려면 빨대 상부에서 저압을 생성시키면 가능하게 된다. 만약 저압을 계속 유지할 수 있다면 식 (1.3.2)와 같이 평형이 되어 빨대 내에서 물을 계속 채울 수 있다. 즉, 상부 끝에서 저압이 발생할 때, 유체를 유지해준다. 손가락 또는 상부 끝으로부터 유체를 당기려는 유체의 중량에 의하여 저압이 생성된다. 이때 유체가 상부 끝에서 밀봉되

었다면, 수직관 내 유체가 매달려 있다. 압력은 밀봉된 측이 개방된 측면에서 낮게 되기 때문이다. 이러한 압력의 차이는 식 (1.3.2)와 같이 각 측면의 힘 차이가 발생된다.

[그림 1.3.4]와 같이 유연한 목을 가진 빨대를 사용하여 물을 빨아들이고, 빨대 하부를 밀봉해보자. 즉 [그림 1.3.3]의 경우와 반대 경우이다. 상부에 있는 ②점에서 유체는 (a)상태와 같이 ①점으로 유체가 떨어질까, 아니면 (b)상태와 같이 수주분리[9]가 될 것인가?

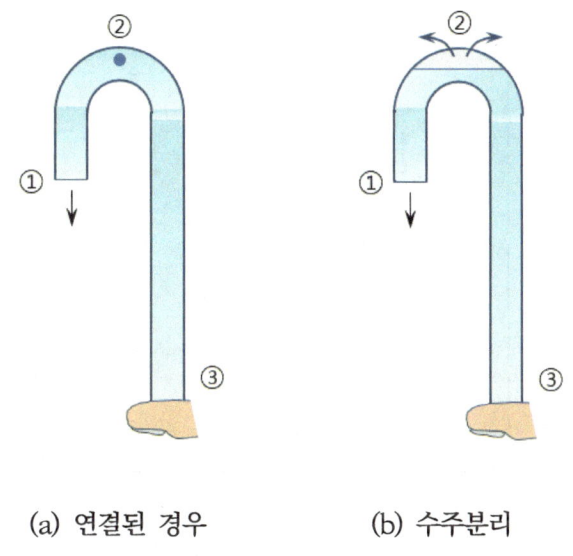

(a) 연결된 경우　　　　(b) 수주분리

[그림 1.3.4] 유연한 목을 갖는 빨대 하부를 밀봉한 경우

[그림 1.3.4]와 같은 경우 ②점(빨대의 high point)에서 저압이 생성되고 저압은 ①점과 ②점 사이에 유체를 연결해 준다. 이때 ①점에서 압력이 대기압이라고 한다면, ②점의 압력은 부(-)압이 발생하고 식 (1.3.3)과 같이 정리될 수 있다.

$$p_2 < p_3 < (p_1 = p_{atm} = 0) \tag{1.3.3}$$

[그림 1.3.4]의 내용을 교재 처음부터 설명하는 이유는 펌프내 관로에서 압력 변화가 중요하다는 뜻이다. [그림 1.3.4](b)와 같이 만약 관로내에서 수주분리가 된다면 아무리 큰 동력의 펌프를 이용하여도 펌핑할 수 없다는 뜻이다.

---

[9] 이 현상은 수격작용(Water Hammering)이 발생시 나타나는 현상인데 이런 현상이 나타나지 않도록 설계해야 한다..

▶ NOTE 1.3 사이펀 시스템

[그림 1.3.5]에서와 같이 출구 쪽이 입구 쪽보다 낮은 쪽에 배관 등이 있어야 하고, 배관의 일부분이 상부 수조 자유 표면 위에서 아래로 내려오는 구조를 가진 시스템이다.

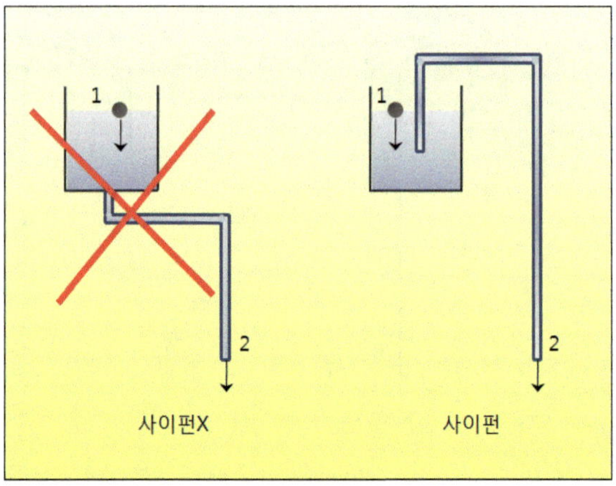

[그림 1.3.5] 사이펀 시스템

[그림 1.3.5]와 같은 사이펀 현상은 펌프를 사용하지 않고도 입구보다 높은 곳으로 유체를 이송할 수 있다.

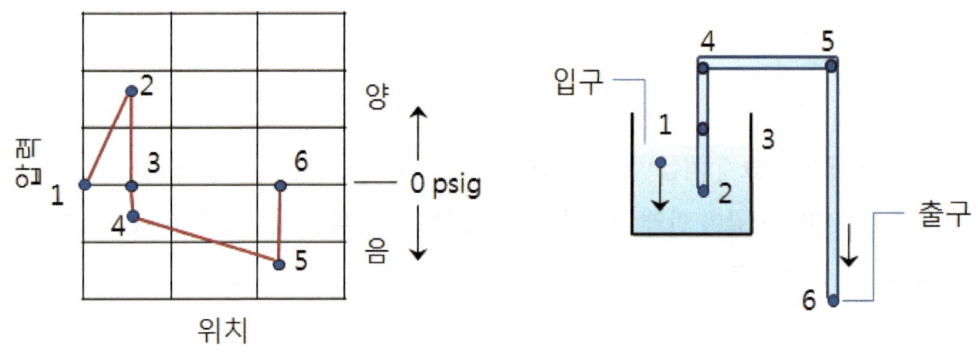

[그림 1.3.6] 사이펀 현상을 이용하여 배관과 위치에 따른 압력변화

[그림 1.3.6]과 같은 사이펀 유동은 배관의 상부 위치에서 저압이 발생하기 때문에 발생하는 현상이다. 유체는 ②점에서부터 배관으로 빨려 들어가고 ④점으로 상승한다. 빨대 실험으로부터 유체를 유지해주는 1가지 방법은 ④점에서 저압을 유지해주어야 한다는 것이다. 즉, 압력은 출구 즉 ⑥점에 도달되기까지 모든 길이에서 연속적으로 연결되어야 한다.

사이펀 유동은 ①점과 ⑥점 사이의 높이 차이만큼 유체를 이동시키려는 에너지를 공급하게 된다. ①점에서 즉 입구에서 사이펀의 상부 부분(④점)까지 얼마나 올릴 수 있는가 하면 이론상 약 10.33 m 정도이다.

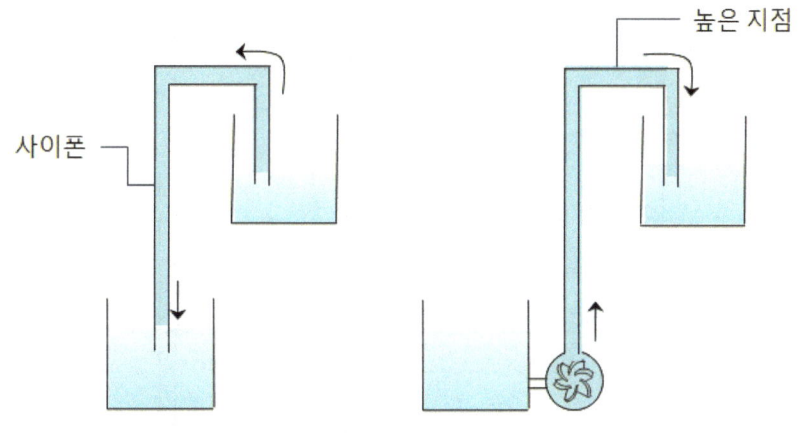

[그림 1.3.7] 펌프 시스템과 사이펀 장치의 유사성

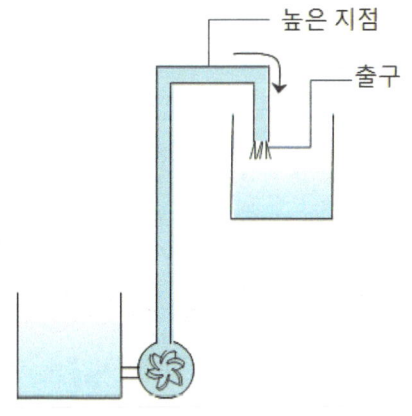

[그림 1.3.8] 펌프 출구 배관이 물에 잠기지 않을 경우(일반적인 펌프시스템의 높은 지점에서의 저압)

이런 이론으로부터 사이펀 장치는 고주소의 물을 비울 수 있는 원리를 가지고 있다. 만약 펌프가 [그림 1.3.7]과 같이 사이펀의 하단에 설치되었다면 저수위로부터 높은 수위로 유체를 수송할 수 있게 된다. 이것은 유체가 거꾸로 움직인다는 것을 제외하면 사이펀과 같은 현상이다. 즉, 배관의

상부 부분에서 압력은 사이펀과 동일하다. 물론 배관 끝이 수중에 있을 때 상부에서는 저압이다. 그러나 [그림 1.3.8]과 같이 배관 끝이 수중에 있든 없든 상부에는 펌프의 압력보다는 저압이 되고 [그림 1.3.1](b)와 같은 압력분포를 갖게 된다.

만약 [그림 1.3.9]와 같이 중간에 배관이 손상되었거나 [그림 1.3.10]과 같이 플랜트의 다른 영역으로 유체를 공급하기 위하여 배관을 연결하려 한다면, 시스템에서 발생하는 저압 때문에 공기가 시스템으로 흡입되는 등으로 펌핑할 수 없다는 것을 의미한다.

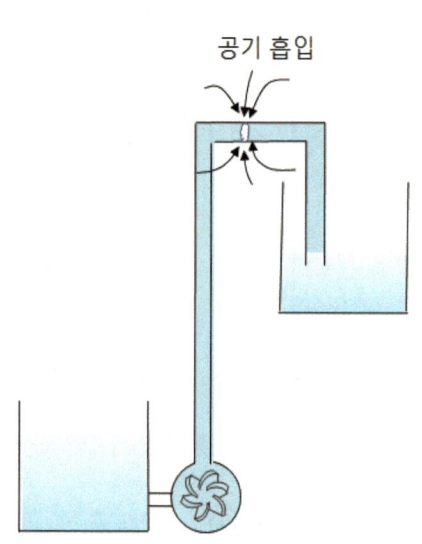

[그림 1.3.9] 시스템으로 공기흡입이 되는 깨진 배관을 갖는 시스템

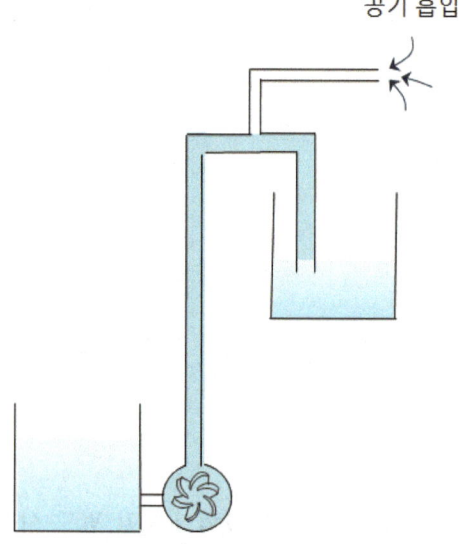

[그림 1.3.10] 플랜트의 다른 영역으로 유체를 공급하기 위하여 배관이 연결된 시스템

▶ NOTE 1.4 흡입압력 (suction Pressure)

일반적으로 펌프시스템을 논의할 때 펌프의 흡입과 토출 압력에 관심이 있다. 두 지점의 압력 사이의 차이는 펌프의 전양정 또는 에너지에 비례한다.

[그림 1.3.11]과 같이 흡입 탱크의 수위에 따라 펌핑여부가 결정된다. 보통 3가지로 살펴볼 수 있다.
- 흡입탱크의 수위가 낮아짐에 따라 펌프 흡입에서 압력변화를 볼 수 있다. 탱크가 부분적으로 만수되었을 때 펌프 흡입에서 읽을 수 있는 압력은 약 30kPa이다.(압상의 경우)
- 펌프 흡입관과 수위가 동일할 때 압력은 0Pa로 떨어질 것이다.
- 수위가 점점 떨어질 때 압력이 대기압보다 낮은 -20kPa가 된다.(흡상의 경우) 이때 압력은 유체의 온도와 밀도에 대하여 펌프의 적절한 운전이 되는지를 확인해야 한다.[10]

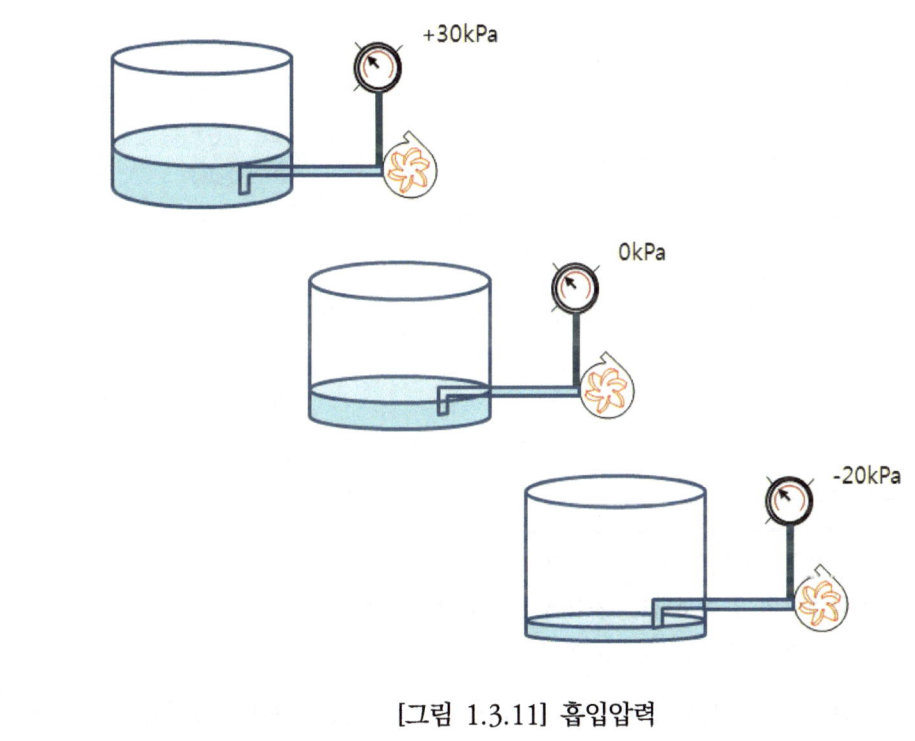

[그림 1.3.11] 흡입압력

---

[10] 흡입능력을 검토하기 위하여 NPSHre를 검토하여야 한다.

1.4 펌프 시스템의 출구 조건

펌프 시스템을 설계할 때 고려해야 할 또 다른 사항은 이 올바른 출구 점을 선택하는 것이다. 13장에서 다시 다룬다. 펌프 시스템은 출구 쪽 즉 배수지의 상태를 알 수 없을 때(관리부서가 다른 경우)도 있으므로 이에 대한 정확한 정보를 파악해야 물을 정확히 보낼 수 있는 시스템을 설계할 수 있다. 정확한 출구 점의 선택을 하고 시스템의 올바른 출구 조건을 결정하기 위하여 [그림 1.4.1]에서와 같이 몇 가지 조건을 나타내었다.

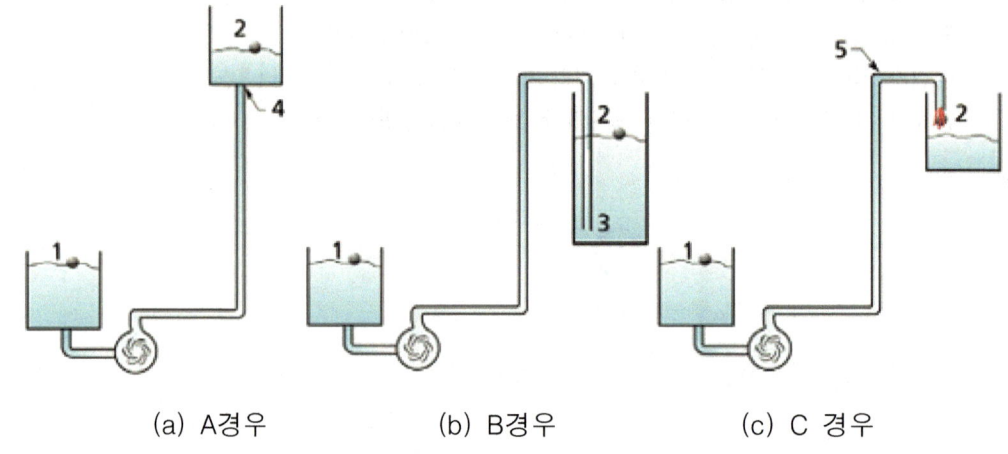

(a) A경우   (b) B경우   (c) C 경우

[그림 1.4.1] 출구조건을 선택하기 위한 몇가지 조건

- ✔ A 경우
  - → 출구점은 ②점이다.
  - → 정적헤드는 ①점과 ②점의 위치차이가 된다.
  - → 즉 ④점에서의 압력보다는 ②점의 압력을 사용하여야만 한다.
- ✔ B 경우
  - → 출구점은 ③점이라고 가정이 될 수 있으나 ③점의 수위에서의 압력을 설명해야 하는 추가적인 논쟁이 필요하다.
  - → 만약 ②점이라고 한다면 이런 영향(수위에 따른 압력)을 무시할 수 있으며 펌프가 ③점의 압력을 극복하기 위하여 충분한 압력을 생성시킬 필요가 없다.
- ✔ C 경우,
  - → ⑤점에서의 압력은 유체를 유지시키려는 진공, 즉 대기압보다 작을 수밖에 없다.

이러한 **압력 차이는 펌프를 설계시 입구에서 출구 끝까지 유체 입자를 움직이게 하는 동력**이 된다. 다르게 표현한다면 배관내 유체 입자를 연결시키는 힘은 압력에 의해서 생성되고, 시스템을 통해서 변화되는 압력 차로 인하여 움직이게 된다는 것을 의미한다.

①점(입구)에서 유체가 시스템을 통한 모든 배관에서 멀리 있는 지점(②점, 출구 끝)으로 움직일 때 유체 사이에는 반드시 연속성이 유지하여만 한다. ①점과 ②점 사이의 높이 차이에 의하여 발생하는 위치에너지(정적헤드(실양정))를 극복하기 위한 충분한 에너지를 펌프가 공급하기 때문이다.

따라서, B의 경우 ③점의 압력은 ②점보다 높지만, **펌프에 있어 임계압력은 시스템내 ①점과 ②점의 압력차이가 되어야 한다.**

탱크의 수위상 대기압에 의하여 생성되는 힘은 펌프에 영향을 미치지 않는다. 그러나, 출구쪽이나 흡입쪽이 대기압 상태가 아니라 탱크 등에 의하여 가압이 되고 있다면 정적헤드(실양정)에는 어떤 차이가 있을까? 유체 표면에 작용하는 압력에 의하여 생성되는 힘은 탱크의 압력만큼 추가적인 헤드가 공급되어야 할 것이다. 이러한 문제는 NPSH를 다루는 9장에서 좀 더 다룰 것이다.

1.5 실양정와 정적헤드

1.5.1 정적헤드

지금까지 다루었던 헤드의 개념을 펌프에 적용하여 보자. [그림 1.5.1]과 같은 시스템에서 저수조 탱크와 고수조의 수위차이를 정적헤드 및 실양정(Actual Head)라 부르며 이는 펌프가 가동될 때 극복해야 할 압력이다. 즉 실양정은 펌프(Pump Eye)을 기준으로 흡입 높이와 토출높이를 더해 주어야 한다. 여기서 전양정은 식 (1.5.1)와 같이 길이 단위이기 때문에, 펌프의 개념을 설명할 때 헤드보다는 양정을 더 많이 사용하게 된다.

$$H = \frac{\Delta p}{\gamma} + \frac{\Delta(v_d^2 - v_s^2)}{2g} + \Delta z + h_L \tag{1.5.1}$$

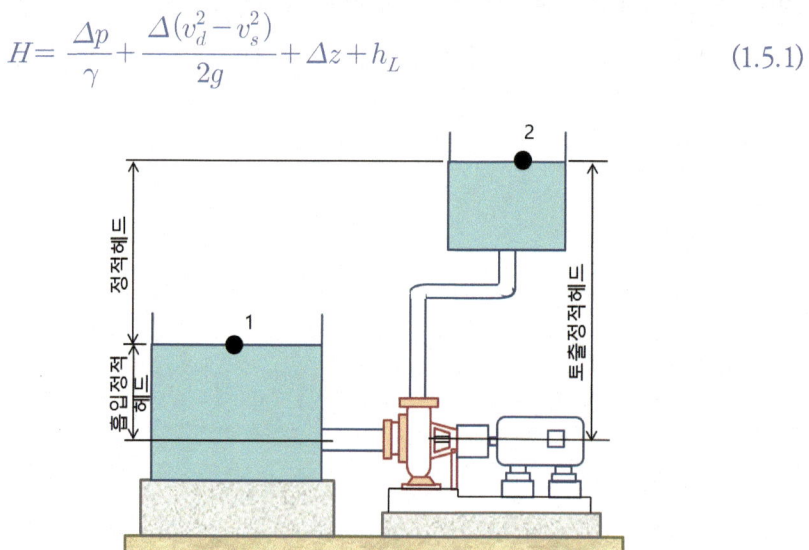

[그림 1.5.1] 정적헤드에 대한 개념

[그림 1.5.1]와 같이 토출 탱크와 흡입 탱크에 의해서 생성된 압력에너지는 토출정압헤드와 흡입정적헤드라고 구분할 수 있다. 정적 헤드는 이미 언급하였듯이 토출 탱크 높이에서 흡입 탱크 높이를 뺀 것이다.[11] 때때로 정적 헤드는 펌프의 양쪽 측면을 모두 고려한 압력에너지를 나타내기 위한 전정적헤드(Total Static Head)라 한다. 압상의 경우 흡입과 토출 플랜지 또는 연결 사이의 높이 차이 때문에 흡입 플랜지 위치를 기준으로 측정된 정적 헤드를 편의상 사용한다.

여기서 보면 [그림 1.5.1]와 같이 대부분 펌프는 시스템의 하부에 설치한다. 그 이유는 펌프의 토출정적헤드는 펌프의 압력에 따라 달라지기 때문에, 토출 측의 개념으로 봤을 때 흡입할 수 있는 높이(최대 흡상높이 10.33[m])인 흡입정적헤드보다는 비교적 자유롭기 때문이다.

---

[11] [그림 1.5.1]의 경우는 압상의 경우이고 흡상인 경우는 흡입정격헤드와 토출정적헤드를 더해주어야 한다.

만약, 토출관 끝이 대기로 개방되었다면([그림 1.4.1](c)의 경우) 정적헤드는 배관 끝을 기준으로 측정해야 한다. 때때로 [그림 1.5.2]와 같이 토출관이 수중에 있는 경우(([그림 1.4.1](b)의 경우)에는 정적헤드는 토출탱크의 수위와 흡입 탱크 수위의 차이로 결정된다.

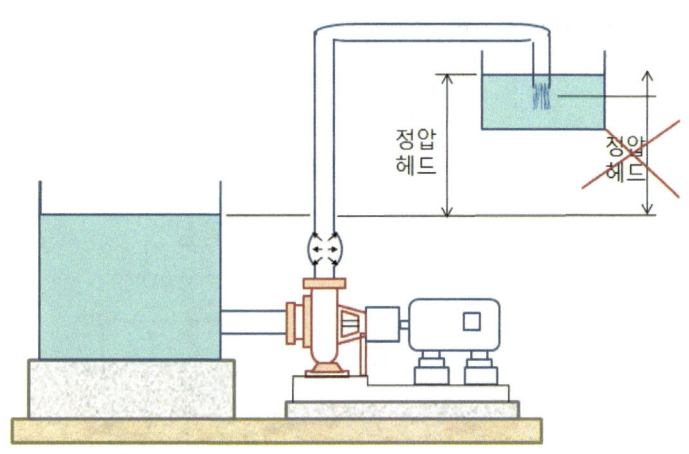

[그림 1.5.2] 토출관이 수중에 있는 경우

시스템 내 유체가 연속적인 물체 그리고 모든 유체 입자가 압력을 통해 연결되었다면, 토출 탱크 수위에서 있는 유체 입자는 펌프 토출에서 압력을 상승시킬 것이다. 왜냐하면, 토출 수위 상승은 정적 헤드를 고려한 높이이기 때문이다. 만약 관 끝을 수중에 설치한 경우 정적 헤드의 계산상 위치의 산정에 있어 토출관 끝을 잘 계산하여야 한다[12].

정적 헤드는 토출 탱크 수위(관 끝이 수중에 설치된 경우) 또는 흡입 탱크, 또는 양쪽의 수위 상승에 의하여 변하게 된다. 이러한 변화는 유량에 영향을 준다.

정적 헤드를 정확히 결정하는 것은 시작부터 끝까지 유체입자를 보내기 위함이다.

---

12) 만약 토출관 끝이 수중에 설치되었다면 펌프 토출상에 펌프가 정지하였을 때 역류(사이폰효과)를 방지하기 위하여 체크밸브를 설치하여야 한다.

1.5.2 정적 헤드(위치차이)에 따른 유량 변화

동일한 시스템에서 유량은 정적 헤드에 따라 변화한다. 만약 [그림 1.5.3]과 같이 배관 끝이 계속 상승이 되는 경우 유량은 적어질 것이다. 자전거가 약간의 경사 길을 올라가고 있는 것과 비교하여 보자. 자전거의 상승 속도는 점점 떨어지기 때문이다. 즉 도로에서 바퀴의 마찰과 고도의 변화를 극복하기 위한 에너지와 상응만큼 유량이 감소하게 된다.

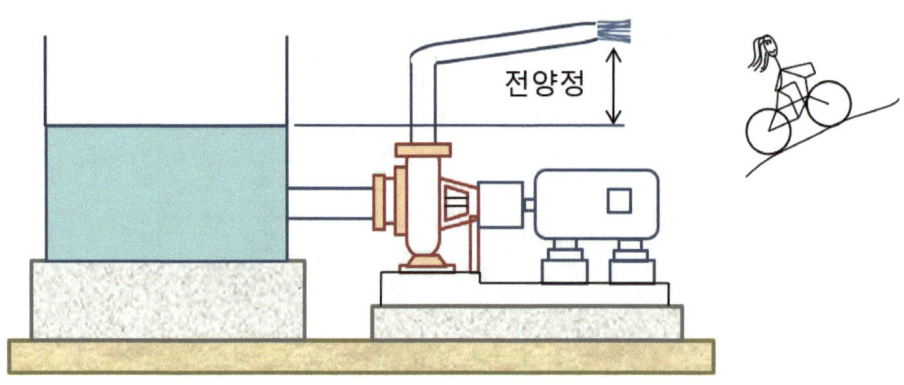

[그림 1.5.3] 배관 끝이 계속 상승이 되는 경우

만약 [그림 1.5.4]와 같이 흡입 탱크의 액체 수위가 토출관의 높이와 같다면 정적헤드는 "0"이 될 것이고, 유량은 시스템 마찰에 의하여 감소된 만큼만 토출될 것이다. 이것은 평평한 길 위의 자전거와 동일하다. 바퀴와 도로 및 공기저항과의 마찰 양에 따라 속도는 변화하게 될 것이다.

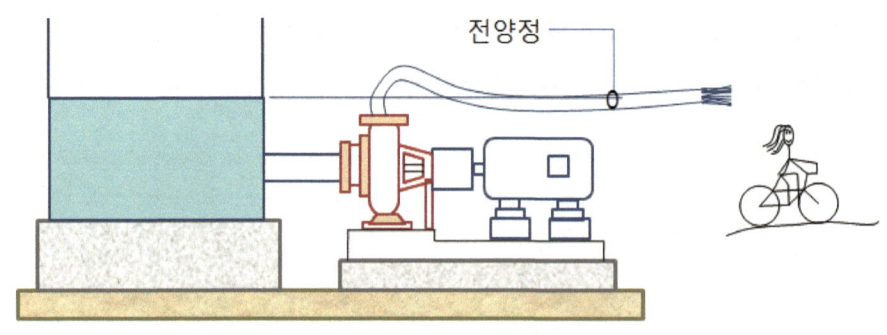

[그림 1.5.4] 흡입탱크의 액체 수위가 토출관의 높이와 같은 경우

[그림 1.5.5]에서 보듯이 유동이 멈출 때까지 토출 배관을 상승시켜보자. 펌프는 이 점보다 높게

유체를 보내지 못할 것이다. 또한, 압력이 최대가 될 것이다. 이는 자전거에 페달을 세게 밟는데 전진이 없는 경우와 동일하다.

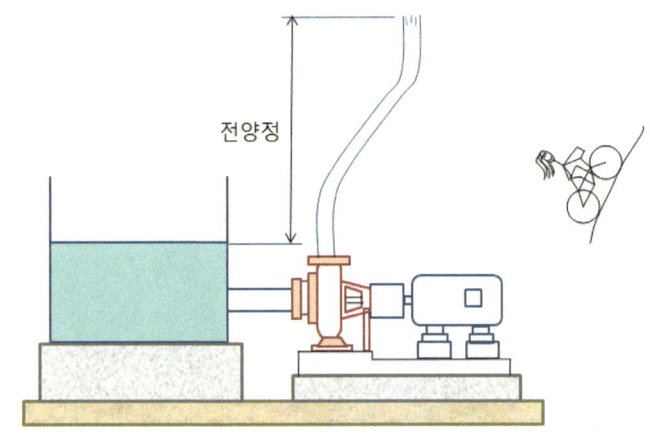

[그림 1.5.5] 유동이 멈출 때까지 토출 배관이 상승된 경우

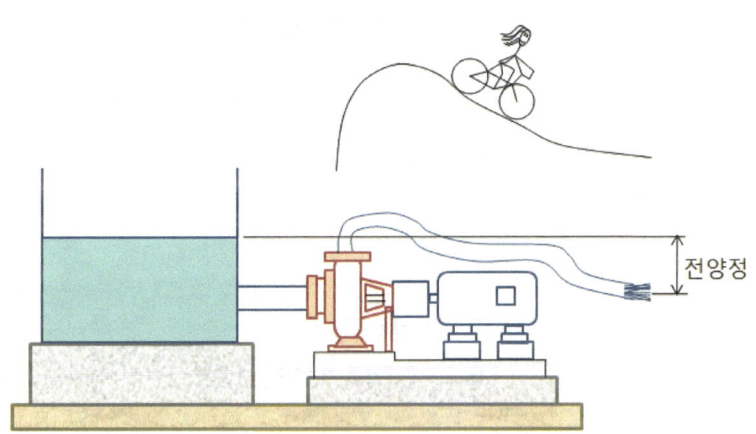

[그림 1.5.6] 토출 배관 끝이 흡입 탱크의 수위보다 낮은 경우

[그림 1.5.6]과 같이 토출 배관 끝이 흡입 탱크의 수위보다 낮은 경우, 정적헤드는 음(-)이 될 것이고 유량은 증가될 것이다. 다만, 정적 헤드가 커진다면 펌프는 필요하지 않다. 왜냐하면, 사이펀의 경우처럼 펌프사용 없이 시스템을 통하여 유체를 보내기에 높이 차이인 에너지가 충분하기 때문이다. 이러한 상황은 자전거가 언덕을 따라 내려가는 것처럼 속도에너지로 점차 변화된 위치에너지를 잃는 것과 같다. 기울기상 점점 아래로 진행되면 될수록 점점 빨라질 것이다.

1.5.3 펌프에서의 전양정

펌프에서는 물이 토출시킬 수 있는 높이를 식 (1.5.1)과 [그림 1.5.7]과 같이 전양정(Total Head)이라고 한다. 따라서, 전양정을 설명하기 위하여 유량과 함께 다루어야 한다. 펌프의 유량이 많아지면 토출시킬 수 있는 높이가 줄기 때문이다.

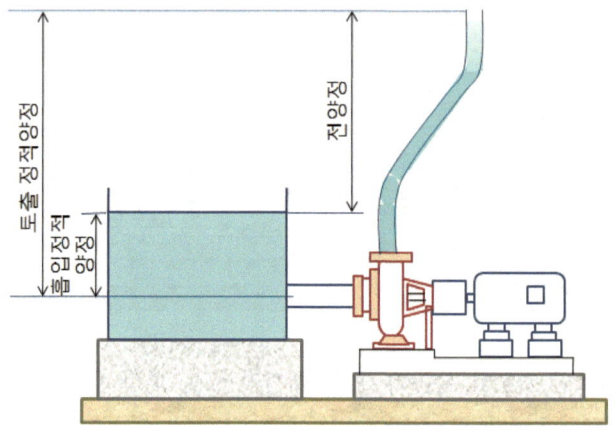

[그림 1.5.7] 펌프에서의 전양정

[그림 1.5.6]와 같은 상황에서 토출관 끝에서 유량이 정지하였다면, 펌프헤드는 0이 된다. 헤드는 유량을 변화시키지만, 유량이 없다면 마찰도 없고 그것이 흡입 탱크의 수위를 기준으로 상승시킬 수 있는 바로 펌프의 최대 높이가 된다.

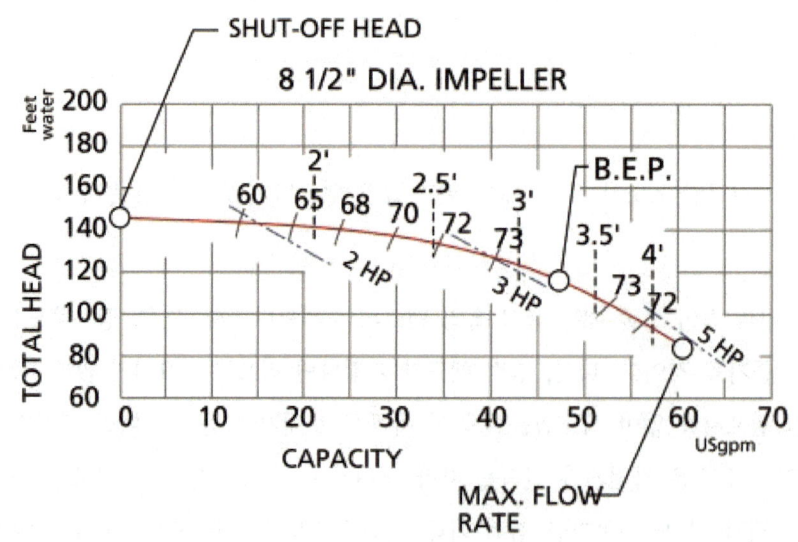

[그림 1.5.8] 일반적인 펌프 특성 곡선(H-Q)[13]

---
13) 이에 대한 설명은 2장에서 좀 더 자세히 다룰 것이다.

[그림 1.5.7]과 같은 시스템에서 토출밸브가 잠긴 경우 즉 유량이 토출되지 않을 때 펌프가 생성하는 헤드는 전양정과 같아진다. 즉 이러한 운전을 [그림 1.5.8]에서 볼수 있듯이 차단운전 또는 체절운전(Shut-off Operation)이라 하고, 이때의 양정을 차단양정 또는 체절양정이라 한다. [그림 1.5.8]은 일반적인 원심펌프의 특성곡선중 H-Q곡선만 나타낸 것이다.

체절운전의 경우 펌프는 주어진 조건에서 최대압력을 갖는다.[14] 만약, 배관 끝에 상관없이 토출밸브가 개방되면서 펌프 유량은 증가할 것이고 헤드(전양정)는 유량에 상응하는 값으로 포물선의 형태로 [그림 1.5.8]와 같이 감소한다. 즉, 유량 변화는 압력이 최대 상승되었을 때 즉 유량이 없을 때(zero flow)부터 변화하고 최대유량에서 압력이 제일 적다.

이러한 유량 변화는 [그림 1.5.9]와 같이 배관 끝의 변화에 따라 정격 헤드가 달라지므로 달라진다. 즉, 배관 끝이 올라감에 따라 정격 헤드(실양정)이 증가하고, 증가한 배관만큼 마찰에너지 및 손실이 증가하여 전양정이 감소하기 때문이다.

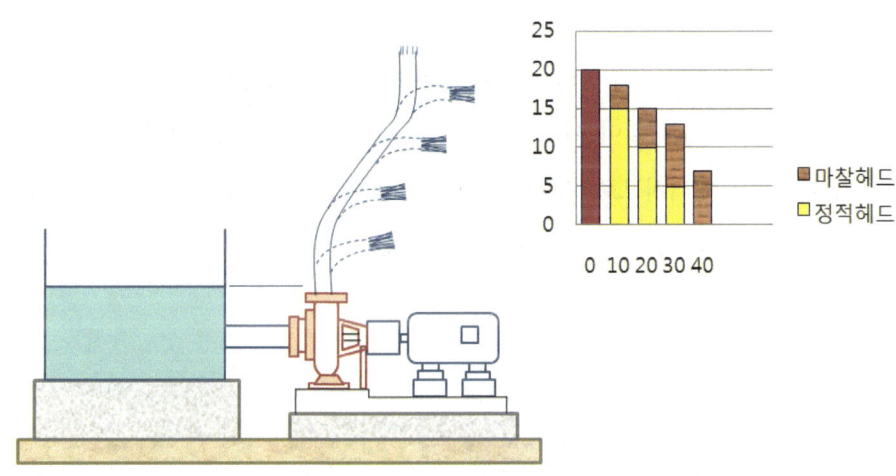

[그림 1.5.9] 펌프에서의 전양정 개념

펌프를 구매할 때 체절유량에서 체절양정으로 최대 전양정을 고려하면 안 된다. 즉, 정적유량에서의 전양정을 고려해야 한다. 이런 전양정(헤드)는 해당 시스템에서 유체 표면과 마찰 손실을 포함한 최대 높이이고 이때 효율이 가장 높게 설계되기 때문이다.

예를 들어, 5층에 있는 욕조에 물을 공급하려면 그 수위까지 도달하기 위한 충분한 헤드 즉, 실양정(정적 헤드)에 배관과 피팅에 의한 손실을 극복할 수 있는 추가량을 더한 값이 필요하다.

가능한 한 빨리 욕조를 채우기 원한다고 가정한다면 욕소의 수도꼭지를 완전히 개방시켜 매우 적은 저항 및 마찰 손실이 작용하도록 하여야 한다. 욕조에 있는 꼭지보다는 샤워꼭지를 이용하기 원한다면, 같은 유량에서 좀 더 큰 헤드가 필요한 펌프가 요구된다. 왜냐하면, 샤워꼭지는 욕조 수

---

[14] 물론 비속도(N_S)에 따라 달라지긴 한다. 비속도가 적은 펌프인 경우는 우향상승곡선을 나타내지만 대부분 비속도가 커지만 우향하향곡선을 보인다.

도꼭지보다 높고 저항이 필요하기 때문이다. 즉 식 (1.5.1)의 h_L에 추가적인 손실양정을 더해주어야 한다.

동일한 성능을 갖는 펌프에는 수많은 사이즈와 모델이 있고 이를 생산하는 회사가 많다. 따라서, 정확히 유량에 맞는 양정을 일치시켜서 펌프를 구매하기가 매우 어려운 것이 사실이다. 보통, 정확한 시방(유량과 양정)을 맞추어 최고효율의 펌프를 선정해야 하지만, 이를 위하여 많은 전문적인 지식과 정확한 판단이 필요하다. 토출쪽에서 원하는 물을 사용할 수 있는 아주 일반적 경우 밸브를 적당히 조절하여 유량조정하는 방법[15]을 많이 사용하게 된다. 만약 이런 경우에는 정격점보다 약간 높은 양정과 유량을 공급하는 펌프를 선택하는 것이 바람직하다. 뒤에 가서 좀 더 다루기로 하자.

1.5.4 마찰손실 vs. 유량

동등한 시스템에서 유량은 토출관의 크기와 지름에 따라 변화하게 된다. 대유량을 보내기 위하여 시스템은 [그림 1.5.10]과 같이 어느 정도 크기의 큰 토출관을 갖춰야 한다. 배관 크기가 작으면 같은 유량에서 속도가 커지므로, 손실 양정(h_L)은 식 (1.5.2)와 같이 속도의 제곱항으로 증가되기 때문이다.[16] 예를 들어 탱크를 비우기 위해 큰 배관을 설치하였을 때는 배수는 빨리 됨을 알 수 있다.

$$h_L = \left(f \frac{\sum d}{\sum l} + \sum K \right) \frac{v^2}{2g} \tag{1.5.2}$$

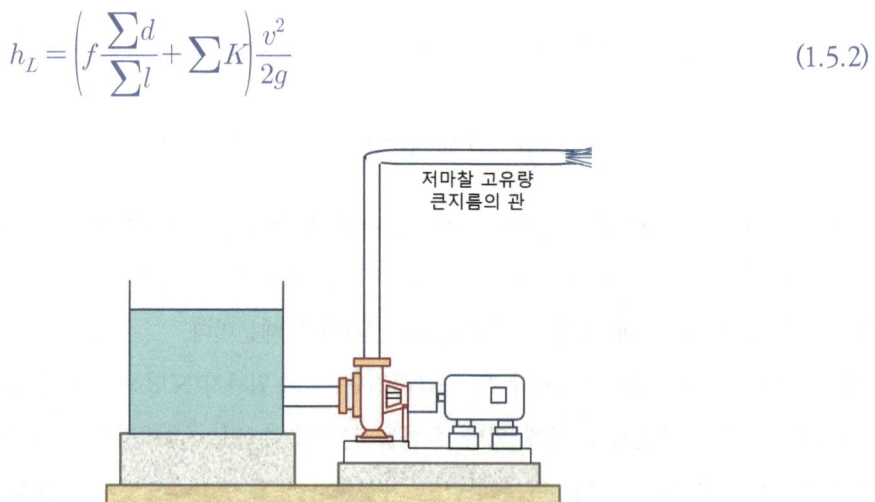

[그림 1.5.10] 지름이 큰 토출관을 구비한 시스템

---

15) 관로저항곡선과 함께 고려해야 하고, 밸브조정보다는 회전수의 변화라든가 임펠러 컷팅 등의 방법에 의하여 헤드를 조정하는 것이 효율적이다.
16) 관로저항곡선을 참조하자.

배관의 크기가 작아지면 적어질수록 유량은 감소하게 된다. 그렇다면 어느 정도의 배관 크기가 적합할까? 펌프는 적절한 크기의 배관을 갖는 시스템에 임의의 평균적 유량을 공급하도록 설계되어야 한다. 즉 임펠러와 펌프에서 토출되는 속도는 최고 효율로 토출되기 위하여 설계되어 있기 때문이다. 작은 크기의 관을 이용하여 동일한 유량을 보내기 위하여 푸쉬한다면, 토출압력은 증가할 것이고, 이에 유량은 감소되어 오랜 시간이 걸릴 것이다. 또한 [그림 1.5.11]과 같이 만약 배관 길이가 짧다면 마찰은 작아질 것이고 유량은 커질 것이고 [그림 1.5.12]와 같이 토출관이 길 때는 마찰은 커지면서 유량은 적어지게 된다.

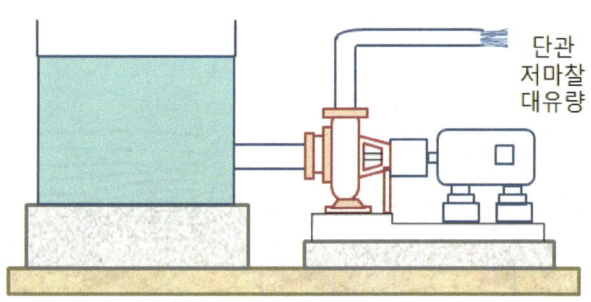

[그림 1.5.11] 배관이 짧은 경우

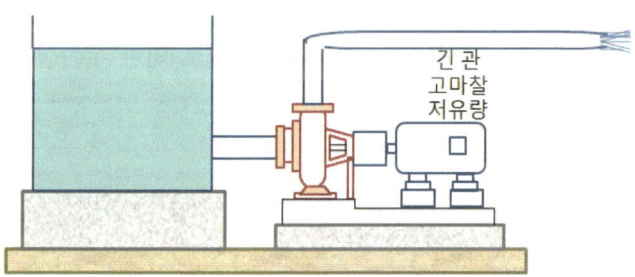

[그림 1.5.12] 배관이 긴 경우

▶ NOTE 1.6 배관 피팅에서의 마찰 (friction)

모든 피팅(엘보우, 티 등)에서의 또 손실의 원인은 부손실(Minor Loss)이라 한다. [그림 1.5.12]와 같이 엘보우의 경우, 유체입자는 엘보우의 내부 직경에 몰리며, 에너지 소비로 귀착되는 배관 표면의 적은 헬리컬 유동(Helical Flow) 또는 보텍스(Vortex)가 생성된다. 이런 에너지 손실은 하나의 엘보우에서는 적을 수 있지만 배관작업시 여러 개의 엘보우와 다른 피팅를 사용하기 때문에 부손실의 양은 생각보다 크다. 이에 등가상등길이(Equivalence Length)를 고려하여 이 손실만큼 직관을 보장해주어야 한다.

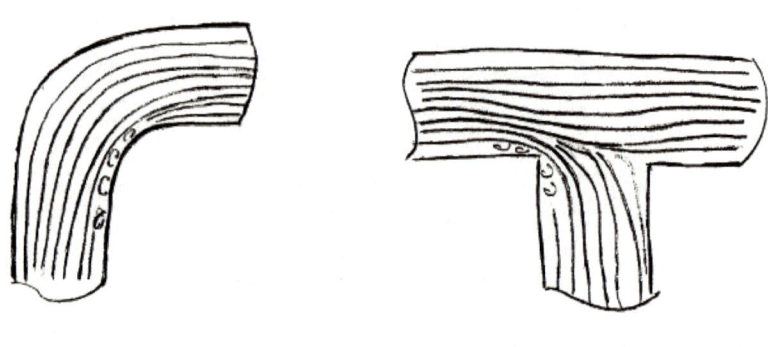

[그림 1.5.12] 배관피팅으로 인한 부손실

제 2 장 펌프

> ▶ 이 장에서는 펌프에 대한 일반적인 내용보다는, 학교에서 가르쳐주지 않고, 산업 현장에서 접하기는 하나, 이해하기 어려운 현상들을 위주로 정리하였다.

2.1 펌프란?

2.1.1 일반적인 펌프 원리

펌프는 속도에너지를 제공함에 따라 고속으로 유체입자들을 가속해 압력을 생산하기 위한 목적을 가진 장치이다.

여기서 속도에너지는 무엇일까? 얼마나 물체의 속도가 다른 물체에 영향을 미칠 수 있는지 표현한 것이다. 고속으로 움직이는 유체입자는 속도에너지를 가진다. 원형 궤적에서 움직이는 물체는 원심력을 갖고 그 원심력은 펌프내 임펠러는 블레이드에서 유체를 가압시킨다. [그림 2.1.1]과 같이 베인의 빠른 회전은 유체 입자를 반지름 방향으로 움직임에 의하여 토출시킨다.

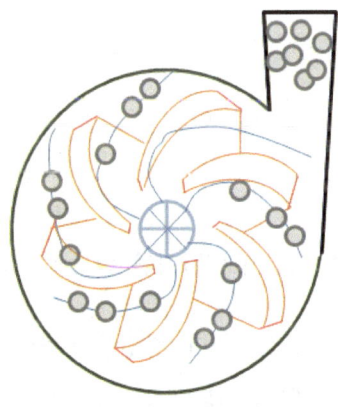

[그림 2.1.1] 펌프 임펠러내 입자의 거동

펌프에서 유체입자는 [그림 2.1.1]과 같이 고속으로 임펠러의 끝에서 밀려나간다. 그러면서 토출 쪽으로 가까워지면서 속도에너지를 잃게 된다. 즉, 에너지 보존법칙에 의해, 속도에너지의 감소는 압력에너지의 증가를 의미한다. [그림 1.2.6]과 같이 언덕에서 사이클이 내려오면서 속도가 증가하고 위치에너지를 잃는 경우와 같다.

압력은 임펠러의 회전 속도에 따라 발생된다. 회전속도가 일정하다면 펌프는 시스템의 특정조건에 상응하는 압력을 토출시킬 것이다. 시스템 내 무엇인가가 변화하여 유량이 감소되었다면(예를 들면 밸브개도로 조정) 펌프 토출압은 증가될 것이다. 이는 펌프의 회전 속도와는 어떠한 상관이 없다. 왜냐하면, 펌프는 일정한 속도에 의하여 움직이기 때문에 속도에너지가 초과되고, 그 초과된 에너지는 압력에너지로 변경되었으며, 이는 압력을 상승시켜준다.

2.1.2 펌프 특성 곡선

원심펌프는 항상 [그림 2.1.2]에서 보는 바와 같은 특성 곡선을 갖는다(흡입 탱크 또는 수위가 일정하다고 가정). 이는 토출 압력이 펌프를 통하여 유량에 따라 얼마나 변화할 수 있는지 보여준다.

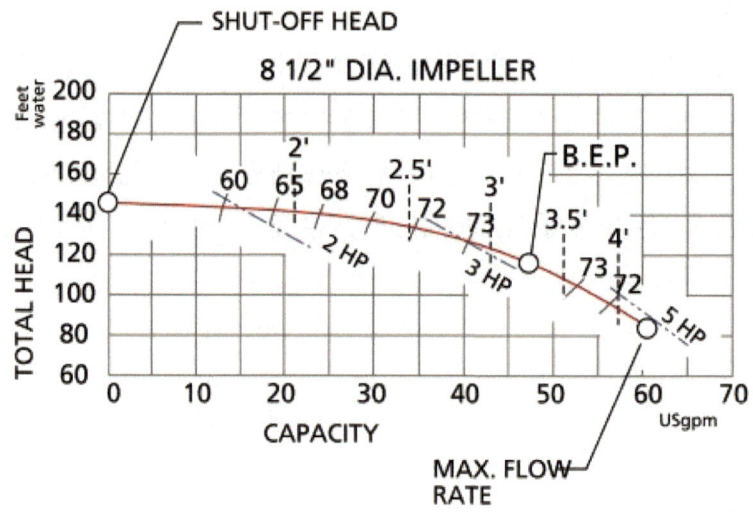

[그림 2.1.2] 일반적인 펌프성능곡선

유량이 증가할 때 토출 압력은 점차 감소한다. 반면에 유량이 감소하면 토출 압력은 증가하게 된다. 원심펌프는 체절유량에서 오랫동안 운전되어서는 안 된다. 이에 주거용 시스템에서 압력이 높을 때 즉 유량이 0이거나 적을 때 일반적으로 펌프 압력스위치가 떨어지게 되어있다.

펌프의 특성곡선 중에서 유량과 양정에 대한 정보를 제공하는 것이 기본이다. 여기에는 3가지 중요한 점이 있다.

① 체절(차단)점(shut-off-head)
  -. 펌프가 행할 수 있는 최대 양정 또는 유량이 "0"일 때의 양정.
  -. 그 때 펌프는 심한 소음 진동을 유발한다.
  -. 적어도 원심펌프의 경우 최소 동력을 소비[17]

② 최고 효율점(Best Efficiency Point, BEP)
  -. 이 점에서 운전은 최고 효율을 나타냄
  -. 진동과 소음이 펌프의 정격운전을 의미
  -. 명판에 기록된 운전점

③ 최대 유량점
  -. 이 점을 넘어서 운전되지 않아야 한다.
  -. 이 점에서 운전은 펌프는 심한 소음과 진동을 유발시킴.
  -. 이 펌프는 이 점에서 최대 동력을 소비.

때때로 [그림 2.1.3]과 같은 동력소비곡선[18]을 나타낸 특성곡선도 볼 수 있다. 밀도가 다른 유체에서 반드시 성능인자들을 보정해주어야 한다. 그러나 일반적으로 밀도에는 상관[19]이 없기 때문에 전양정(m) 대 유량곡선을 사용하여도 된다.

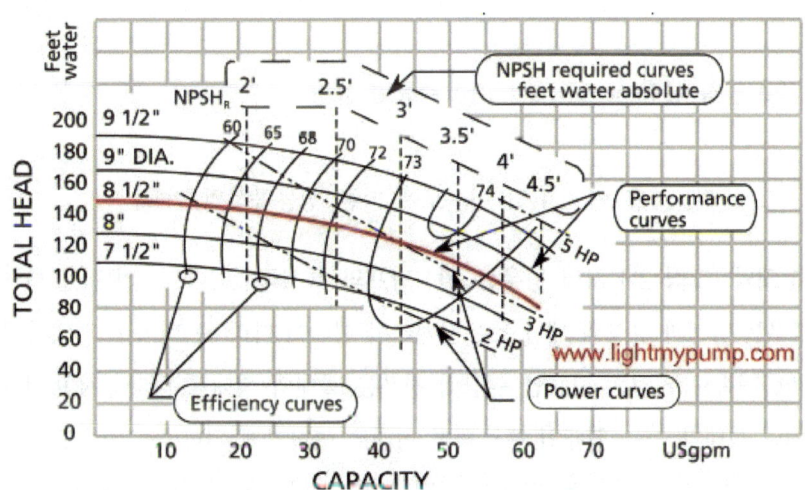

[그림 2.1.3] 동력소비곡선을 나타내는 펌프성능곡선

---

17) 축류(사류)펌프는 반대
18) 물(Water)의 경우(20℃일 때 1cSt)
19) 전양정은 단위중량당 에너지이기 때문임

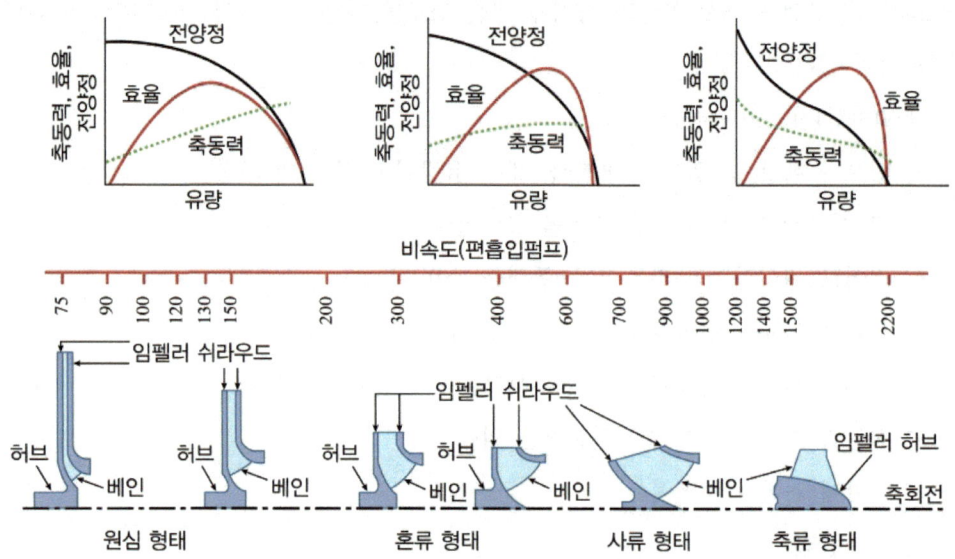

[그림 2.1.4] 펌프 베인 형태에 따른 성능곡선

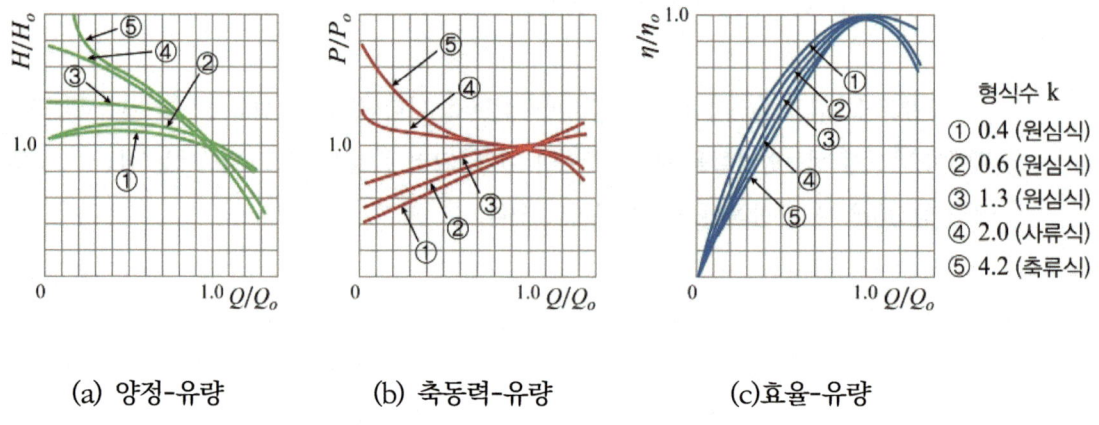

(a) 양정-유량   (b) 축동력-유량   (c) 효율-유량

[그림 2.1.5] 비속도에 따른 성능곡선의 비교

[그림 2.1.2]와 [그림 2.1.3]의 경우는 원심펌프의 특성곡선이다. 그러나, [그림 2.1.4]와 [그림 2.1.5]의 경우는 양정과 유량의 개념으로 임펠러의 형태에 따라 즉 비속도의 변화에 따라 특성곡선이 다르다[20]. 비속도가 적은 펌프인 원심의 경우는 빨대의 형태를 나타내지만 비속도가 커지면서 임펠러의 베인 형태가 눕는 형태인 프로펠러 형태로 변화가게 된다, 즉 비속도가 커지면서 펌프의 형태는 원심→혼류(사류)→축류로 펌프가 바뀌게 된다. 여기서 혼류(Mixed Flow)펌프는 좀 더 원심(Radial Flow)펌프 쪽에 가깝고, 사류펌프는 축류(Axial Flow)펌프에 가까운 형태를 나타냄을 알 수 있다.

[그림 2.1.5]의 경우는 양정-유량, 축동력-유량, 효율-유량에 대한 변화도 같이 살펴보았다. 축

---
20) 비속도에 대한 내용은 뒤에서 다시 다루자.

동력-유량의 그래프([그림 2.1.5]의 (b))를 살펴보면 아래와 같은 기동(Start)문제에 접하게 된다.
- -. 원심펌프의 경우는 체절점에서 동력이 적게 소요되므로 체절점에서 운전하고 종료시 밸브 개도를 다 잠그고 정지
- -. 사류펌프나 축류펌프는 체절점에서 많은 동력이 소요되므로 밸브를 완전히 open한 후 운전하는 것이 바람직함.

[그림 2.1.5](c)에서는 효율에 대한 비교하였는데, 일반적으로 펌프의 운전범위가 정격유량의 80~120% 범위에서 운전이 되어야 하나, 이러한 범위는 펌프의 비속도에 따라 달라짐을 알 수 있다. 예를 들어, 원심펌프의 경우에는 정격유량점의 80%~120% 범위에서 최고 효율점의 변화는 거의 없음을 알 수 있으나, 축류펌프의 경우는 꼭지점에서 효율변화가 날카로운 운전범위가 매우 좁은 것을 알 수 있다.

대부분 펌프에서 최고효율점(BEP)[21]의 50%보다 적은 쪽에서는 운전되면 안된다. 만약, 시스템이 정격유량의 50%보다 적은 쪽에서 운전이 필요하다면, 변속 운전 시스템을 도입해야 한다. 이에 최근에 많이 사용되는 부스터펌프는 인버터를 이용하여 변속시스템을 적용하고 있다.

그렇다면 펌프의 최소유량은 과연 얼마가 적정한가? 최소허용 유량을 결정할 수 있는 인자는 다음과 같다.

▶ 유체온도상승 고려
- -. 체절운전에 가까운 운전은 온도 상승을 발생시킬 수 있으므로 될 수 있으면 운전하면 안됨
▶ 임펠러에 적용되는 반지름 방향 추력 고려
- -. 정격유량의 50%보다 적을 때는 베어링 수명 단축, 밀봉장치 손상, 축처짐 증대, 축 피손의 악영향을 미치므로 많이 줄일 수 없음
- -. 특히, 편흡입 펌프인 경우는 더욱 심하게 작용
▶ 임펠러 내에서 재순환 영역 발생 여부 고려
- -. 소음, 진동, 캐비테이션과 기계적 손상을 발생.
▶ 전양정 특성에 따라 좌우됨
- -. 체절점(저유량) 근처에서 급격히 떨어지는 형태(우상승곡선)로 나타내는 경우는 최소유량의 한계점이 발생.
- -. VTP(Vertical Turbine Pump)의 곡선에서는 dip현상이 있는데 이런 영역은 피해서 운전되어야 함.

최소유량에 대한 정확하게 제한을 평가하는 표준이 없지만 "ANSI/HI 9.6.3-1997 Centrifugal

---

[21] 펌프는 최고 효율점이 양정과 유량에 따라 제공이 된다. 즉, 최고 효율일 때의 양정과 유량과 선정하고자 하는 펌프의 시방이 동일하도록 해야 한다.

and Vertical Pumps-운영가능한 범위"에서 토의되었으며 "선호되는 운전 범위"에서 운전범위를 추천하고 있다.

일반적으로 펌프 특성곡선은 정상(Normal), 평평한(Flat) 그리고 하강(Drooping) 특성곡선을 가지고 있다. [그림 2.1.6]은 여러 개의 베인 프로파일에 따른 성능곡선을 나타내고 있다.

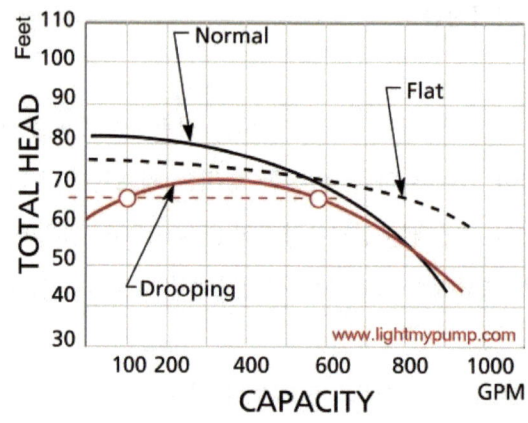

[그림 2.1.6] 펌프 베인 형태에 따른 성능곡선

[그림 2.1.6]와 같이 세 가지 곡선은 아래와 같은 특징을 가지고 있다.

▶ 정상적인 곡선
   -. 유량 증가 ⇨ 양정 감소
▶ 평평한 경향을 갖는 곡선 (유량 변화가 큰 경우)
   -. 유량 증가 ⇨ 양정 점차 감소
   -. 펌프 운전 중에 수요량이 변화하여 유량이 크게 변화할 때에는
      양정 곡선의 경사가 완만하여 유량변동에 대하여
      양정변화가 적은 원심펌프로 변경해야 함
   -. 가능한 양정의 변화가 적게 하면서 유량을 변화시키기 위해서는
      유량-양정 곡선의 기울기가 완만한 펌프형식이 유리
▶ 급하게 하강경향을 갖는 곡선(양정 변화가 큰 경우)
   -. 저유량을 제외하고는 정상곡선과 같지만 체절점으로 갈 때
      급하게 압력상승이 되는 경우
   -. 펌프의 운전 중에 양정의 변화가 크기 때문에 실양정 변화에 따라
      유량 변화가 적은 사류, 축류펌프로 변경해야 함.
   -. 가능한 유량의 변화를 적게 하면서 양정을 변화시키기 위해서는
      유량-양정 곡선의 기울기가 가파른 펌프형식이 유리

2.2 펌프의 구성요소

2.2.1 개요

원심펌프 경우는 [그림 2.2.1](a)와 같이 물과 같은 액체를 흡입하여 원하는 곳에 가압된 액체를 토출하는 구조를 갖는다. [그림 2.2.1](a)는 산업현장에서 사용되는 일반적인 원심펌프를 도식화한 것이다. 이런 펌프를 벌루트 펌프라고 알려져 있으며, 이런 펌프형태의 조립을 쉽게 하기 위하여 [그림 2.2.1](b)와 같이 백풀아웃(Back-Pull Out)방식의 설계가 되며, 배관과 모터를 유지한 채 베어링 어셈블리와 임펠러와 축을 쉽게 분해할 수 있는 특징을 가지고 있다. [그림 2.2.1](b)은 케이싱과 임펠러를 분리해 놓은 사진이다

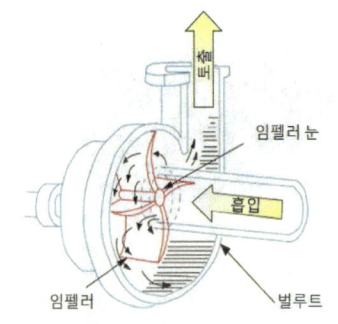 

(a) 기본적인 구성[22]   (b) 백풀아웃(Back-Pull Out)방식의 원심펌프[23]

[그림 2.2.1] 원심펌프의 일반적인 개략도

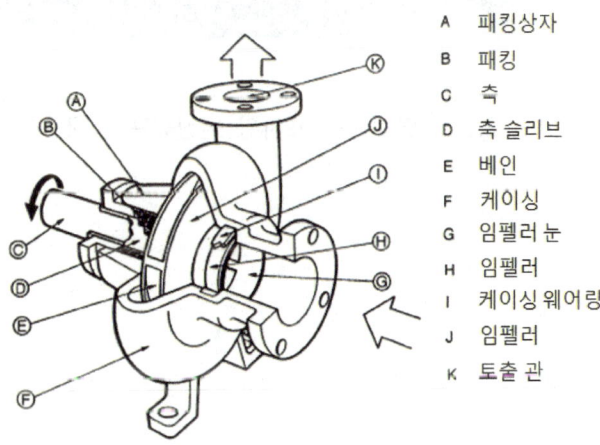

A 패킹상자
B 패킹
C 축
D 축 슬리브
E 베인
F 케이싱
G 임펠러 눈
H 임펠러
I 케이싱 웨어링
J 임펠러
K 토출관

[그림 2.2.2] 원심펌프의 구성하고 있는 부품[24]

---

22) Pumping of Liquids - ScienceDirect
23) Bombas Industrials ppt
24) https://www.tkflopumps.com/ldp-series-single-stage-end-suction-horizontal-centrifugal-pure-water-pumps-product/

2.2.2 구성부품

[그림 2.2.1]의 원심펌프를 사용되는 부품들을 좀 더 자세히 나타내기 위하여 [그림 2.2.2]와 [그림 2.2.3]에 나타내었다, [그림 2.2.2]는 3차적으로 나타낸 것이고, 이를 좀 더 쉽게 이해하기 위하여 [그림 2.2.3]과 같이 펌프 단면으로 나타내었다.

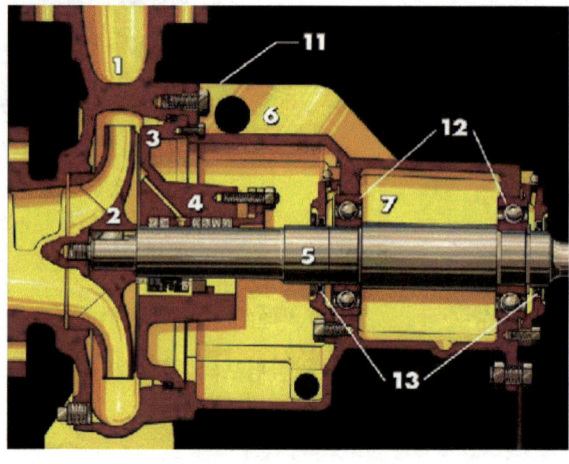

[그림 2.2.3] 단면으로 표시된 원심펌프의 내부[25]

---

25) Drawing a centrifugal pump volute | sketchucation

(a) 편흡입 원심펌프[26]   (b) 양흡입 원심펌프[27]

(c) 사류펌프[28]

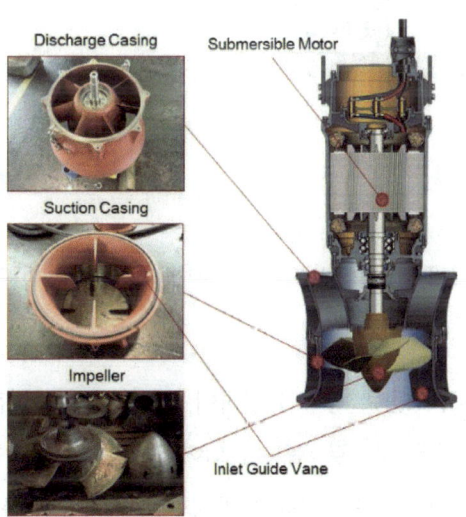

(d) 축류펌프[29]

[그림 2.2.4] 펌프에 따른 케이싱

---

26) https://ko.hgjmcasting.com/pump-casting/tin-bronze-castings-petroleum-pump.html
27) made-in-china 홈페이지
28) 주)신신기계-코마린
29) Hydraulic Performance Characteristics of a Submersible Axial-Flow Pump with Different Angles of Inlet Guide Vane

2.2.3 케이싱

케이싱은 [그림 2.2.4]와 같이 펌프 외형에서 보는 전체를 의미한다. 그 이유는 비속도에 따라 [그림 2.1.4]와 같이 임펠러의 형태가 변경되므로 외형이 바꾸기 때문이다.

[그림 2.2.4]와 같은 양흡입, 입형펌프 등의 케이싱은 흡입 배관 및 토출 배관과 플랜지로 연결이 되며 상하 분리형으로 접합 볼트로 연결되어 있다. 보통 재질은 주철을 많이 사용하지만, 특수 목적에 따라 특수재질을 많이 사용한다.

케이싱은 회전을 하지 않지만, 케이싱내에 있는 임펠러는 회전하기 때문에 [그림 2.2.5]와 같이 베어링과 패킹상자 등과 같이 조립된다.

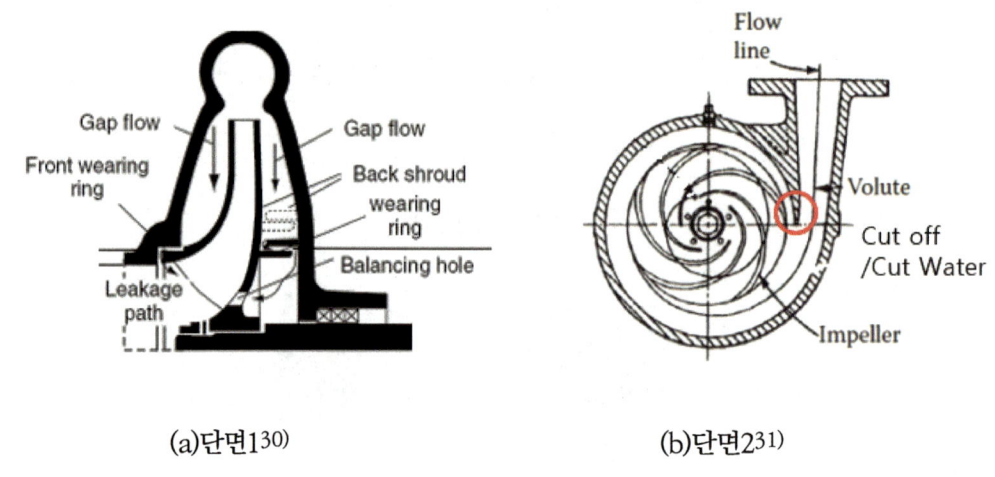

(a)단면1[30]　　　　　　　　(b)단면2[31]

[그림 2.2.5] 원심펌프에서 케이싱과 임펠러의 조립 구조

케이싱과 임펠러의 연결구조를 설명하기 위하여 [그림 2.2.5]와 같이 원심펌프의 경우만 나타냈지만, 사류나 축류펌프도 같은 구조로 구성이 되어 있다. 즉, 임펠러와 케이싱과의 간극(전, 후면 Wearing Ring)은 유량누설(Gap Flow)등을 발생할 수 있고, 이를 감소시키기 위하여 고가의 성능 좋은 미캐니컬 실(Mechanical Seal) 또는 Grand Seal 등을 사용하면 된다. 그러나 체적효율이 좋아 누설이 감소되면, 반면에 기계효율이 떨어져 이 두 효율은 반비례 관계를 가지고 있다. [그림 2.2.5](a)의 편흡입 원심펌프의 경우는 축추력을 방지하기 위하여 임펠러의 발란싱 홀(Balancing hole)이 존재한다.

[그림 2.2.5](b)에서 표시된 컷워터(cut-water or cut-off)는 케이싱의 토출영역에서 임펠러와

---
30) PRACTICAL CENTRIFUGAL PUMPS, OGS
31) https://myengineerings.com/how-centrifugal-pump-works/

케이싱 사이의 좁은 공간을 의미한다. 이 컷워터가 없으면 회전에너지가 펌핑이 되지 않음으로 매우 중요한 요소이다.

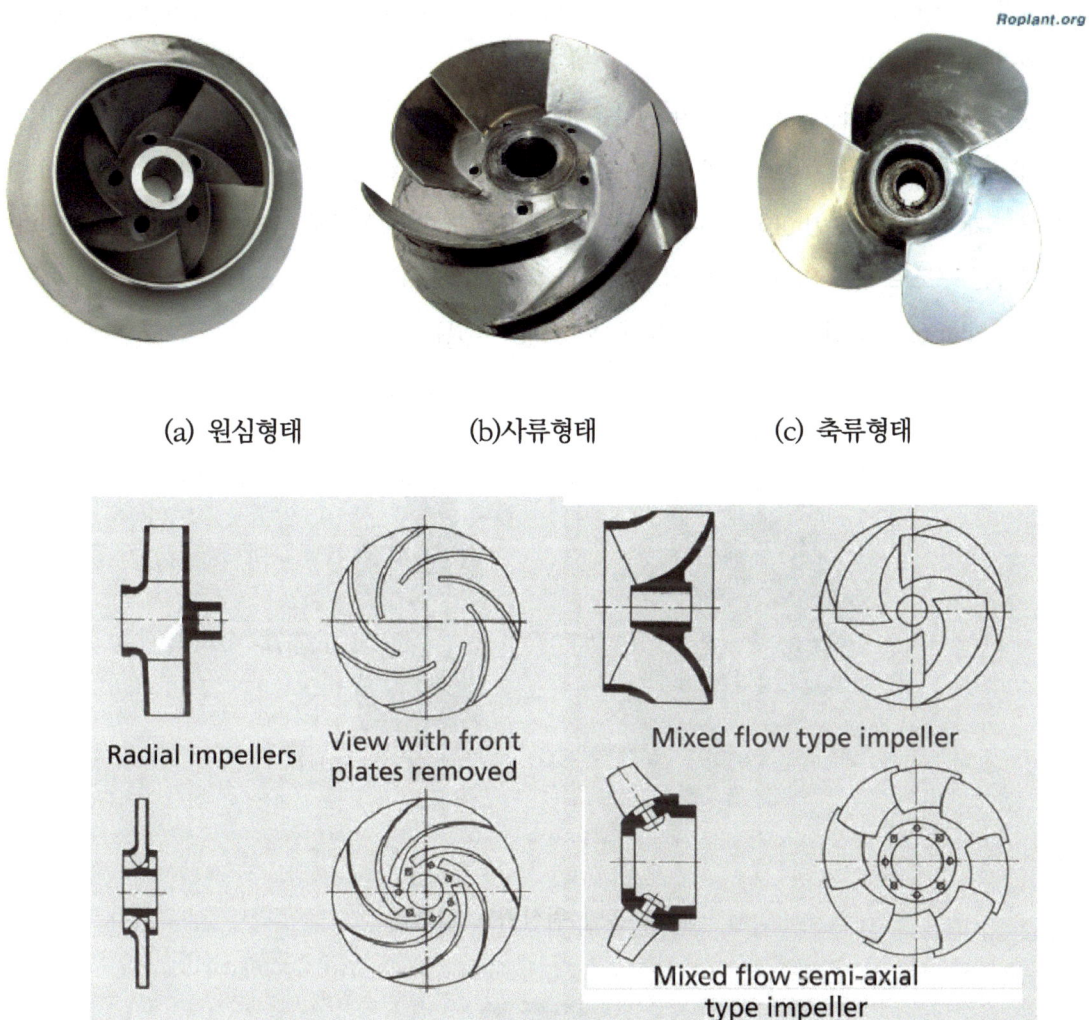

(a) 원심형태　　(b) 사류형태　　(c) 축류형태

(d) Ns에 따른 임펠러 단면

[그림 2.2.6] 임펠러의 종류

2.2.4 임펠러

1) 구조

임펠러는 [그림 2.2.1](a)와 같이 케이싱내 1개 또는 여러 개의 회전하는 기구로써, 통과하는 유체에 대하여 압력 및 속도에너지를 주는 기구이다. 즉 임펠러는 구부러진 베인을 갖는 디스크로 구성된 펌프의 회전 요소로서 유체에 가압을 주고 유체를 이송하는 부품이다.

[그림 2.2.6]과 같은 임펠러는 비속도에 따라 원심형태, 사류(혼류)형태, 축류형태로 구성이 되고, 펌프의 설계 및 적용에 가장 근본이 된다. [그림 2.2.6]은 일반적인 형태를 나타낸 것이고 제작 회사마다 형태가 다르고, 사용처에 따라 재질이 다르다. (d)에는 이해를 돕기 위하여 Ns에 따른 임펠러 단면를 나타냈다.

일반적으로 임펠러는 [그림 2.2.7]과 같은 구조를 갖는다. [그림 2.2.7](a)의 형태는 편흡입(한쪽 흡입) 원심펌프이고 Ns(비속도)가 약 80~150범위의 펌프에 해당된다. 이 펌프의 임펠러는 회전하는 3~5개 베인이 허브(hub)의 외부에 용접하고, 베인 앞뒤에 설치된 쉬라우드(Shroud)로 인하여 지지하는 구조로 되어 있다. 또한, 설계에 따라 축추력(Axial Trust Force)을 방지하기 위한 발란싱 홀(Balancing Hole)과 뒷 베인(Back Vane)등이 있는 경우가 있다.

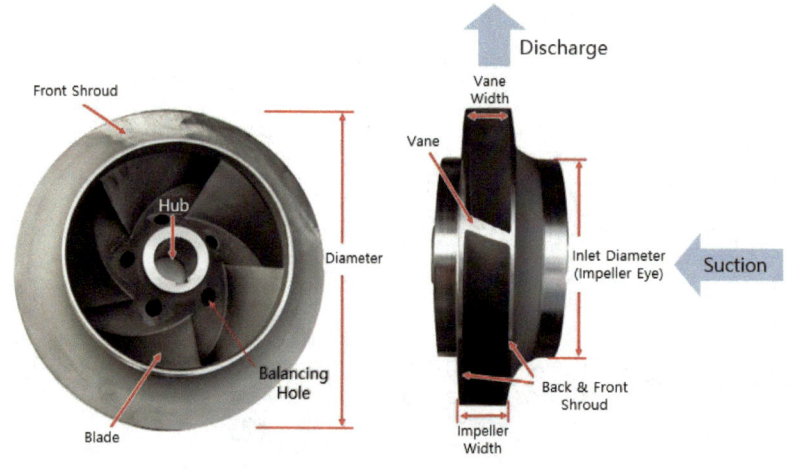

(a) 편흡입 원심펌프 임펠러

(b) 양흡입 임펠러

[그림 2.2.7] 편흡입과 양흡입 원심펌프 임펠러[32]

임펠러 입구는 임펠러의 베인 면적 쪽으로 유입되는 유체 통로의 원심 펌프의 면적을 의미한다. Impeller Eye의 지름은 주어진 유량에서 초과되는 압력강하 없이 그리고 캐비테이션이 없이 펌프로 얼마나 유체를 보낼 수 있는가를 제어할 수 있다. 이 eye 내에서의 속도제어로 NPSHre을 조절할 수 있다.

[그림 2.2.7](b)과 같은 양쪽에서 유체가 흡입되기 때문에 양흡입 펌프 경우는 다행히도 축추력을 발생하지 않아 축추력에 자유로운 장점이 있다.

2) 임펠러의 종류

[그림 2.2.9]와 같은 쉬라우드의 유무에 따라 임펠러는 구분될 수 있다.

(a) Close Type (b) Semi-open Type (c) Open Type

[그림 2.2.9] 쉬라우드 유무에 따른 임펠러

(1) 밀폐형 임펠러(Closed Type)
-. [그림 2.2.9](a)와 같이 임펠러 베인에 닿는 유체의 압력을 유지하기 위하여 베인의 양쪽 측면 사이에 쉬라우드에 의해 유체가 닫혀있는 형태를 갖는다.
-. ISO 표준펌프에서 찾아볼 수 있는 가장 일반적인 경우
-. 임펠러의 형태는 개방형보다 효율이 높지만, 단점은 유체의 통로가 매우 좁고, 유체가 불순물이나 솔리드를 포함하고 있다면 막힐 수 있다.
-. 경험적으로 임펠러 간극을 0.025mm씩 조정에 따라 유량의 1% 정도의 손실을 보게 된다.
-. 웨어링(Wearing)의 간극은 항상 임펠러의 밸런스 홀의 면적보다 적어야 한다.
-. 스터핑 박스 압력이 흡입 압력에 가까울 때처럼 흡입 재순환의 장점을 잃게 된다.
-. 양정/유량 곡선의 형태는 비속도의 함수이지만 설계자는 베인의 각도와 베인의 수의 선택에 의하여 성능을 조절할 수 있다.

---

32) https://www.roplant.com/index.php/contents/platform/share?act=view&seq=579&bd_bcid=knowledge&page=1

(2) 개방형 임펠러(Open Type)
-. [그림 2.2.9](c)와 임펠러 베인은 오픈되었으며 쉬라우드에 의해 에지가 연결되어 있지 않는 형태 즉, 어떤 측벽 또는 쉬라우드가 없이 축 상에 중앙허브(Central Hub)에 부착된 일련의 베인을 의미한다.
-. 큰 단점은 주로 밀폐형보다 효율이 떨어지지만, 불순물이나 솔리드를 막힘없이 보낼 수 있다는 것이 가장 큰 장점이다.
-. 이러한 설계는 세미(Semi)또는 밀폐형 임펠러보다 마모가 민감한 경우에 설계된다.

(3) 세미 개방형 임펠러 (Semi-Open Type)
-. [그림 2.2.9](b)와 같이 임펠러 뒤에 1개의 쉬라우드만 설치된 경우이다.
-. 최근 펌프의 완전 분해 없이 세미개방형 임펠러를 설치하는 경우가 있다.
-. 열적 팽창과 벌루트/임펠러의 마모가 심한 경우, 임펠러와 벌루트 간극을 조정하는 데 있어 매우 좋은 방법이다.
-. 스터핑 박스 내 미캐니컬 실이 있다면, seal face loading방식을 선택하여야 한다.
-. 일반적인 세미 개방형 임펠러인 경우 벌루트 또는 백판 간극은 약 0.4~ 0.5mm정도이다.
-. 각 0.05mm씩 간극을 조정할 수 있는데 이때 펌프 유량은 유량의 1%씩 감소된다.

개방형 임펠러의 효율과 성능은 밀폐형의 임펠러보다 저하되고, 펌프케이싱내 마모가 심하다. 또한, 임펠러의 성능과 효율은 임펠러면(impeller face)와 흡입 벌루트 또는 판의 간극에 대한 함수이다. 즉, 반대로 밀폐형 임펠러의 성능은 임펠러와 케이싱 벌루트 사이의 간극과 무관하다.
[그림 2.2.10]과 같이 동일한 펌프 케이싱 벌루트에 [그림 2.2.11]과 같은 개방형 임펠러와 밀폐형 임펠러의 경우를 성능 실험하여 비교하였다. [그림 2.2. 10]과 같이, 이 실험에서 어떤 펌프 수정을 하지 않았고, 케이싱 링 없이 실험되었다. 만약, 케이싱 링이 케이싱 벌루트에 설치되었다면 펌프의 효율과 성능은 좀 더 상승할 수도 있었을 것이다.

(a) 원래의 개방형 임펠러　　　(b) 밀폐형 임펠러　　　(c) 케이싱

[그림 2.2.10] 개방형 임펠러 대신 밀폐형 임펠러가 사용된 화학용 펌프

[그림 2.2.11] 실험에 사용된 개방형 임펠러와 밀폐형 임펠러

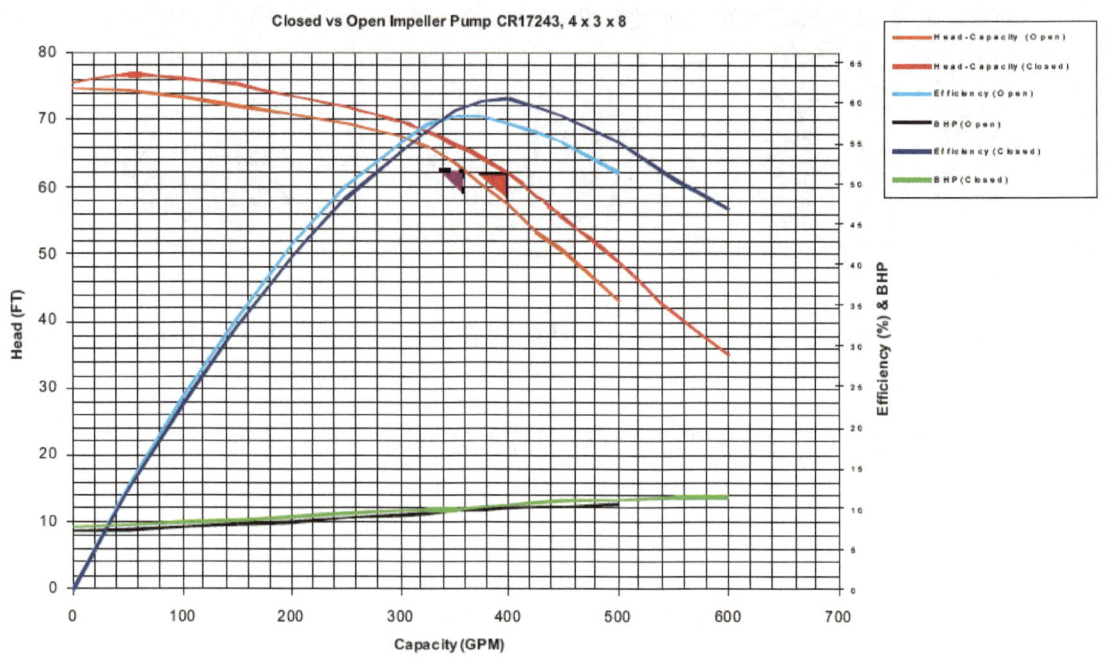

[그림 2.2.12] 개방형과 밀폐형 임펠러에 대한 펌프 특성곡선[33]

[그림 2.2.12]와 같은 실험결과에서 임펠러의 흡입측에 쉬라우드가 있는 Semi 개방형 임펠러와 동일한 임펠러가 5.3%만큼 더 펌프 효율이 높음을 알 수 있다. 이것은 또한 360gpm에서 400gpm까지 펌프의 성능(유량)을 향상시켰다. 최근에 이 실험과 같이 효율은 조금 떨어지지만, 목적에 따라 [그림 2.2.10]에서 볼 수 있듯이 개방형 임펠러를 많이 사용하고 있으며, 심지어는 개방형 임펠러 펌프를 기준으로 표준화하고 있다.

[그림 2.2.9](b)와 (c)와 같은 임펠러는 오수나 슬러지를 이송하는 수중펌프에 많이 사용된다. 이러한 임펠러는 [그림 2.2.13]과 같이 논-글러깅 임펠러(non-clogging impeller) 또는 보텍스 펌프(Vortex Pump)라고 한다. 이런 논-글러깅 임펠러 펌프와 보텍스 펌프의 특징을 아래와 같이 정리하였다.

-. 이상적인 임펠러는 1개 또는 최대 3개 정도의 베인을 갖는다.
-. 일반적인 임펠러 설계는 제지용, 실이 있는 유체, 하수와 같은 솔리드가 포함되는 유체에는 적합하도록 blunt edges를 가지며 큰 유로를 가지고 있는 유로를 갖도록 설계된다.

---

[33] Сравнение открытого и закрытого рабочего колеса насоса

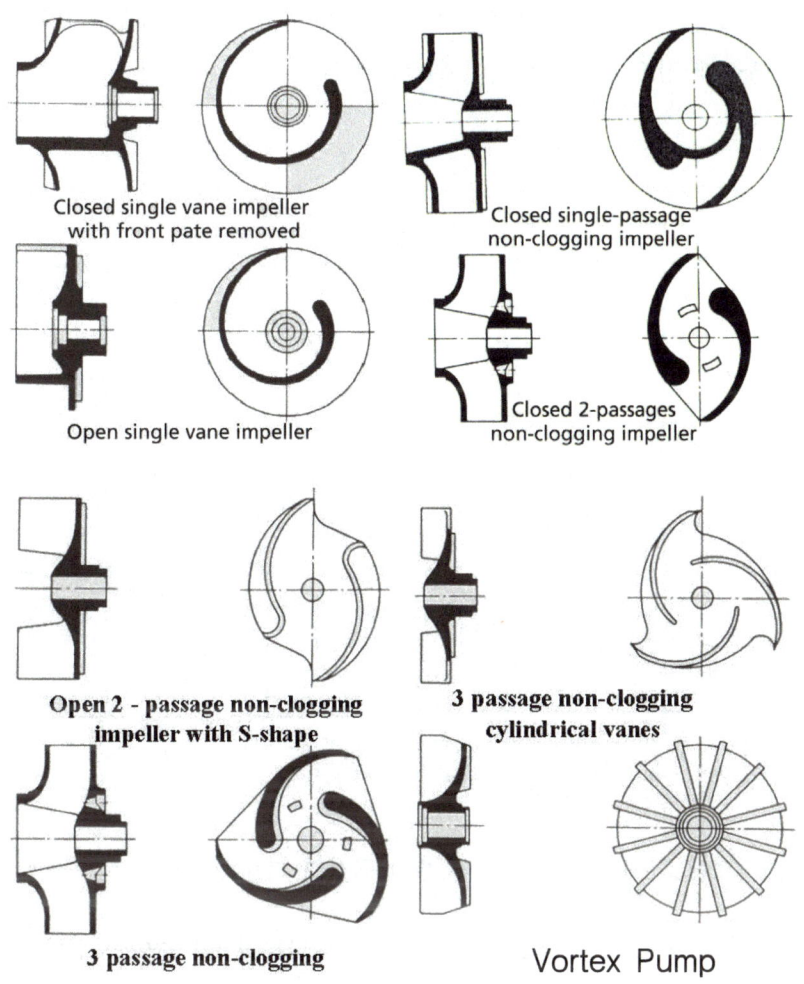

[그림 2.2.13] 특별한 non-clogging Impeller[34]

- 고농도 제지펄프의 종이죽(펄프 현탁액, Stock)을 다루기 위하여 많이 사용하고, 이를 위해 서흡입구 스크류 컨베이에 스크린 등과 같은 별도장치를 설치해야 한다.
- 보텍스 펌프는 벌루트 내 보텍스(월풀 효과)를 생성시켜 솔리드를 펌핑하는 원리를 갖는다.
- 베인의 공간이 크기 때문에 효율이 좋지 않다.
- 흡입압력을 증가시키기 위하여 인듀서(Indeucer)로 불리는 축류형태 임펠러를 임펠러의 앞에 설치하지만, 이런 설치는 전양정을 약 5% 정도 떨어뜨리면서, 효율도 떨어지지만, NPSHrc(흡입능력)을 50%정도 향상시킬 수 있다.

베인 개수는 효율에 영향을 미치며 일반적으로 베인의 개수가 많을수록 효율적이고 곡선을 평평히 해주는 경향이 있고 유량을 안정화해 주는 역할을 한다. 그렇지만 베인의 개수가 많아지며 베인

---

34) https://ksbforblog.blogspot.com/2009/04/type-penggunaan-impeller-pompa.html

수와 비속도의 관계인 [그림 2.2.14]에서 보듯이 특성 곡선의 기울기에 영향(효율 저하)을 미치기 때문에 보통 3~5개 정도 사용하는 것이 일반적이다.

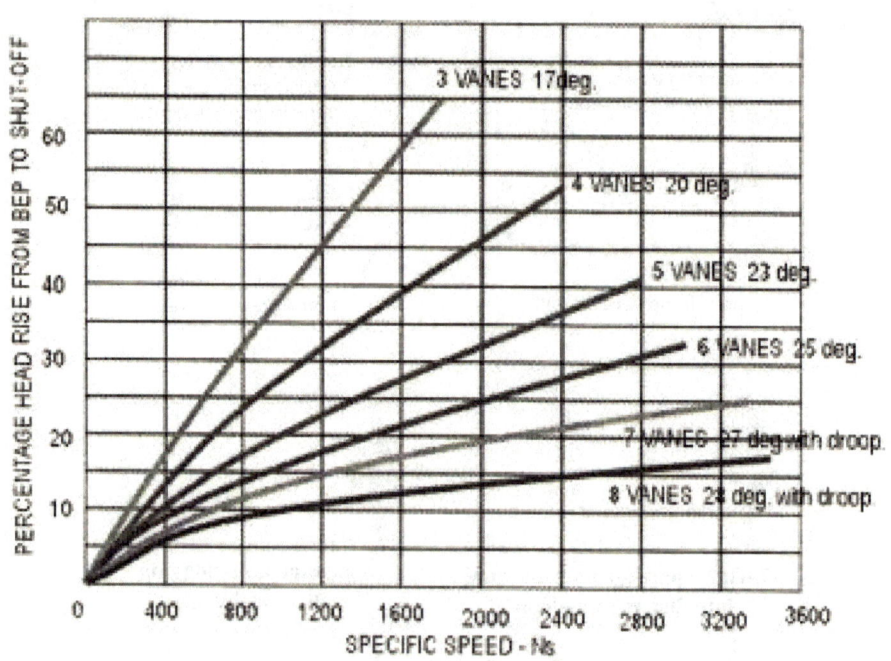

[그림 2.2.14] 베인 개수가 특성 곡선의 기울기에 미치는 영향[35]

펌프의 토출영역. 속도를 점차적으로 감소시키면서 난류성분을 줄이기 위하여 [그림 2.2.15]와 같이 가이드역할을 하는 고정 디퓨저 베인을 설치하는 디퓨저 펌프(Diffuser Pump)도 있다.

[그림 2.2.15] 디퓨저 펌프[36]

---

35) https://www.egpet.net/vb/showthread.php?t=49918#axzz8woePKZNe
36) https://www.slideshare.net/slideshow/centrifugal-pump-by-hanif-dewan-31068306/31068306

3) 임펠러 재질

임펠러는 재질은 사용 목적에 따라 다양하다. 보통 임펠러의 재질은 [그림 2.2.16]과 같이 주물로 제작하는 청동(Bronze)재질을 많이 사용한다. 최근에는 [그림 2.2.6]과 같이 스테인레스 재질을 사용한다. 재질의 선택에서 중요한 것이 마모를 견디기 위함이므로, 단단한 재질과 긴 수명을 위하여 부식이 강한 재질을 사용해야 되고 설계조건에 따라 결정되어야 한다.

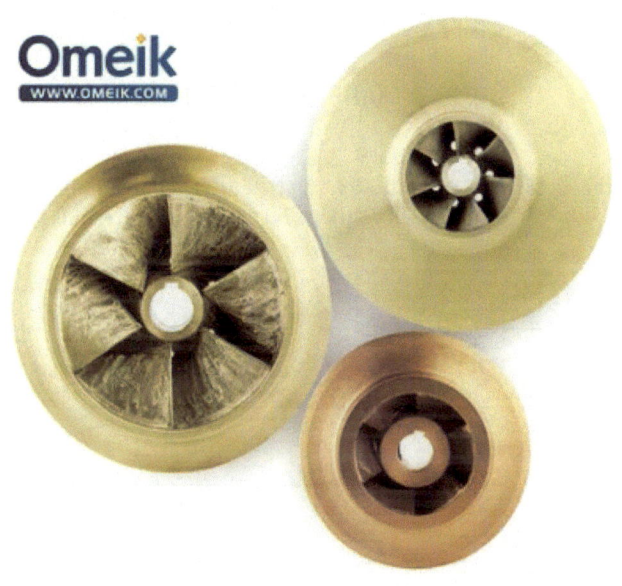

[그림 2.2.16] 청동재질로 만들어진 임펠러

최근에는 마모에 효과가 있도록 "Duplex Metals"[37]라고 불리는 혼합물을 사용하거나 [그림 2.2.17](a)와 같이 지마모 재질인 Graphite Composite로 사용한다. 이런 재질의 사용은 강하고, 가볍고, 수력학적으로 균형을 보장하고 부식, 침식 및 캐비테이션에 강하며 효율이 좋게 된다.

이런 재질의 선택에 있어, 기계적 링과 같이 마모(Gall)나 부식(Corrode)되지 않기 때문에, 간극을 좀 더 타이트하게 조정할 수 있으며 [그림 2.2.17](b)에서 볼 수 있듯이 성능과 효율을 유지할 수 있기 때문이다. [그림 2.2.17](b)는 펌프의 양정-효율 곡선을 나타낸 것인데, 밀폐형 구조적 컴포지트 임펠러를 1000시간 사용 후에 나타낸 결과이다.

---

37) Duplex 재질은 차세대 재질이며 CD4MCU이다.

알기 쉽게 풀어 쓴 펌프이야기

(a) 사용된 임펠러

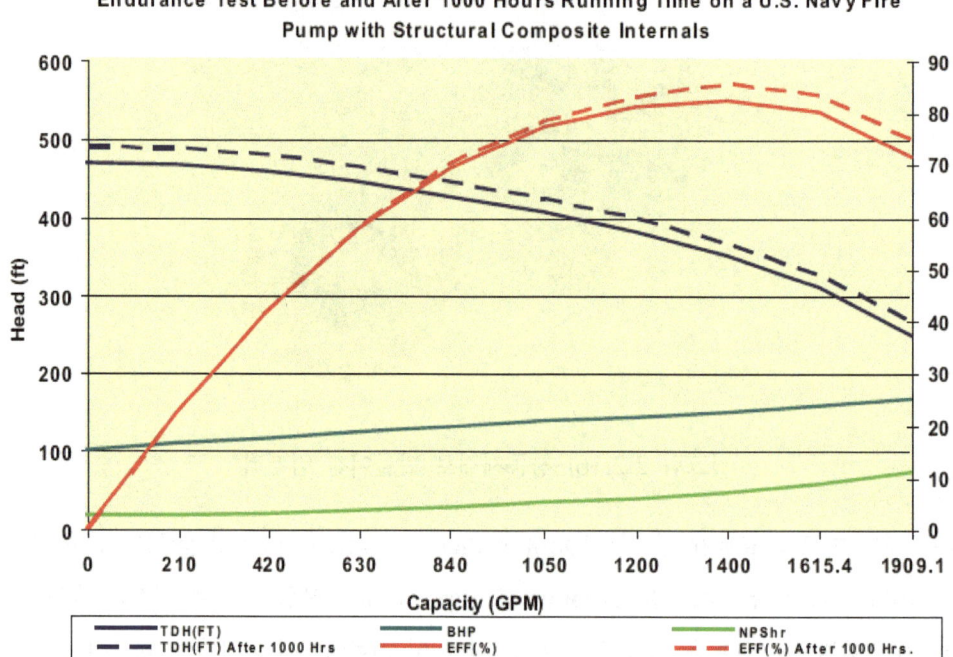

(b) 성능곡선

[그림 2.2.17] Simsite 펌프회사에서 적용된 새로운 임펠러와 성능곡선[38]

---

38) https://www.linkedin.com/pulse/what-simsite-john-kozel

4) 임펠러 컷팅

펌프는 보통 향후 25년에서 30년을 사용주기로 보고 선정되기 때문에 보통 현재의 운점점보다는 설계된 경우가 많다. 따라서 이러한 임펠러는 최고 효율점에서 운전되도록 임펠러 컷팅(Impeller Cutting)에 의하여 조정되어야 한다.

이론적으로 임펠러 지름은 이론적으로 20% 정도까지 컷팅할 수 있지만, 너무 많은 양의 컷팅은 펌프의 양정, 유량과 축동력을 변화시키기 때문에 경험적으로 10%까지 하도록 권장한다. 다만 임펠러 외부지름과 펌프 벌루트 사이에 미끄러짐(Slippage) 때문에 상사법칙은 정확하지 않으므로 실제에서는 이를 반드시 고려하여야만 한다.

임펠러를 컷팅하려고 한다면 적어도 2단계에 걸쳐서 실험한 후, 그 컷팅 양을 정해야 한다. 컷팅 후 펌프 성능을 증가시키기 위하여 테이퍼진 형태로 토출 베인을 새롭게 제작할 수도 있다. 즉 베인 끝을 줄질(Under Filing)함으로 유량을 약간 증가시킬 수 있기 때문이다.

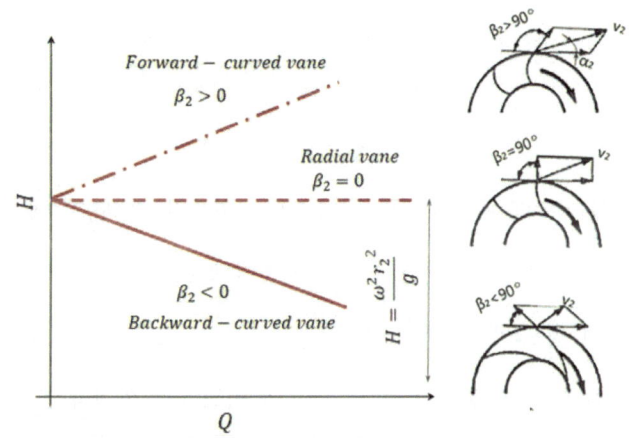

출구각 β에 따른 깃의 형태에 따른 양정의 변화

[그림 2.2.18] 깃의 형태에 따른 H-Q 곡선[39]

---
39) 노형운저, 2023, 문제 해결력을 키우는 유체역학

5) 깃의 형태

임펠러 깃의 형태는 [그림 2.2.18]과 같이 3가지 형태를 보통 갖는다. [그림 2.2.18]의 $H_{th\infty}$ 은 깃수가 무한한 경우 이론 정압헤드 또는 오일러 이론헤드이며, 식 (2.2.1)과 같이 구할 수 있는데, 이는 임펠러를 설계할 때 깃이 무한하면서 유입 각도가 $\alpha_1 = 90°$ 일 때 유도된 식이다.[40]

$$H_{th\infty} = \frac{1}{g} u_2 v_2 \cos\alpha_2 \tag{2.2.1}$$

실제 펌프에서는 깃수가 유한하고 마찰이나 충돌이 있으므로, 이론전압헤드 보다 식 (2.2.2)와 같이 적어진다.

$$\eta_h = \frac{H}{H_{th\infty}} \tag{2.2.2}$$

식 (2.2.2)의 η_h 를 수력효율이라 하며, 이 값은 회사와 설계방식에 따라 다르다. 한 예로써 $\beta_2 = 25 \sim 30°$, $D_1/D_2 = 0.5$, $b_1/b_2 = 2.0 \sim 2.5$ 의 펌프에서는 $\eta_h = 0.6$ 을 갖는다.

임펠러를 설계할 때 펌프의 성능에 크게 영향을 미치는 요소 중, 깃의 토출각도(α_2)와 출구각도(β_2)를 먼저 결정해야 한다. 보통, $\alpha_2 = 5 \sim 30°$ 의 범위에서 설계하라고 하지만, 대부분 회사에서 보통 $8 \sim 15°$ 의 범위로 설계하고 있다.

$v_2 \cos\alpha_2 = u_2 - v_{2m} \cot\beta_2$ 을 식 (2.2.1)에 대입하면 출구 각도(β_2)와 관련 된 식 (2.2.3)을 얻을 수 있다.

$$H_{th\infty} = \frac{u_2^2}{g} - \frac{u_2 v_{2m} \cot\beta_2}{g} \tag{2.2.3}$$

회전수가 일정할 때, 즉 u_2 가 일정하다고 할 때 $H_{th\infty}$ 의 값은 β_2 에 따라 유량의 변화와 함께 [그림 2.2.18]과 같이 변화함을 알 수 있다.

---

[40] 자세한 것은 유체기계 책을 참조하기 바란다.

(1) $\beta_2 > 90°$ 일 때: $\cot\beta_2 < 0$으로서 $H_{th\infty}$는 유량이 증대함에 따라 증가한다.

(2) $\beta_2 = 90°$ 일 때: $\cot\beta_2 = 0$으로서 $H_{th\infty}$는 유량과 관계없이 일정하다.

(3) $\beta_2 < 90°$ 일 때: $\cot\beta_2 > 0$으로서 $H_{th\infty}$는 유량이 증대함에 따라 감소한다.

([그림 2.2.19] 참조)

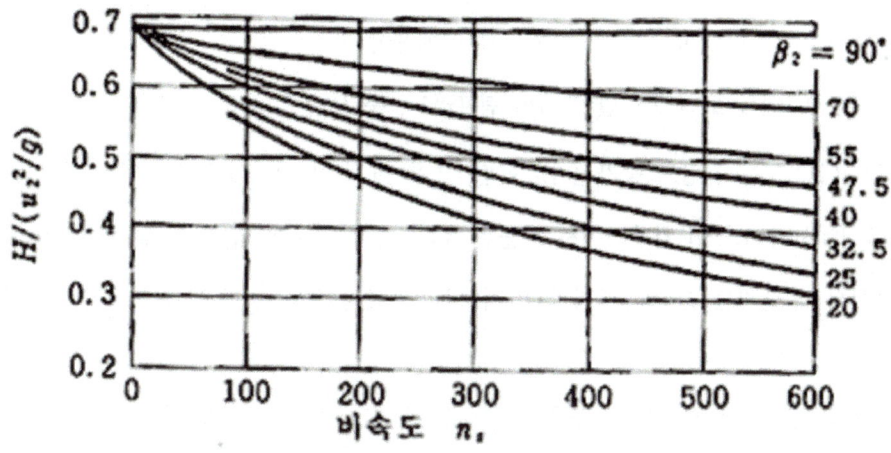

[그림 2.2.19] Ns와 β_2의 따른 $H_{th\infty} - Q$ 곡선

대부분 펌프의 경우 뒷굽은 깃(Backward Curved Vane)을 보통 사용하고 팬(Fan)과 같은 공기기계의 경우에는 앞굽음 깃(Forward Curved Vane)을 많이 사용한다. 이처럼 펌프에서 β_2를 $90°$보다 훨씬 작게 설계하는 이유는 다음과 같다.

$$H_{th\infty} = \frac{u_2^2 - u_1^2}{2g} + \frac{w_1^2 - w_2^2}{2g} + \frac{v_2^2 - v_1^2}{2g} = H_{th\infty p} + H_{th\infty v} \qquad (2.2.4)$$

$$H_{th\infty p} = \frac{u_2^2 - u_1^2}{2g} + \frac{w_1^2 - w_2^2}{2g} \qquad (2.2.5)$$

$$H_{th\infty v} = \frac{v_2^2 - v_1^2}{2g} \qquad (2.2.6)$$

$$\rho = H_{th\infty v} / H_{th\infty p} \qquad (2.2.7)$$

식 (2.2.1)을 속도 제곱 차이인 식 (2.2.4)로 나타낼 수 있으며, 이를 식 (2.2.5)와 식 (2.2.6)의 합으로 분해할 수 있다. 식 (2.2.4)중 $H_{th\infty p}$는 유체에 공급하는 압력 헤드의 항 즉, 원심력(u에 영향)에 의한 항과 임펠러내 유로의 단면변화로 인한 w에 변화에 기인하는 압력증가에 의한 항의 합으로 식

(2.2.5)와 같다. 반면에, 식 (2.2.4)의 $H_{th_\infty v}$는 속도헤드 증가에 인한 항임을 알 수 있다.

임펠러로부터 받는 전체의 헤드 중 얼마나 압력 헤드의 형태로 받는가를 나타낸 것이 식 (2.2.7)와 같은 ρ로서, 이를 반동도(Degree of Reaction)이라 하고 반동도가 뒷굽음깃의 경우가 앞굽음깃보다 크기 때문이다. 즉, 펌프는 속도 헤드의 증가보다는 압력 헤드의 항으로 구동되어야 효율이 높아지기 때문이다. 따라서 반동도(ρ)는 펌프 효율에 크게 영향을 미친다. 이에 H_{th_∞}의 크기와 ρ의 값이 양쪽 다 적당한 β_2가 정해지도록 설계해야 한다.

[그림 2.2.19]를 보면 동일한 크기의 펌프라도, 출구 각도 β_2를 크게 함으로써 H_{th_∞}를 증대시킬 수 있다(실제로는 유량도 증가된다). 한편, β_2를 크게 할수록 임펠러 내의 손실은 증가하고, [그림 2.2.19]에서의 보듯이 임펠러에서 토출된 유속(v_2)가 커지게 되며, 그 운동에너지를 압력에너지로 변환시킬 때 생기는 손실도 증가한다. 따라서, 펌프의 경우 β_2를 크게 할수록 효율은 반대로 떨어진다.

[그림 2.2.19]를 이용하면, 임펠러를 설계할 때 출구각도(β_2) 또는 원주속도 (u_2), 그리고 바깥지름(D_2)를 추정하는 데 사용한다. 일반적으로, β_2를 일반 펌프에서는 $20° \sim 30°$에서 설계하라고 권장되지만, Stepanoff는 효율이 좋으면서. 실용적인 출구각도를 $17°30' \sim 27°30'$로 제시하고 있으며, 대부분이 회사들에서 $22°30' \sim 25°$범위에서 설계됨을 알 수 있다.

2.2.5 베어링

베어링(Bearing)은 펌프와 같은 회전기계에서 매우 중요한 부품이다. 베어링은 [그림 2.2.20]과 같이 회전하는 주축을 지지하며 임펠러의 중량, 축에 걸리는 기타 하중을 받는 부품이기 때문이다.

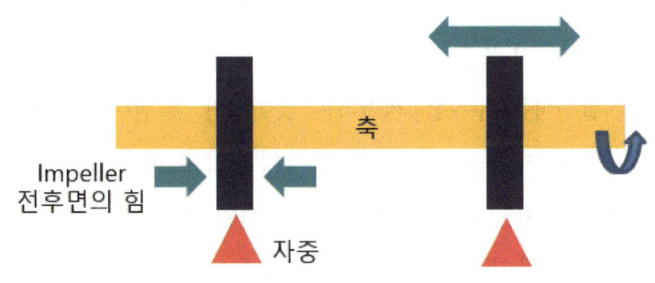

[그림 2.2.20] 축을 지지하고 있는 베어링에 작용하는 힘

펌프에 작용하는 하중은 회전하므로 발생하는 반지름 방향 하중(Radial Load)과 축추력(Thrust Load)이 구성된다. [그림 2.2.7](a)와 같은 편흡입의 경우 특히 축추력이 크게 작용한다. 이런 경우 펌프의 경우 반경방향의 하중을 받는 축받침 2개 이상 축축력을 받는 축받침 1개가 포함되게 설계하거나, [그림 2.2.21]과 같이 케이싱을 변경하여 설계하거나 [그림 2.2.25]와 같이 임펠러에 밸런싱 홀을 제작한다.

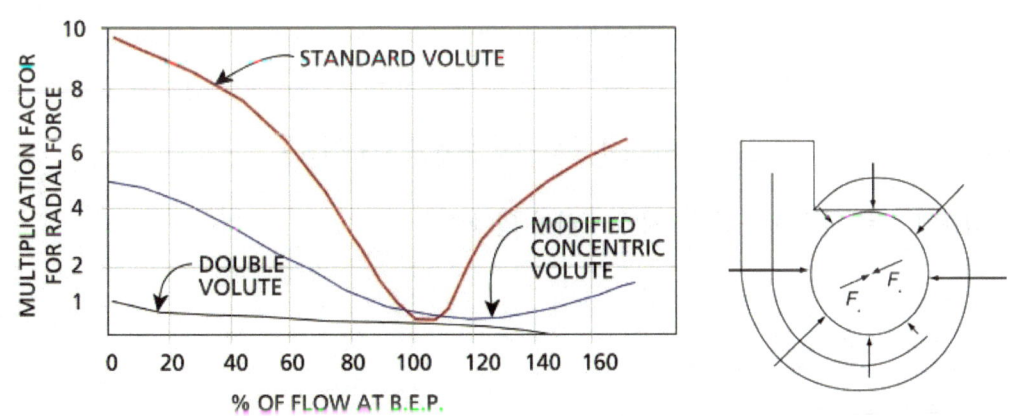

[그림 2.2.21] 반경방향 하중을 피하기 위한 설계 방향

일반적으로 하중 방향에 따라 아래와 같은 베어링들을 사용한다.
- -. 반경방향과 하중 지지 : 평베어링(Plain bearing), 롤러 베어링
- -. 축추력 지지   : 롤러베어링, 볼베어링, 스러스트 베어링

2.2.6 밀봉장치

1) 정의

펌프 안의 유체가 케이싱과 회전하는 펌프 축 사이로 빠져나오지 못하도록 밀봉하는 부품을 [그림 2.2.22]에서 볼 수 있듯이 밀봉장치 즉 실 또는 패킹이라 한다. 이런 밀봉장치 기능은 웨어링 링과 같은 간극에서 발생하는 누수를 제어하는 것이지만, 완전히 누수를 제거하려면 기계효율이 현저히 떨어져(너무 뻑뻑하여) 축이 회전하지 못하게 되므로 이 관계를 고려하여 설계하여야 한다.

밀봉장치를 오래 사용하려면, 과열을 방지하기 위하여 적당히 윤활 되어야 하는데 자동 오일주입장치를 설치하거나, 스터핑 박스(Stuffing Box) 밖으로 어느 정도 누수가 되도록 유지되도록 설계해야 한다.

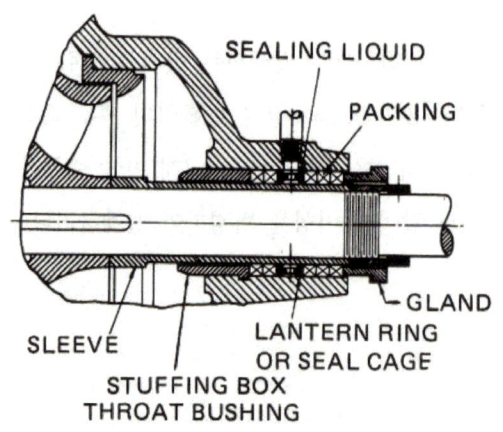

[그림 2.2.22] 일반적인 밀봉장치의 개략도

펌프에 주로 사용되는 밀봉장치에 대하여 알아보자.

2) 밀봉장치의 종류

(1) 그랜드 패킹

-. 이 시스템은 [그림 2.2.23]과 같은 부품으로써, 물, 오일, 산 및 알카리성 용액과 같은 거의 모든 유체의 밀봉에 적용할 수 있으나 완벽한 누수 방지는 되지 않는다.

-. 이 시스템은 마찰이 크고 마모도 되기 쉬우나, 취급과 축의 지름에 일치되어야 하므로 [그림 2.2.24]과 같이 축 지름과 같은 환봉에 감은 후 절단하고, 절단된 그랜드 패킹은 기름을 함침시킨 후 이음매가 90도씩 엇갈리도록 밀어 넣어 조립하면 된다.

-. 윤활을 위하여 패킹내의 봉수는 $0.5 kg/cm^2$ 이상의 청수를 필요로 하며, 자체압으로 부족 할 때는 외부에서 주입해야 한다.
-. 운전시에 슬리브의 마모 및 과열을 방지하기 위하여 적정 누설량(분당 40~60방울의 흐름)은 유지시켜 윤활시키도록 설계되어야 한다.

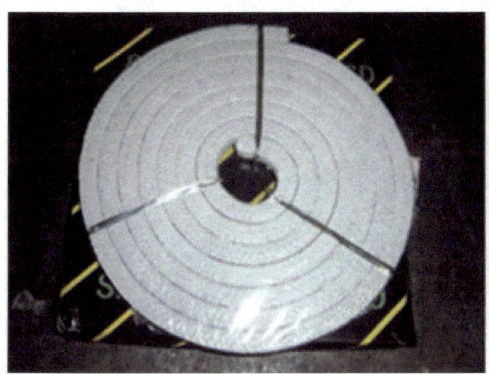

[그림 2.2.23] 그랜드 패킹으로 설치된 스터핑 박스

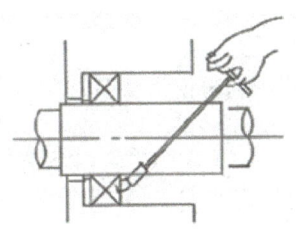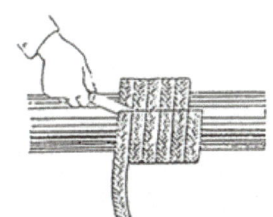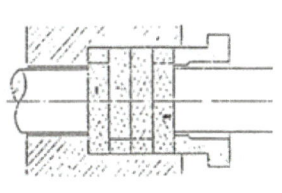

[그림 2.2.24] 그랜드 패킹 설치방법

(2) 미캐니컬 실
-. [그림 2.2.25]와 같은 시스템은 물, 오일, 산 및 알카리 용액 및 공기와 같은 다양한 유체 및 기체의 밀봉에 적용되며, 고압과 고속의 환경에서도 장기간 수명을 유지할 수 있는 장점이 있지만 고가이다.
-. 밀봉장치의 구조상 축의 마모는 발생하지 않는다.
-. [그림 2.2.26]과 같이 미캐니컬 실은 회전 밀봉링, 정지밀봉링, 스프링, 축패킹, 고정장치 등으로 구성된다.

[그림 2.2.25] 미캐니컬 실

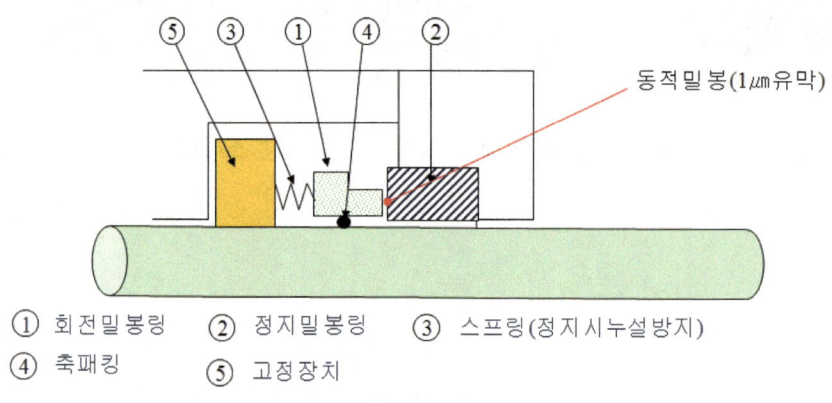

① 회전밀봉링   ② 정지밀봉링   ③ 스프링(정지시 누설 방지)
④ 축패킹   ⑤ 고정장치

[그림 2.2.26] 미캐니컬 실의 5대 구성부품

그랜드 패킹과 미캐니컬 실을 구분하기 위하여 [그림 2.2.27]과 같이 설치된 경우를 비교하였다.

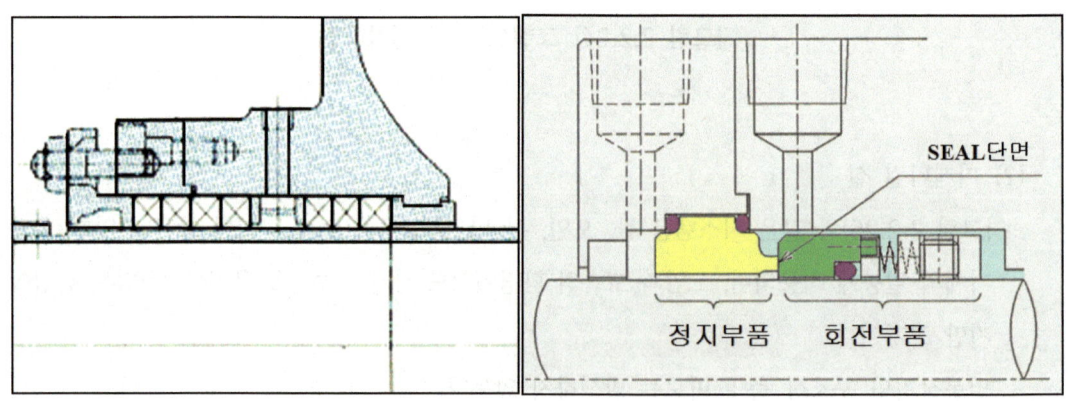

[그림 2.2.27] 그랜드 패킹과 미캐니컬 실의 비교

(3) Oil Seal 또는 Lip Packing

-. Oil Seal은 [그림 2.2.28]과 같이 상대적으로 간단한 구조를 가지며, 윤활유의 밀봉 뿐만 아니라 물에도 적용된다.

-. Oil Seal은 마찰이 작으면서도 좋은 밀봉특성을 가지지만 기계운동부 사이의 마찰에 의해 Lip의 마모가 일어나지 않도록 적절한 윤활이 되도록 주의 하여야 한다.

-. 현장에서는 이를 리데나 혹은 리테이너라 호칭하며, 회전축에 사용하는 오일씰을 의미한다.

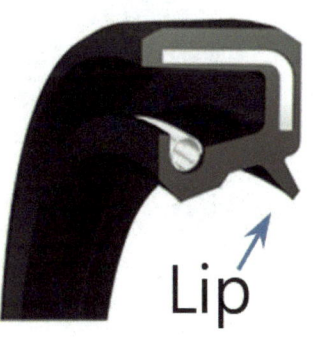

[그림 2.2.28] 오일 실[41]

[그림 2.2.29] 오-링[42]

(4) O-ring

-. O-Ring은 [그림 2.2.29]와 같이 작은 공간에 설치할 수 있고 취급이 쉽고 가격이 싸다.

-. 실성능은 다른 장치에 현격히 비해 떨어지고, 현장에서 "리데니"라고 부른다.

---

41) https://www.easternseals.co.uk/products/rotary-shaft-seals-oil-seals/
42) https://www.nes-ips.com/where-and-why-are-o-rings-used/

(5) Labyrinth 밀봉

-. Labyrinth 밀봉은 [그림 2.2.30]과 같은 미로 형태로 이루어진 장치로써 누수를 방지하기 위해 구불구불한 경로를 제공하는 유형의 밀봉장치로 주로 가스 실링에 사용되나 유체의 실링에도 사용된다.

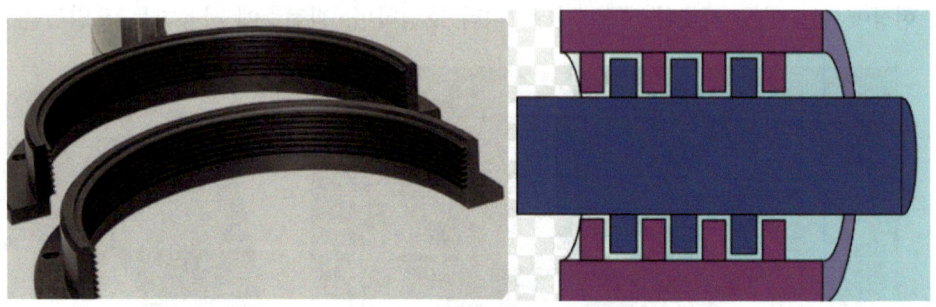

[그림 2.2.30] Labyrinth 밀봉[43]

-. 이 형태의 실은 다른 축 내부나 구멍 내부에 단단히 눌러지는 여러 개의 홈으로 구성될 수 있으므로 유체는 길고 어려운 경로를 통과해야만 빠져나갈 수 있는 특징을 가지고 있다.
-. 때때로 나사산이 바깥쪽과 안쪽에 설치되어 있어 이것들이 서로 맞물려 누수를 늦추는 긴 특성 경로를 생성하는 것이 특징이다.
-. 회전속도가 빠른 가스터빈 엔진에 주로 사용되며, 마찰이 없고 수명이 길어서 이런 형태의 밀봉장치를 사용한다.

[그림 2.2.31] 가스켓[44]

---

43) https://en.wikipedia.org/wiki/Labyrinth_seal
44) http://www.ssigp.com/kor/products/insulation_gasket_kit.html

(6) Gasket
 -. 가스켓은 [그림 2.2.31]과 같이 운동이 없는 부위의 밀봉형태로 사용되며, 보통 플랜지를 연결할 때 사용한다.
 -. 사용 조건에 따라 고무, 석면, PTFE(Polytetrafluoroethylene)와 같은 다양한 재질과 형상이 사용 된다.

3) 선정

이러한 밀봉장치는 사용은 [표 2.2.1]과 같이 축의 운동형태와 압력 등에 의하여 선택되어야 한다.

[표 2.2.1] 밀봉장치 종류의 선정기준

Seal의 종류			운동형태	압력 (kgf/cm2)	속도 (m/s)
운동용	접촉식	OIL SEAL	회전	0.3	16
			왕복	6	1
		M/SEAL	회전	50	30
		GLAND	회전	10	20
		PACKING	왕복	100	1
		LIP PACKING	왕복	200	1.5
		O-RING	왕복	100	1
			고정	250	2
	비접촉식	LABYRINTH	회전	-	-
			왕복	-	-
고정용		Gasket	고정	300	0

2.2.7 커플링(Coupling)

펌프에 구동력을 주기 위하여 동력기(모터)가 제공되는데, 이때 모터(구동축)와 펌프(종축)를 연결하여 주는 기계부품이 바로 [그림 2.2.32]와 같은 커플링(Coupling)이다. 보통 펌프에서는 플랜지를 이용한 리지드 커플링인 형태를 많이 사용한다.

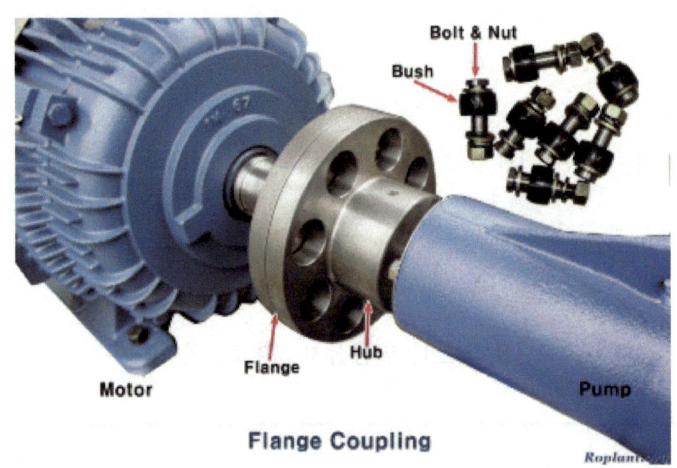

[그림 2.2.32] 펌프 시스템에서 많이 사용하는 플랜지 커플링[45]

[그림 2.2.33] 다양한 커플링

---

45) https://www.roplant.com/

[그림 2.3.33]과 같은 커플링은 기계의 다양한 분야에서 사용되며, 분야마다 서로 다른 특성이 있으므로 기계의 종류, 사용 목적 및 환경에 따라 선택되어야 한다. 특히 펌프 시스템에서 많이 사용하는 [그림 2.3.32]와 같은 리지드 커플링(Rigid Coupling)은 강성 커플링으로 펌프와 모터 축을 매우 견고하게 연결하여 동력 전달효율이 높고 구조가 간단하며, 축 중심이 완벽하게 일치한 경우에 적합하다. 반면에, 플렉시블 커플링(Flexible Coupling)은 고정식 커플링과 달리 약간의 움직임을 수용할 수 있어서 손상 없이 진동 및 열팽창을 흡수할 수 있으며, 펌프와 모터 축 사이에 어느 정도의 불가피한 정렬 불량이 있는 경우에 적합하다. 또한, 플렉시블 커플링은 진동을 잘 흡수하므로 과도한 작동 소음을 줄일 수 있으며, 또한, 축과 베어링의 손상 및 마모를 줄일 수 있는 장점이 있다.

화학용 펌프에서는 기계식 샤프트 연결이 아닌 영구자석을 이용한 마그네틱 커플링(Magnetic Coupling)을 사용하여 동력을 전달[46]하는데, 이는 자석에 의해 생성된 힘을 사용하여 작동하는 시스템이다. 이런 형태의 커플링은 물리적 접촉 없이 동력을 전달하기 때문에, 오정렬 및 열팽창은 문제가 되지 않는 장점이 있으며, 기계적 밀봉이 없으므로 누유 및 누출 가능성도 없어 강산성 등 위험한 유체를 취급하는 펌프에 이상적이다. 다만 입자가 자석에 달라붙어 문제가 될 수 있으므로 깨끗한 액체에만 적합하며, 작동 조건이 매우 민감한 단점이 있다.

커플링 사용시 주의사항을 아래와 같이 정리하였다.

① 커플링의 선택시 사용 환경과 목적에 맞는 종류를 선택하여야 한다.
② 회전하는 축의 진동, 축 간의 정렬 오차, 축의 미세한 이동 및 기울기 등을 보정하고, 축 간의 토크 전달 및 소음을 감소시킬 수 있다.
③ 고온, 저온, 고습, 천둥 번개 등의 환경에서도 작동할 수 있도록 특수한 소재와 구조로 제작되기도 한다.
④ 커플링은 기계의 안정성과 효율성에 큰 영향을 미치기 때문에, 정확한 선택과 적절한 유지보수가 필요하고, 유지보수 주기를 정기적으로 확인하여 안전하고 효율적인 운영을 유지해야 한다.

---

46) 캔드 모터(Canned Motor) 펌프에서 주로 사용된다.

2.2.8 베이스

모든 펌프 시스템에서는 [그림 2.2.34]와 같이 펌프와 모터를 고정하고, 콘크리트 베이스에 고정되는 일종의 강철 베이스가 필요하다.

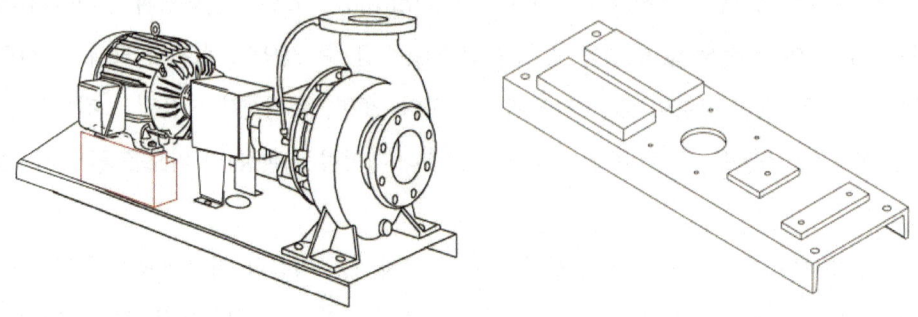

[그림 2.2.34] 베이스

프레임 크기(예: 프레임 254T)는 회전수와 동력에 따라 [그림 2.2.35]와 [그림 2.2.36]과 따라 모터의 크기와 구조에 따라 달라지므로, 베이스 플레이트의 제작은 ANSI 표준 B73.1 또는 NEMA (National Electrical Manufacturer Association)따라 제작하면 된다.

TABLE 15
FRAME DESIGNATIONS FOR POLYPHASE, SQUIRREL-CAGE, DESIGNS A AND B HORIZONTAL AND VERTICAL MOTORS, 60 HERTZ, CLASS B INSULATION SYSTEM, OPEN TYPE, 1.15 SERVICE FACTOR, 575 VOLTS AND LESS* [MG1-13.2]

HP	Speed, Rpm			
	3600	1800	1200	900
1/2	—	—	—	143T
3/4	—	—	143T	145T
1	—	143T	145T	182T
1-1/2	143T	145T	182T	184T
2	145T	145T	184T	213T
3	145T	182T	213T	215T
5	182T	184T	215T	254T
7-1/2	184T	213T	254T	256T
10	213T	215T	256T	284TS
15	215T	254T	284TS	286TS
20	254T	256T	286TS	324TS
25	256T	284TS	324TS	326TS
30	284TS	286TS	326TS	364TS
40	286TS	324TS	364TS	365TS
50	324TS	326TS	365TS	404TS
60	326TS	364TS†	404TS	405TS
75	364TS	365TS†	405TS	444TS
100	365TS	404TS†	444TS	445TS
125	404TS	405TS†	445TS	447TS
150	405TS	444TS†	447TS	449TS
200	444TS	445TS†	449TS	—
250	445TS‡	447TS†	—	—
300	447TS‡	449TS‡	—	—
350	449TS‡	—	—	—

[그림 2.2.35] NEMA에서 제공된 프레임 규격

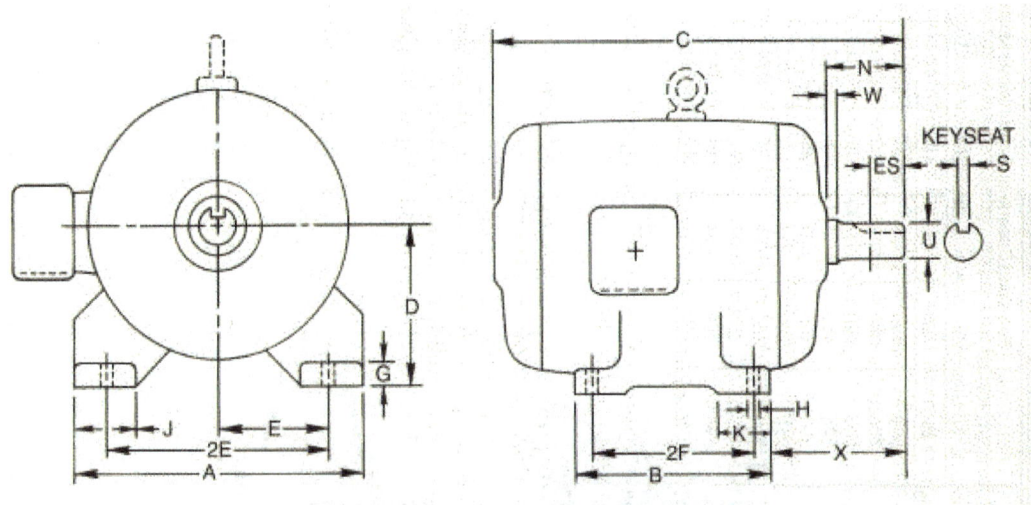

[그림 2.2.36] NEMA에서 제공된 프레임 규격

2.3 펌프의 종류 [47]

2.3.1 양흡입펌프

기본적으로 원심펌프는 편흡입펌프(End Suction Pump)와 양흡입펌프(Double Suction Pump)로 구분된다. 기본적으로 펌프를 설명할 때 [그림 2.2.1]과 같은 편흡입 펌프를 기준으로 설명하였기 때문에, 본 절에서는 [그림 2.3.1]과 같이 임펠러의 양쪽 측면을 통하여 유체가 흡입되는 경우의 펌프인 양흡입펌프를 기준으로 설명하겠다.

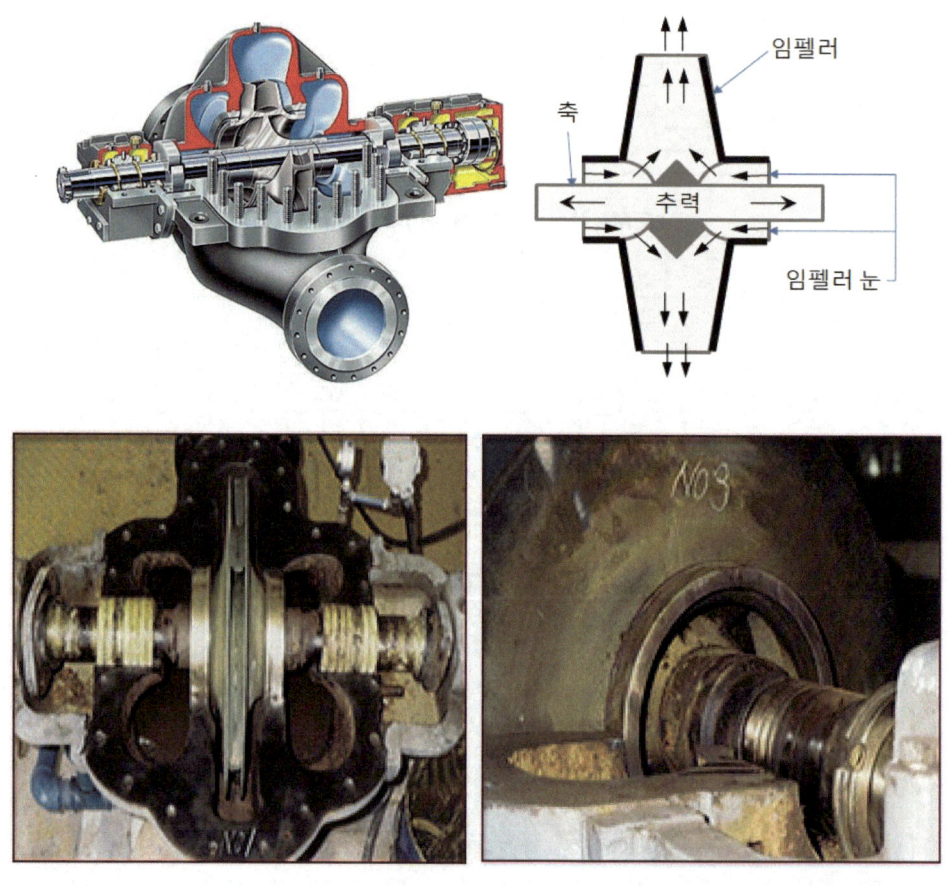

[그림 2.3.1] 일반적인 양흡입 펌프의 구조와 분해

[그림 2.3.1]과 같이 양흡입 펌프의 임펠러는 베어링에 의하여 각 끝을 지지하고 있는 축의 중앙에 설치되고, 임펠러의 등을 맞대게 하고 흡입구를 양쪽에 만드는 형식이므로 수력학적 힘이 균형

---

[47] 펌프의 종류는 사용방법과 적용 등에 따라 너무 다양하므로, 본 교재에서는 기본적인 것만 다루기로 한다.

적이기 때문에 매우 안정적인 수력학적 성능을 나타낸다. 따라서, 양흡입 펌프의 경우는 [그림 2.2.21]과 같이 편흡입 펌프에서 발생하는 스러스트 하중은 고려대상이 안 된다.

양흡입 펌프의 유량은 편흡입 펌프의 2배이므로, 대유량의 경우에 사용하면서도 비교적 효율이 높고, 흡입능력(NPSHre)이 좋으므로, 다양한 산업 현장에서 많이 사용된다. 또 다른 중요한 특징은 배관을 그대로 놔둔 채 [그림 2.2.37]과 같이 임펠러와 베어링의 접근이 상부 커버만 제거함으로써 분해 조립이 가능하다. 일반적으로 양흡입 펌프는 아래와 같은 특징을 갖는다.

- 유량, 양정이 넓은 범위에 사용할 수 있다.
- 효율이 높고 맥동이 작다.
- 구조가 간단하고 취급이 쉽다.
- 양정 변화가 적은 특성이 있어 유량변동이 큰 곳에 적합
- 체절기동이 불가능하므로 펌프를 가동하여 일정 시간이 지난 후 토출밸브를 열어야만 송수할 수 있다

2.3.2 사류펌프와 축류펌프

유량이 증가하면서, 비속도가 증가하고 [그림 2.2.6]에서 같이 임펠러 형태가 변화되므로 대유량(저양정)에는 [그림 2.3.2]와 [그림 2.3.3]과 같이 사류펌프와 축류펌프를 사용하여야 한다. 이 펌프의 일반적인 구조와 특징은 [표 2.3.1]와 같이 각각 다르겠지만, 기본적으로 작동원리는 원심 펌프와 유사하다.

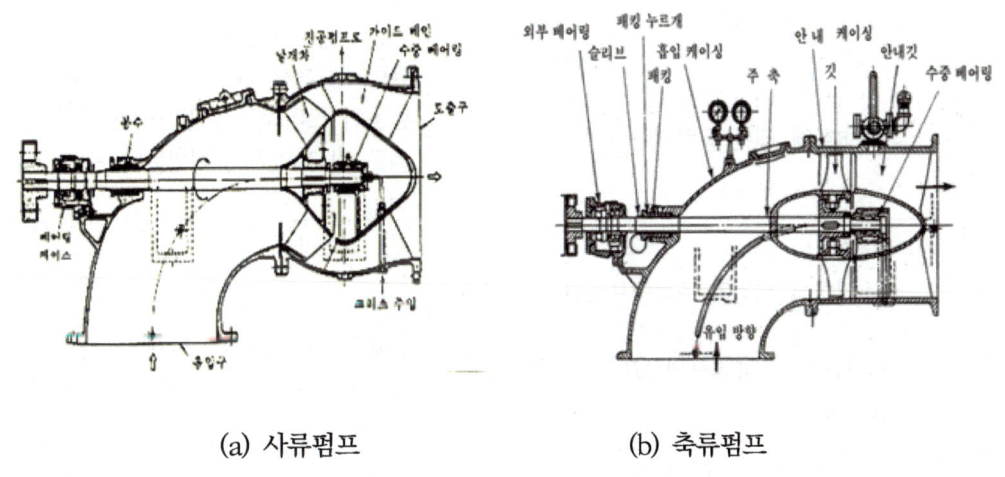

(a) 사류펌프 (b) 축류펌프

[그림 2.3.2] 횡축 사류펌프와 축류펌프의 단면

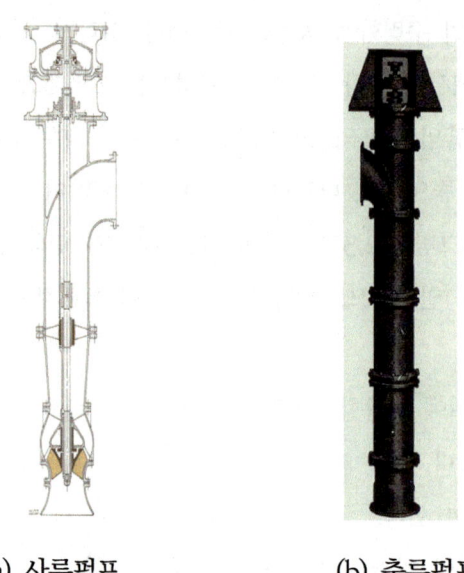

(a) 사류펌프   (b) 축류펌프

[그림 2.3.3] 종축 사류펌프와 축류펌프의 단면

[표 2.3.1] 사류펌프와 축류펌프의 구조와 특징 비교

	사류펌프	축류펌프
형태	펌프 몸통모양은 가운데가 볼록	펌프 몸통모양은 원통형으로 됨
유동방향	원심펌프와 축류펌프의 중간형태로 물이 축방향에서 유입되어 축방향과 경사를 두고 유출	유체가 임펠러 속을 축방향에서 유입, 유출된다.
임펠러	임펠러의 작용은 원심력과 양력에 의하여 양수	임펠러의 날개는 크고 넓으며 선풍기 날개와 같은 형상을 가짐 유체의 속도E를 압력E로 변환시키는 데에는 안내깃 이용
사용범위	광범위한 양정범위에 유리	양정이 작고 유량이 많은 곳에 주로 사용 (대유량, 저양정에 적합)
	유량변화에 대한 동력변화의 폭이 작다.	유량-양정곡선의 기울기 급하여 양정 변동이 크더라도 유량변화가 적은 특성을 갖고 있어 양정변동이 큰 곳에 적합
체절시동	가능하다.	
특징	캐비테이션 성능이 축류펌프보다 우수하다.	
	원심펌프와 축류펌프의 모든 특징을 겸비한다.	효율면에서 소형은 나쁘지만 대형은 원심펌프보다 훨씬 좋고 운전동력비 가 절감된다.
용도	- 수도사업장, 하수도사업장등 - 상하수도용, 냉각수순환용, 농업용, 도크 배수용	- 하수도사업장, 우수 배수장, 농업용 양수장

특히, 사류펌프를 영어로 표현하면 Mixed Flow로 사용되는데, 이는 혼류펌프이다. 즉 현장에서 사류펌프와 혼류펌프를 혼동하여 사용함을 알 수 있다. 여기서 비속도가 원심쪽에 가까운 펌프를 혼류펌프라 하고 사류펌프는 축류쪽에 가까운 펌프를 의미한다.

2.3.3 수중 펌프

[그림 2.3.4]와 같이 수중 속에서 사용하는 펌프를 수중 펌프(Submergible Pump 또는 Under water Pump)라 한다. 수중 펌프는 물속에 사용되므로, 완전히 밀봉된 모터 직결형 형식을 가지며, 모터의 냉각방식 또한 육상펌프보다 비교적 수월하다.

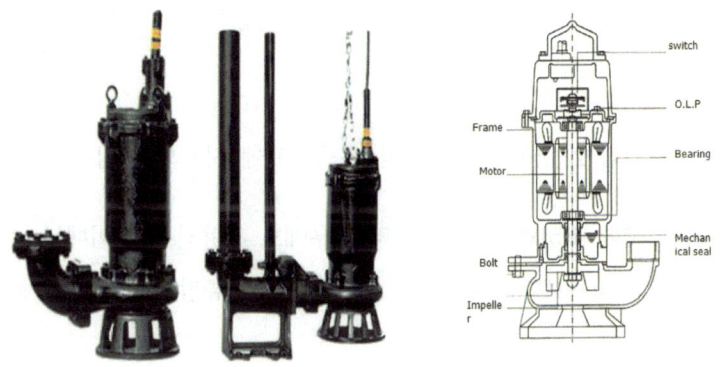

(a) 오물/오수용 수중 펌프

(b) 배수 펌프[48]

[그림 2.3.4] 수중 펌프의 종류

---

48) 해동엔지니어링 자료

[그림 2.3.4](a)와 같이 오수용 수중 펌프에 사용되는 임펠러의 경우는 [그림 2.2.13]과 [그림 2.3.5]와 같은 형태를 사용한다. 이런 형태는 공장 및 빌딩, 지하상가, 아파트 단가, 지하철의 건축물 또는 그 밖의 설비에서 나오는 오수, 잡배수, 오물 및 슬러리(현탁액)와 같이 농도가 높거나 이물질이 있는 유체에 적합하다. 이러한 펌프의 경우, 흡입 단단(單段) 원심형 펌프가 주로 사용되고, 흡수정(Sump)에 잠기게 설치하면 되기 때문에 설치비가 적게 드는 특징이 있다. 최근에는 고양정 오수 및 배수용으로 사용할 때는 다단(Multi-Stage) 펌프를 이용한다.

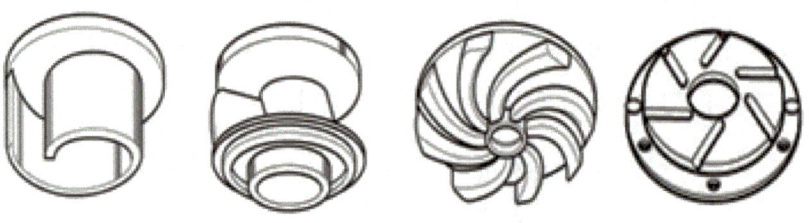

[그림 2.3.5] 오물/오수용 수중펌프에 사용되는 임펠러

수중 펌프는 [그림 2.3.4](b)와 같이 청수의 경우에도 사용하는데 이때는 주로 배수펌프용으로 사용하고, 소형의 원심 펌프보다는 비속도가 큰 대형의 축류펌프(사류펌프)가 주로 사용된다.

2.3.4 단단 펌프와 다단 펌프/부스터 펌프

고양정의 펌프를 제작하기 위하여 [그림 2.3.6]과 같이 1개의 케이싱 내의 동일 축에 2개 이상의 임펠러를 직렬로 배치하여 순차적으로 연결되도록 제작된 펌프를 의미한다. 설치 형태별 분류로 [그림 2.3.6](a)와 같은 수평형 (Horizontal Type)과 [그림 2.3.6](b)와 같은 수직형 또는 입형(Vertical Type) 펌프로 구분될 수 있다. 입형의 경우는 기계실 공간 점유도 적으면서 고효율이어서 활용도가 매우 높고, 최근에는 부스터 펌프[49])에서 많이 사용된다.

---

49) 사실 부스터펌프는 정확하게 펌프의 분류용어는 아니다. 최근 들어 고층건물이나 스마트 공장 등에서 수요량이 변화가 많은 곳에서 관말제어하면서 사용되는 펌프로 주로 사용되면서, 압력을 좀 더 높여 준다는 의미로 "부스터"의 개념이 사용되기 시작하여 사용된 용어이다.

제 2 장 펌프

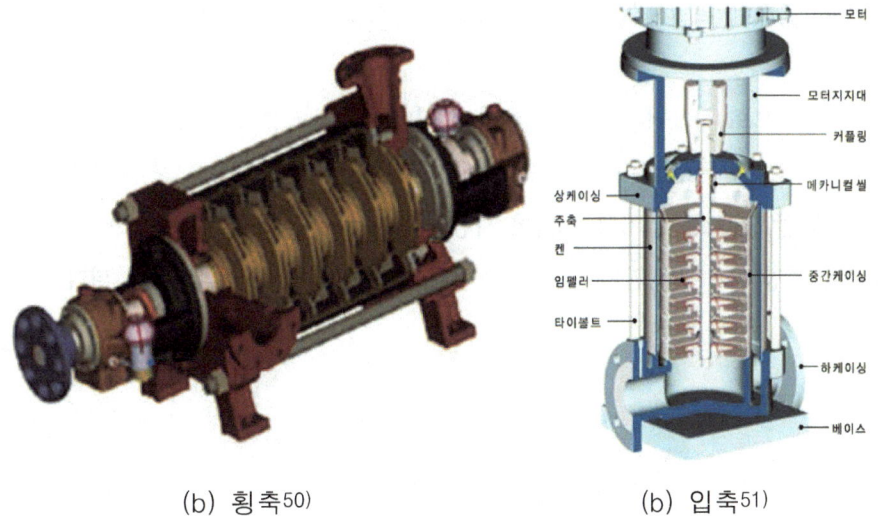

(b) 횡축[50]　　　　　(b) 입축[51]

[그림 2.3.6] 다단 펌프

[그림 2.3.7] 부스터 펌프 시스템[52]

부스터펌프는 [그림 2.3.7]과 같이 압력손실로 인한 흐름 에너지를 증폭시켜, 건물이나 생활용수를 필요로 하는 장소에 여러 대의 펌프를 병렬설치하여 적정한 압력으로 원활하게 급수하는 자동 급수장치 시스템이다.

부스터 펌프의 정식 명칭은 가압펌프 시스템(Pressurization pump station)이며, [그림 2.3.8]과 같이 여러 대의 펌프를 물 사용량에 따라 회전수 및 대수를 인버터로 제어하여 운전 에너지를

---
50) ㈜ 청우 하이드로 자료
51) ㈜ 대영파워펌프 자료
52) 주식회사 아전펌프 자료

절감하는 펌프이다. 부스터펌프 시스템은 수도 사업소나 장거리 수송시스템, 아파트나 빌딩 등의 급수 설비로 사용된다.

부스터펌프가 본격적으로 사용되기 전에는 옥상에 커다란 물탱크를 설치하고 물탱크의 위치 에너지를 이용한 자연 압으로 급수하는 고가수조 방식이 사용되었지만, 보통 건물 지하에 설치된 부스터펌프 토출 측에 압력탱크를 설치하여 많이 사용된다. 압력탱크의 압력은 부스터펌프 압력 세팅값의 70~80%로 설정하고, 인입관에는 게이트 밸브와 드레인 배관을 설치하게 된다.

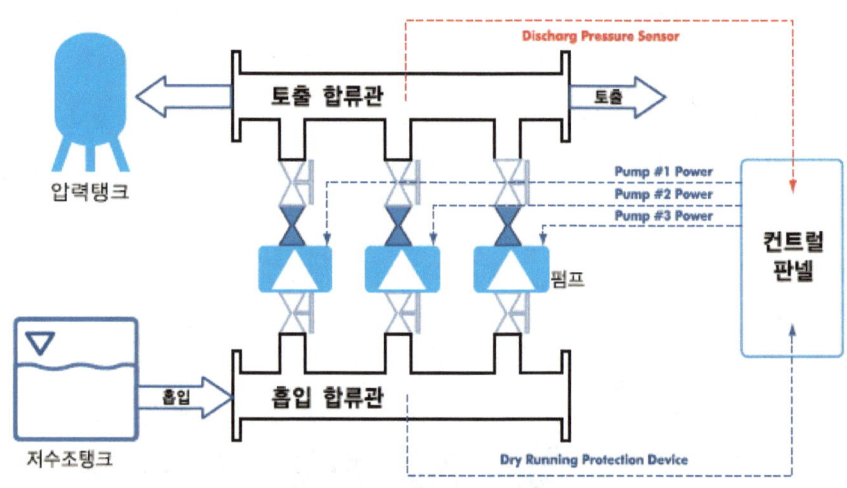

[그림 2.3.8] 부스터 펌프 시스템의 원리[53]

부스터펌프 시스템의 운전방식은 [그림 2.3.8]과 같이 대수 운전방식과 인버터 제어방식을 같이 채택한다. 토출측에서 물을 사용하여 감지된 토출압이 설정된 기동압력 이하로 내려가면 토출압이 도달할 때까지 P1 펌프가 인버터에 의하여 회전수를 높인다. 이런 방식을 관말제어방식이라고 한다. 즉, 최대회전수까지 도달하여도 설정압에 도달하지 못하면 P2, P3 펌프(분할대수가 3대인 경우)를 순차적으로 가동시키는 방식이다. 물의 사용이 줄어 토출압이 올라간다면 설정압에 도달할 때까지 펌프 회전수를 줄이는데 최소 회전수까지 낮추어도 설정압 이상이면 P3, P3, P3의 순으로 펌프를 정지시키는 방식을 채택하는데 이런 방식은 제작 회사마다 다르므로 이점 참조하기 바란다.

이런 방식은 일정한 관말 제어로 최상층 고층부까지 충분한 급수압력 유지하므로 수압 부족 현상을 해결할 수 있다는 것이 가장 큰 장점이 있다. 이로써 부가적으로 전력비를 줄일 수 있고(기존 사용 전력비 대비 약 30% 이상 에너지 절감 효과) 고가수조 미설치에 따른 건실 비용 및 건축공간 활용 증대할 수 있는 특징이다.

---

[53] 주식회사 아전펌프 자료

제 3 장 비속도

> ▶ 펌프 시스템을 완전히 이해하기 위하여 비속도의 개념을 정확히 파악하여야 한다.
> ▶ 비속도를 이해할 수 있다면, 유체기계를 설계차원에서 접근이 가능하다.

펌프에서 사용하는 무차원수는 식 (3.1.1)과 같이 하나의 수식으로 정리해 사용하는데 이를 비속도 또는 비교회전도(Specific Number, N_s)라고 한다. 비속도에서 회전수의 단위로 [rpm]을 많이 사용한다.

$$N_s = \frac{n\sqrt{Q}}{H^{3/4}} \qquad (3.1.1)$$

(n : 회전속도 [rpm], Q : 토출량 [m³/min]54), H : 전양정 [m]55))

유체기계에서 비속도를 정확히 이해하기란 매우 어렵다. 이를 반대로 말하면 비속도를 이해할 수 있다면 유체기계도 어느 정도 알 수 있다는 것이다. 예를 들어 설명해보자. 우리가 물건을 살 때, 모양과 크기를 보거나 정보를 들으면 물건의 특성을 짐작할 수 있다. 즉 자동차를 고를 때 '1500cc 아반테'나 '1800cc 소나타', '3800cc 에쿠스'라고 한다면 우리는 어떤 특성을 가진 자동차인지 대략적으로 짐작할 수 있다. 자동차에서 말하는 1500cc, 1800cc, 3800cc는 엔진의 배기량으로 곧 자동차의 크기 및 성능을 나타낸다. 즉 cc라는 용어를 자동차 관련 상황에서 들으면 차의 성능이나 특징 등이 머리에 떠오르게 된다.

펌프에서는 어떨까? 자동차의 개념과 같지는 않지만, 펌프에서 대표적인 변수는 '토출량'과 '전양정'이라 할 수 있다. 토출량과 전양정은 어느 한쪽만으로는 부족하고 반드시 두 용어가 같이 사용되어야 하며 펌프에서도 자동차 브랜드와 같이 펌프특성을 한 단어로 표현할 수 있는데, 이것이 식 (3.1.1)이다.

비속도는 펌프 성능에 관해 상사 법칙 및 차원해석에 따라 결정된 무차원수로서, 임펠러의 설계 및 펌프 형식 분류의 기본이 된다.

예를 들어 1 [m³/min]의 유량을 전양정 1 [m]만큼 올리기 위해 여러 가지의 펌프를 적용할 수 있다. 즉 유량과 양정을 고정했을 경우, 회전수에 따라 적용할 수 있는 펌프는 [그림 3.1.1]과 같이

---

54) 양흡입 펌프일 때 토출량의 $1/2$로 한다.
55) 다단 펌프일 때 각 단의 H/n로 한다.

여러 가지가 될 수 있고, 회전수에 따라 펌프의 특성은 확연하게 달라질 수밖에 없다. 펌프에 있어 회전수는 펌프의 특성을 나타내는 매우 중요한 인자이고 비속도를 변화시키는 변수이다.

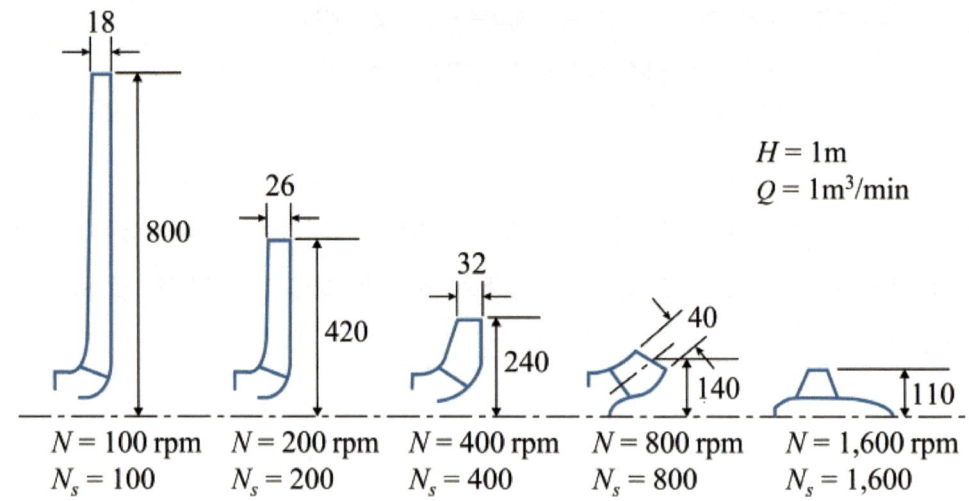

[그림 3.1.1] 단위 유량과 단위 양정을 근거로 설계된 다섯 가지의 임펠러[56]

즉, 단위 유량($1\,[m^3/min]$)과 단위 양정($1\,[m]$)의 에너지 변환을 발생시킬 때 소요되는 분당 회전속도를 해당 펌프의 비속도라고 할 수 있다. 결론적으로 펌프에서 비속도가 바뀌면 [그림 2.1.4]와 같이 임펠러의 형상이 전혀 달라지고, 펌프의 모양과 펌프 형식도 원심 펌프, 사류 펌프 및 축류 펌프 등으로 달라진다는 사실을 인지해야 한다. 비속도가 달라지면 아래와 같은 시방에 따라 어떠한 형태의 임펠러가 설계되는지 알아보자.

$$토출량 : Q = 1\,[m^3/min]\ ,\ 전양정 : H = 1\,[m]$$

[그림 3.1.1]은 위의 시방을 근거로 설계된 다섯 가지의 임펠러 형태를 나타낸 것이다. 즉 회전속도 $100\,[rpm]$($N_s = 100$)에서 $200\,[rpm]$, $400\,[rpm]$, $800\,[rpm]$, $1,600\,[rpm]$($N_s = 1,600$) 까지 다섯 종류의 임펠러로 설계할 수 있다. 이 다섯 종류 모두 각각의 회전속도에서 $Q = 1\,[m^3/min]$의 물을 $H = 1\,[m]$만큼 토출한다는 뜻이다. [그림 3.1.1]에서 보이듯이, 동일한 시방을 만족하기 위해 N_s가 클수록 펌프는 고속회전해야 하고, 소형이어야 한다. N_s에 따라 아래와 같이 분류되며, 특성은 [그림 2.1.4]와 같다. 또한 N_s와 회전수가 같으면 임펠러의 형상은 전부 비슷하며 펌프의 크기에 따라 임펠러의 크기도 달라진다.

---

[56] 노형운저, 2023, 문제 해결력을 키우는 유체역학

- $N_s = 100 \sim 400$ (원심 형태)
- $N_s = 800 \sim 1,200$ (혼류 또는 사류 형태)
- $N_s = 1,600 \sim 2,400$ (축류 형태)

통상, 비속도는 최고 효율점을 기준으로 언급되며, 비속도가 유사한 펌프에서는 펌프의 크기는 상관없이 일정하다. 이로부터 펌프형상이 비슷한 것, 즉 동일한 N_s의 펌프는 전양정이 높아지면 회전속도를 빠르게 해야 함을 의미하며, 그만큼 펌프의 크기는 작아져야 한다.

펌프 효율은 N_s에 따라 달라진다. N_s가 $250 \sim 400$ 범위에서 높은 펌프 효율을 보이는데, 해당 설계 시 계산된 N_s가 250 이하이거나 1,000 이상이면 효율은 떨어질 것이다. 설계 시 효율을 높게 설계해야 한다면 [그림 3.1.1]과 관련해 무엇을 어떻게 변경해야 할지 생각해봐야 한다.

일반적으로 펌프의 회전속도는 원동기(전동기나 엔진)와 직결되므로 이미 원동기에 따라 결정되므로, 실제 현장에서는 모터의 극수를 바꾸거나 벨트 풀리로 회전수를 맞추며 조정한다.

[표 3.1.1] 사용단위에 따라 변경되는 비속도 n_s'에 따른 환산계수

n_s'의 단위	ε
$[m^3/min]$, $[m]$, $[rpm]$	0.129
$[\ell/s]$, $[m]$, $[rpm]$	4.08
$[ft^3/min]$, $[ft]$, $[rpm]$	2.44
$[ft^3/s]$, $[ft]$, $[rpm]$	0.314
$[US\ gal/min]$, $[ft]$, $[rpm]$	6.67
$[Imperial\ gal/min]$, $[ft]$, $[rpm]$	6.09

우리는 비속도 N_s를 무차원수라고 배워왔다. 실제적으로 살펴보면 무차원이 아니기 때문에, 동일한 임펠러에서도 [표 3.1.1]과 같이 사용단위에 따라 N_s값이 다르다. 보통, 국내에서는 $[m^3/min, m, rpm]$을 주로 사용한다. 이때의 비속도의 단위를 다르게 사용할 때는 식 (3.1.2)와 같이 n_s'이라 하여 [표 3.1.1]과 같이 환산계수 ε를 곱해주면 된다.

$$n_s' = \varepsilon N_s [m^3/min, m, rpm] \tag{3.1.2}$$

제 4 장 상사법칙

> ▶ 상사법칙은 펌프를 제작보다는 운영 차원에서 매우 중요한 개념이다.
> ▶ 회전속도를 변경하거나 주어진 펌프 케이싱 내에서 임펠러 크기를 변경(임펠러 컷팅)하는 방법에 따른 특성 곡선을 이해해야 한다.

4.1 개념

펌프 제조업체는 다양한 케이싱과 임펠러를 보유하고 있으며, 다양한 펌프를 제작한다. 모든 치수의 제품을 확보하기는 어려우므로 모든 치수를 동일한 축척 비율로 늘리거나 줄이는 방식을 취해 공통 설계에서 다양한 크기의 펌프를 설계한다. 즉 원하는 제품의 특성곡선을 설계하기 위해 회전속도를 변경하거나 주어진 펌프 케이싱 내에서 임펠러 크기를 변경(임펠러 커팅)하는 방법을 채택하게 된다.

유체역학의 차원해석을 통해 펌프 크기, 운전회전수 또는 임펠러 지름의 변화로 인한 성능 변화에 대한 무차원수를 예측할 수 있다. 이를 정리하면 상사법칙은 식 (4.1.1)과 같다.

$$\frac{Q_1}{Q_2} = \frac{n_1}{n_2}\frac{D_1^3}{D_2^3}, \quad \frac{H_1}{H_2} = \frac{n_1^2}{n_2^2}\frac{D_1^2}{D_2^2}, \quad \frac{P_1}{P_2} = \frac{n_1^3}{n_2^3}\frac{D_1^5}{D_2^5} \tag{4.1.1}$$

식 (4.1.1)의 수식은 임펠러 컷팅 방법으로 D_2를 변경시키거나, 인버터(Invertor)나 유체커플링(Fluid Coupling)을 이용한 회전수 제어(n_2)을 변경하여 운전조건을 변경할 수 있다.[57] 단, 임펠러 컷팅 또는 회전수의 변화에 따라 출구 속도삼각형이 동일하다는 전제조건을 만족해야 한다. 즉 변화 이전과 이후의 속도삼각형이 같다면 식 (4.1.1)과 같이 유량, 양정, 동력은 각각 회전수비에 1승, 2승, 3승 그리고 지름비의 3승, 2승, 5승에 비례하게 된다.

4.2 임펠러 컷팅과 회전수제어 따른 상사법칙[58]

펌프 회사나 설계 회사에서는 [그림 4.2.1]과 같이 다양한 운전조건에 따라 주어진 원심 펌프 임펠러의 외경(D_2)을 변화시킴으로써 원하는 다른 설계 시방을 충족시킨다. 이를 임펠러 컷팅이라

---

[57] 회전수 제어에 대한 자세한 내용은 8장을 참조하자.
[58] 이에 대한 이론적인 개념은 "2.2.4 임펠러"에서 설명하였다.

한다. 이런 임펠러 컷팅은 [그림 4.2.1]에서 보듯이 지름이 감소한 만큼 파란 화살표 방향으로 유량과 양정이 감소한다.

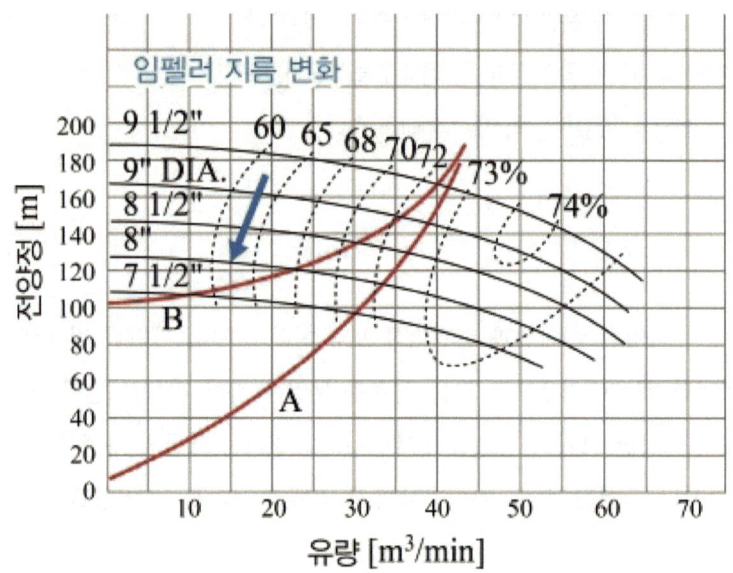

[그림 4.2.1] 유량에 따른 전양정의 변화, 임펠러 지름에 따는 성능곡선

[그림 4.2.1]에서는 손실 양정에 비해 높은 실양정을 갖는 시스템 B와, 실양정에 비해 큰 손실 양정을 갖는 시스템 A를 보여주고 있다. [그림 4.2.1]의 곡선 A와 B를 **관로 저항 곡선**이라 하며, 손실이 많으면 가파른 포물선을 나타낸다. 이때 관로 저항 곡선과 양정곡선의 교차점이 운전점이 된다.

즉, 시스템 A는 모든 임펠러 지름의 변화에도 교차점들이 발생하고 있음을 알 수 있지만, 시스템 B는 큰 임펠러 지름 변화 시 상사법칙을 만족시키지 못함을 알 수 있다. 예를 들어 임펠러 지름을 $9\frac{1}{2}''$에서 $7\frac{1}{2}''$로 감소시켰을 때 펌프는 펌핑할 수 없다. 여기서 관로 저항 곡선과 양정곡선의 교차점이 없다는 것은 펌핑하지 못한다는 것을 의미한다.[59]

따라서, 펌프 임펠러 지름을 $10 \sim 20\,[\%]$ 범위 안에서 변화시켜야 한다. 또한, 그 범위를 넘겨 컷팅하면, 펌핑되지 않고, 즉, 임펠러 지름을 무턱대고 많이 잘라내어 압송할 수 없는 상황이 벌어졌다는 것을 주의해야 한다.

만약, 임펠러를 $10\,[\%]$ 정도 컷팅 또는 회전수를 $10\,[\%]$ 감소시켰을 때, $10\,[\%]$ 정도 양정이 감소될 것이라 생각되지만, 실제로는 그렇지 않다. 정확한 감소량을 계산하기 위해서는 식 (4.1.1)를 이용해야 한다.

---

[59] 이렇게 상사법칙을 적용했지만 현장에서의 조건을 만족시키지 못하는 경우가 비일비재하게 발생한다.

식 (4.1.1)은 동일한 지름의 같은 펌프에서 회전속도가 다른 경우 또는 동일한 회전속도에서 임펠러의 지름이 다른 경우에도 적용할 수 있다. 이런 상사법칙은 펌프의 유량이나 전양정이 현재 시방보다 클 때 요구된 지름 변화를 예측하는 데에도 유용하다. 또한, 다른 유량과 전양정을 만족시키는 회전속도의 변화를 예측할 수도 있다.

시스템의 실양정과 비교해, 낮은 손실 양정을 갖는 시스템에서는 이러한 상사법칙이 잘 적용되지 않을 수 있으므로 주의하자.

지름이 $250\,[\text{mm}]$의 임펠러가 $1,800\,[\text{rpm}]$으로 회전하는 펌프를 가정해보자. 만약 회전수가 $1,800\,[\text{rpm}]$으로 동일할 때 임펠러의 지름이 $250\,[\text{mm}]$에서 $200\,[\text{mm}]$로 감소했다면, 양정은 식 (4.2.2)에서 보듯이 기존 펌프에서 0.64배만큼 감소하게 된다. 지름을 $20\,[\%]$ 줄인 만큼 양정도 $20\,[\%]$가 줄어드는 것은 아님을 알 수 있다. 양정은 지름비의 제곱에 비례하기 때문이다. 예를 들어 동일한 회전수에서 임펠러 지름이 $300\,[\text{mm}]$로 $120\,[\%]$ 증가했다면, 양정도 $120\,[\%]$ 증가할까? 아니다. 식 (4.2.3)에서 보듯이 양정은 기존 펌프보다 $144\,[\%]$ 증가함을 알 수 있다.

$$H_1 = \frac{n_1^2}{n_2^2}\frac{D_1^2}{D_2^2}H_2 = \frac{1,800^2}{1,800^2}\frac{200^2}{250^2}H_2 = \frac{4,000}{6,250}H_2 = 0.64H_2 \qquad (4.2.2)$$

$$H_1 = \frac{n_1^2}{n_2^2}\frac{D_1^2}{D_2^2}H_2 = \frac{1,800^2}{1,800^2}\frac{300^2}{250^2}H_2 = \frac{9,000}{6,250}H_2 = 1.44H_2 \qquad (4.2.3)$$

만약, 지름이 $250\,[\text{mm}]$인 임펠러를 갖는 펌프가 $1,800\,[\text{rpm}]$에서 $3,600\,[\text{rpm}]$으로 증속되었다면, 회전수 변화로 인해 식 (4.2.4)와 같이 기존 펌프 양정에 4를 곱해야 한다.

$$H_1 = \frac{n_1^2}{n_2^2}\frac{D_1^2}{D_2^2}H_2 = \frac{3,600^2}{1,800^2}\frac{250^2}{250^2}H_2 = 4H_2 \qquad (4.2.4)$$

하나 이상의 임펠러가 설치된 다단 펌프 내의 총 임펠러 수에 의한 양정값은 1개 임펠러에 대해 양정을 단순히 곱하면 된다. 그렇다면 3단일 때 지름이 $250\,[\text{mm}]$인 임펠러로 $3,600\,[\text{rpm}]$의 회전에 대해 $12(4 \times 3)$배의 양정을 쉽게 계산할 수 있다.

만약, 회전수가 $1,800\,[\text{rpm}]$ 이하로 감소된다면 어떤 변화가 일어나는가? 이때에도 같은 규칙이 적용되어야 한다. 이에 따라 $900\,[\text{rpm}]$으로 회전하는 지름이 동일한 임펠러는 회전수 $1,800\,[\text{rpm}]$의 오직 $1/4$만큼의 양정을 토출하게 된다.

제 5 장 점성의 영향

> ▶ 다양한 유체를 사용하는 산업현장에서 유체 점성이 제대로 반영이 된 펌프선정이 되지 않은 경우가 많다.
> ▶ 이 장의 내용은 노형운 등(2006), "비뉴턴유체의 점도가 원심펌프의 성능에 미치는 영향", 논문의 내용을 참조한 것이다.

5.1 유체의 분류

펌핑되는 유체는 물만 사용되지 않는다. 즉, 점성이 높은 오수와 같은 슬러지와 폐수, 기름 등의 유체가 사용된다. 이런 경우에 펌프 선정 시 유체의 점성에 대한 고려가 필요하다.

이 유체들은 점성의 차이, 온도의 고저, pH의 대소, 함유 고형물의 종류, 입도 및 농도, 이상 유동(Two Phase Flow)의 정도 등으로 분류하기도 하지만, 유변학적으로 유체를 분류하는 것이 [표 5.1.1]과 같이 일반화되어 있다. [60]

[표 5.1.1] 유변학적 유체의 분류

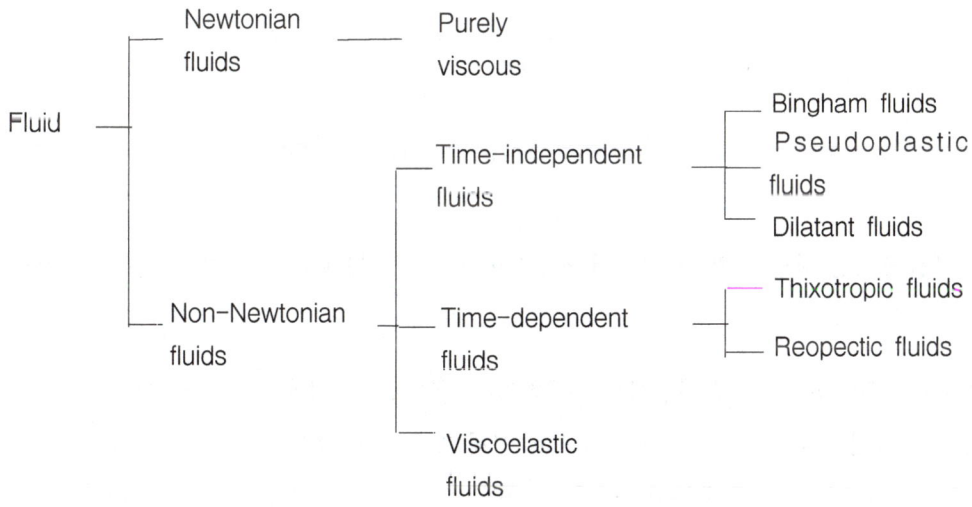

---
60) 좀 더 자세한 것을 알기 위하여 유체역학책을 살펴보면 된다.

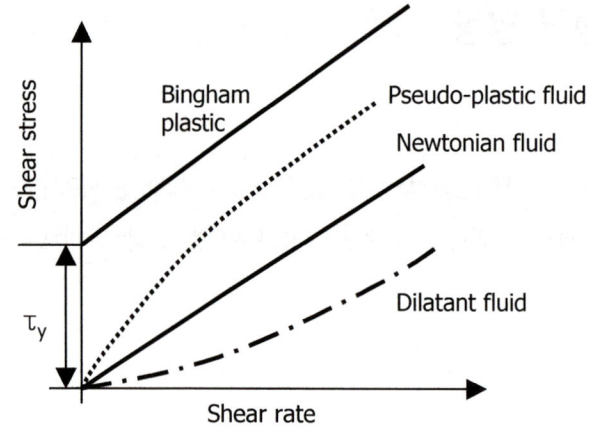

(a) 전단율에 따른 전단응력

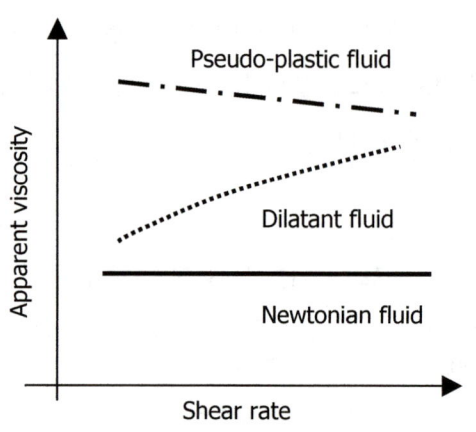

(b) 전단율에 따른 겉보기 점성계수의 변화

[그림 5.1.1] 다양한 비뉴턴유체의 전단율에 따른 전단응력과 겉보기 점성계수 변화

유체를 유변학(rheology)의 관점에서 분류하여 보면 [표 5.1.1]과 같고, [그림 5.1.1]을 보듯이 기체는 모두 뉴턴유체(Newtonian Fluid)이고, 액체 중에서 물, 벤젠, 에타놀 등과 같이 간단한 화학식으로 쓸 수 있는 유체들이 뉴턴유체이고, 설탕 수용액도 뉴턴유체이다. 이와 반면에 비뉴턴유체(non-Newtonian Fluid)는 복잡한 혼합물로서 슬러리, 고분자 용액, 흙탕물 등과 같이 아주 큰 분자나 입자로 구성된 특성을 갖는다.

5.1.1 순수 점성 뉴턴유체

$\dot{\gamma}$를 전단율(shear rate), τ를 전단응력이라 하면 순수 점성 유체에서는 τ는 $\dot{\gamma}$만의 함수가 된다. 뉴턴유체는 순수 점성유체이면서 시간 독립성 유체이다. 시간 독립성 유체는 점도가 시간에 관계없이 일정한 유체를 의미한다. μ는 점성계수이다.

$$\tau = \mu \dot{\gamma} \tag{5.1.1}$$

5.1.2 시간 독립성 비뉴턴유체

시간 독립성 유체에 대한 τ와 $\dot{\gamma}$사이의 관계를 모델링 할 수 있는 많은 경험식들이 제안되어 있다. 파워승법칙 모델에 의하여 시간 독립성 비뉴턴유체의 점성특성을 나타낼 수 있다.

$$\tau = k\dot{\gamma}^n \tag{5.1.2}$$

식 (5.1.2)에서 k는 컨시스턴스 지수이고, n은 유동거동지수이다. $n < 1$인 유체는 의가소성 유체(PseudoPlastic), $n > 1$인 유체를 팽창성(Dilatant) 유체라 한다.

$\dot{\gamma}$의 증가에 따라 τ가 감소하는 유체를 의소성 또는 전단박화(Shear Thinning) 유체라고 하는데, 폴리머용액(Polymer Solution), 콜로이드성의 현탁액(Colloidal Suspension)과 물속의 종이 펄프 등이 이에 속한다.

반면에 $\dot{\gamma}$의 증가에 따라 τ가 증가하는 유체를 팽창성 또는 전단농화(Shear Thickening) 유체라 하는데, 전분의 현딕액이나 모래의 현탁액 등이 대표적인 팽창성 유체이다.

식 (5.1.3)과 같이 최소의 항복응력, τ_y가 초과될 때 까지는 고체처럼 거동하고 유동이 시작된 이후에는 변형율과 응력사이에 선형적인 관계를 나타내는 유체를 이상소성(Ideal Plastic) 또는 빙햄소성(Bingham Plastic)유체라 한다. 빙햄유체의 구성방정식(Constitutive Equation)은 유체의 점성계수를 전단율 등과 같은 유변학석 성실의 함수로 나타낸다. 식(5.1.3)의 τ_y는 항복응력이고, μ_p는 강성계수(Coefficient of Rigidity)라고 한다.

$$\tau = \tau_y + \mu_p \dot{\gamma} \tag{5.1.3}$$

5.1.3 시간 의존성 비뉴턴유체

이 경우에는 식 (5.1.4)와 같이 전단응력 τ가 전단율 $\dot{\gamma}$ 및 작용한 시간 t에 의존한다.

$$\tau = \phi(\dot{\gamma}, t) \tag{5.1.4}$$

이 유체에 속하는 것으로 등온 조건에서 유체를 일정한 미끄럼 속도로 유동시킬 때, 점성계수 또는 전단 응력이 시간에 따라 감소하는 유체를 틱소트로픽(Thixotropic) 유체라 하고, 이와 반대로 시간의 경과와 함께 점성계수 또는 전단응력이 증가하는 유체를 레오펙틱(Rheopectic)유체라 한다.

산화철이나 산화바나듐(Vanadium Oxide)의 졸(Sol), 석고용액, 농후한 점토용액, 페인트 등이 틱소트로픽 유체의 예이며, 베니터이트 졸(Benitoite Sol) 등이 레오펙틱 유체의 예인데, 일반적으로 이와 같은 거동을 나타내는 유체는 드물다.

5.1.4 점탄성 유체

이 유체는 소위 점성적 거동과 탄성적 거동의 두 가지 성질을 나타낸다. 그래서, 전단 응력(τ)는 식 (5.1.5)와 같이 전단율($\dot{\gamma}$)과 변형(즉, 내부변형)의 함수가 된다.

$$\tau = \phi(\dot{\gamma}, \mathrm{deformation}) \tag{5.1.5}$$

이 유체는 변형된 후에도 가해진 응력이 제거될 때 부분적으로 원래의 형태로 돌아간다. 일반적으로 모든 고분자용액 및 고분자 농후 용액은 많건 적건 점탄성적 거동을 나타내는 것으로 알려져 있다.

5.2. 뉴턴유체의 특성

펌프에서 많이 수송되는 뉴턴유체의 대표적인 유체는 물, 설탕 수용액과 글리세린 수용액이다. 뉴턴유체의 점성계수는 온도와 압력변화에 따라 변한다.

앞 절에서 이미 설명한 바와 같이 뉴턴유체는 전단율 변화에 대해 점성 변화가 없는 유체이고, 비뉴턴유체는 전단율에 따라 점도가 변하는 유체이다. 전단율은 속도구배로 나타낼 수 있는데, 전단율이 큰 영역은 펌프시스템 내의 속도가 빠른 영역을 의미하고, 전단율이 작은 영역은 속도가 늦은 영역을 의미한다. 점성이 커지면 마찰효과가 커져서 유동속도가 늦어지고 펌프의 성능특성은 저하된다.

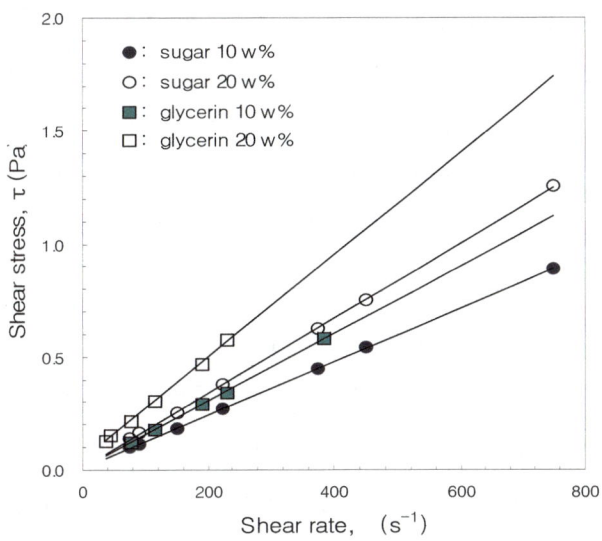

[그림 5.2.1] 설탕물과 글리세린의 경우 전단율에 따른 전단응력변화

점성이 펌프 성능에 미치는 영향을 살펴보기 위하여 본 연구에서는 물의 점성계수보다 큰 설탕물과 글리세린 수용액을 이용하여 고점성유체의 점성계수를 [그림 5.2.1]과 같이 구하였다. 이 실험에서 설탕 수용액은 S사의 설탕(정백당=순도 99.8%)을 청수와 혼합하여 중량농도 10w%와 20w%의 설탕 수용액을 만들었으며, 글리세린 수용액은 I사의 글리세린(공업용=순도 94.4%)을 청수와 혼합하여 중량농도 10w% 및 20w%의 글리세린 수용액을 만들었다.

[그림 5.2.1]의 전단율과 전단응력 곡선은 cone/plate 점도계에서 Spindle 40, rpm=10~100으로 하여 점도를 측정한 자료로부터 구하였다. [그림 5.2.1]에서 보듯이 설탕물과 글리세린 수용액의 경우에 전단율이 증가하면 일정한 기울기로 전단응력이 증가하고 있음을 확인할 수 있었다. 이때 기울기는 뉴턴유체의 점성계수를 나타낸다. [그림 5.2.1]에서 기울기가 가파를수록 점성계수 값은 커진다. 그림에서 설탕 수용액이나 글리세린 수용액 모두 중량농도가 증가할수록 기울기가 커지고 점성계수값이 커짐을 알 수 있다. 같은 농도일 때 글리세린 수용액의 점도가 설탕 수용액의 점성보다 크게 나타남을 알 수 있었다.

5.3 비뉴턴유체의 특성

산업용 펌프에서 많이 사용되는 비뉴턴유체는 황토물(슬러리)과 펄프액이다. 황토물과 펄프액은 유변학적으로 모두 비뉴턴유체의 특성이 있지만, 펌프 성능에 미치는 영향은 각각 다르게 나타나기 때문에 이를 파악해야 한다.[Wilson 1994, 酉島製作所 1996, 日本機械學會編 1991, 好川紀傳 1988].

5.3.1 황토물

황토물은 물이라는 유체에 황토의 고체입자가 포함되어 있는 이상유체(Two Phase Fluid)에 해당된다. 단, 화학공업에서 고체입자가 포함된 액체를 총칭하여 슬러리(Slurry)라고 부른다. 슬러리가 작동유체일 때는, 물을 작동 유체로 한 펌프 성능과 비교하여 보았을 때 마찰로 인한 성능 저하 현상이 더 나타난다. 따라서, 슬러리의 특성이 파악되어야 적합한 펌프 선정이 가능하다. 슬러리의 특성은 적합한 펌프를 선정하기 위하여 반드시 규명되어야 할 사항이다.

황토물과 같이 입자가 포함된 슬러리의 특성이 비침전 슬러리 또는 침전 슬러리인지를 확인하기 위하여 황토를 [그림 5.3.1]과 같이 SEM(Scanning Electron Microscope, Corl Zeiss(Germany), Model: EVO50, 2005)영상으로 분석하였다. [그림 5.3.1]의 자료는 한국생활환경시험연구원에 의뢰하여 송부받은 결과이다. [그림 5.3.1]에서 볼 수 있듯이 황토 입자의 크기는 최대 크기가 $13.29\mu m$이고, 작은 입자는 크기가 $2.759\mu m$로 평균 크기는 $10\mu m$보다 작게 측정되었다. 입자의 크기에 따라 슬러리의 종류를 구분하여 보면 황토물은 유동장에서 비침전 슬러리의 한 종류임을 알 수 있었다. 입자를 포함하고 있는 황토 슬러리는 빙햄유체의 거동을 한다고 알려져 있다 [好川紀博(金鎭燮 譯) 1988].

그러나, HI규격에서는[ANSI/HI 1.1-1.5, 1994] 입자의 크기가 100㎛보다 작은 슬러리의 경우에는 뉴턴유체와 같은 거동을 하며, 펌프의 성능은 HI규격에서 정한 수정환산법을 이용하여 구하고, 농도에 따라 양정이 감소한다고 언급되어 있다. 이를 확인하기 위하여 [그림 5.3.2]와 같이 Cone/Plate 점도계를 사용하여 황토물의 점도를 측정하였고, 전단율에 대한 전단 응력의 관계로 나타내었다. 황토물의 중량농도를 각각 10w%, 20w%, 30w%로 달리하여 점성계수를 측정하였다. 그림에서 보듯이 중량농도가 적을 때는, 빙햄유체의 성질을 갖고 있다가 농도가 커지게 되면 [그림 5.3.3]과 같이 항복의소성유체의 성질을 나타내고 있음을 알 수 있다.

(a) Magnification = 5000X

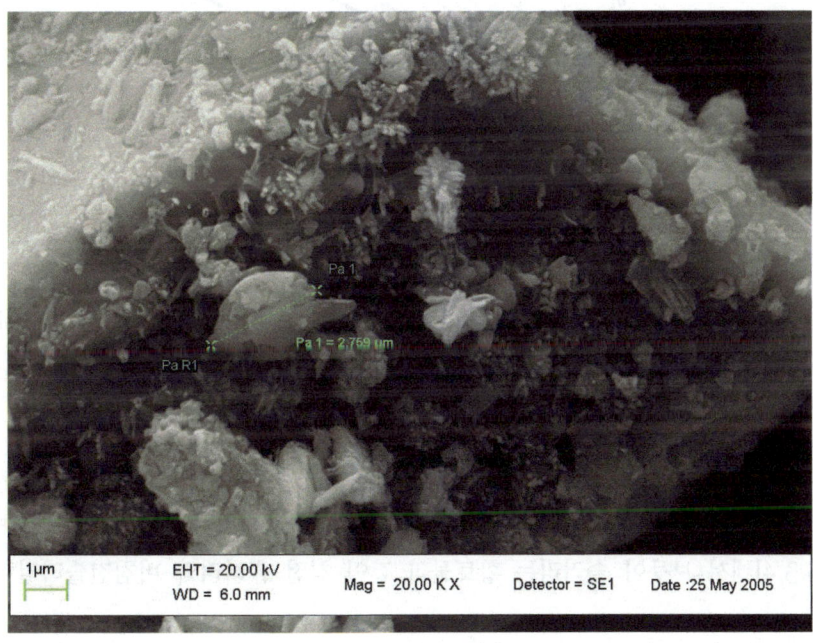

(b) Magnification = 20000X

[그림 5.3.1] SEM photographic images for loess(yellow) soil solution of differing concentrations

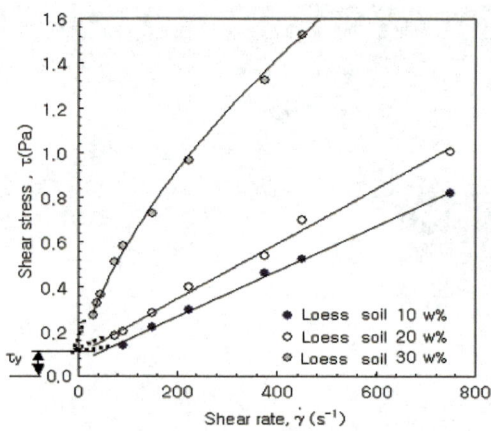

[Fig. 5.3.2] Measured shear stress with shear rate for loess soil solution of differing concentrations

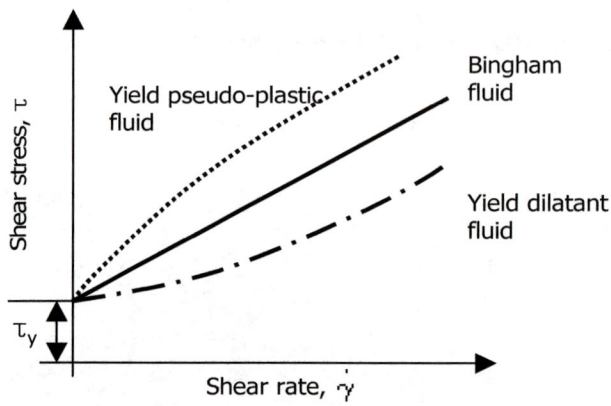

[그림 5.3.3] Shear stress as a function of shear rate for non-Newtonian fluids

5.3.2 슬러리

[그림 5.3.4]에서 보듯이 슬러리는 황토물과 같이 침전 슬러리와 비침전슬러리로 구분할 수 있다.

▶ 비침전(Settling) 슬러리

-. [그림 5.3.4](a)와 같이 고체 입자가 배관이나 펌프의 바닥 면에 침전되지 않고 오랜 시간 동안 부유 상태를 유지하는 상태를 말한다.

-. 포함된 입자의 크기가 대략 60~100㎛보다 작은 균질 혼합물로 정의된다.

-. 단, 균질 혼합물이란 고형물이 유체 내에 균일하게 분포하고 있음을 의미한다.

제 5 장 점성의 영향

Non-settling slurry	Settling slurry		

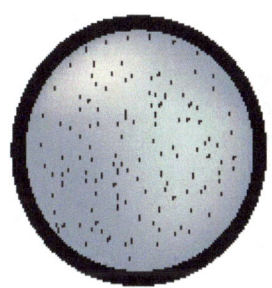 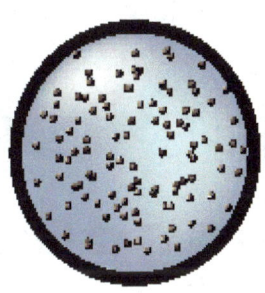  

(a) Homogeneous mixture　(b) Pseudo-homogeneous mixture　(c) Heterogeneous mixture, partly stratified　(d) Heterogeneous mixture, fully stratified

[그림 5.3.4] 침전 슬러리와 비침전 슬러리의 분류[Flygt, ITT industries]

▶ 침전 슬러리(Non-settling)
  -. 토출될 때 배관 내에 침전되는 슬러리이다.
  -. 침전 슬러리는 난류에 의하여 유체 내에서 부유 상태를 유지할 수 있는 특성을 나타내기도 한다.
  -. 침전 슬러리는 입자의 크기가 100㎛이상이다.
  -. 침전 슬러리는 [그림 5.3.4](b)~(d)와 같이 의균질혼합물(Pseudo- Homogeneous Mixture)과 완전 성층화된(Fully Stratified) 또는 부분 성층화된 비균질 혼합물(Partly Stratified Heterogeneous Mixture)로써 정의할 수 있다.

침전 슬러리 또는 비침전 슬러리의 거동은 [그림 5.3.5]와 같이 입자크기와 수송속도와 관련이 있다.
  -. 이송속도가 크면서 입자크기가 작거나, 또는 입자크기만 작은 경우
    → 모든 입자는 부유하게 되어 슬러리는 의균질유체처럼 거동하게 된다.
  -. 입자크기가 크고 이송속도가 작을 때는
    → 입자는 배관 하부로 모이게 되거나 기계석 접촉이 발생한다.
    → 이때, 슬러리는 비균질 거동을 하게 된다.
  -. 이송속도가 작고, 입자가 큰 경우
    → 슬러리는 축적되고, 배관이나 펌프 내에서 미끄러지듯이 유동하게 된다.

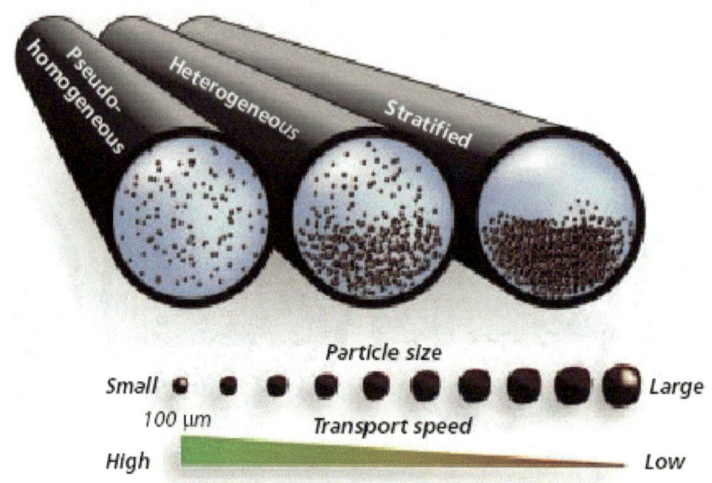

[그림 5.3.5] 입자크기와 수송속도에 따른 여러 가지 슬러리의 거동 [Flygt, ITT industries]

배관 장치나 펌프 내의 유동 속도가 증가하면 물과 같은 뉴턴유체의 경우에는 마찰 손실이 거의 선형적으로 증가하게 된다. 하지만 슬러리의 경우에는 [그림 5.3.6]과 같이 유동속도가 임계속도(Critical Velocity)를 기준으로 작아지거나 커지게 되면 마찰 손실이 증가하게 된다

속도감소에 따라 마찰 손실이 증가하는 이유는 배관 장치의 바닥에 슬러리가 침적하기 때문이다. 슬러리를 수송키 위한 펌프 선정 시에는 이와 같은 특성이 고려되어야 한다.

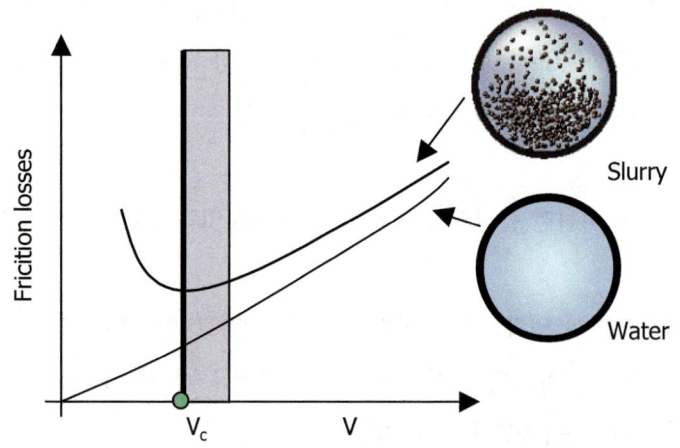

[그림 5.3.6] 물과 슬러리에 대한 유동속도와 마찰손실의 관계 [Flygt, ITT industries]

5.3.3 펄프액

펄프액의 유동특성은 빙햄유체 또는 의가소성유체의 특성과 유사하다고 알려져 있다[長谷川, 八木, 德永 1957]. 펄프액의 유동은 슬러리의 고체 입자가 펌프 섬유상과 대치된 것과 같은 특성을 갖는다. 그러나, 펄프액은 슬러리와 달리 심한 팽윤(膨潤)이 발생하고 펄프농도가 높을수록 공기가 포함되게 되어 유동특성이 복잡해지게 된다.

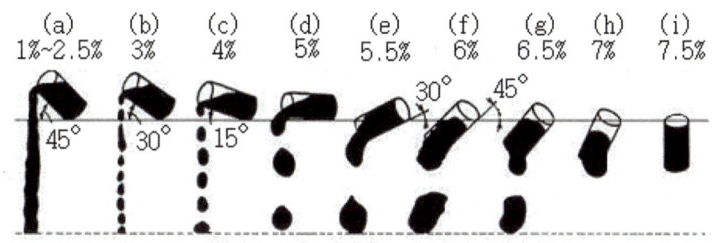

[그림 5.3.7] Flow states for pulp solution of differing concentrations [好川紀博 1988]

펄프액을 제조하기 위하여, M사의 화장실용 휴지를 이용하였다. 펄프액의 경우에는 농도를 크게 하면 송수가 되지 않기 때문에 중량농도비를 1.0w%, 2.0w%, 3.0w%로 변화시켜주었다. 일반적으로 펄프액의 농도에 따른 유동 상태는 [그림 5.3.7]과 같다. 중량농도 1~2.5w% 범위에서는 용기를 기울이면 펄프액이 연속류가 되어 흘러나오나, 3w% 부터는 작은 액적 형태로 떨어지게 되고 농도가 커짐에 따라 그 액적은 점점 커져 연속성은 나빠진다. 5.5w% 이상이 되면 용기를 약간 기울여야만 비로소 덩어리가 되어 떨어지게 되며, 7.5 w% 이상의 농도가 되면 용기를 거꾸로 하여도 흘러내리지 않게 된다.

이처럼 펄프액은 농도와 함께 유동의 상태도 변하는 것으로서, 그 마찰저항도 무척 복잡하다. 즉, 관로의 마찰 손실은 펄프의 종류, 농도, 프리네스(Freeness), 온도, 관의 재료 등에 따라 변하고 물의 경우와 같이 단순하지는 않다. 여기서, 프리네스란 펄프 섬유의 탈수 상태에 따른 고해(beating; 叩解) 정도를 표시하는 수치로서, 2g의 펄프를 물 1000㎤로 희석한 후 흘러내려 프리네스 측정기에 받아 유출된 유량 x ㎤을 측정한 것이다. 이때의 고해도는 $(1000-x)/10$으로 나타낸다. 프리네스의 값이 크고 물이 투과하기 쉬울 때는 고해도는 낮아지며, 펄프 섬유는 거칠어지고, 잘 고해되지 않는다. 프리네스의 값이 작아 탈수가 잘 되지 않는 것은 섬유가 잘 고해되어 있음을 나타낸다.

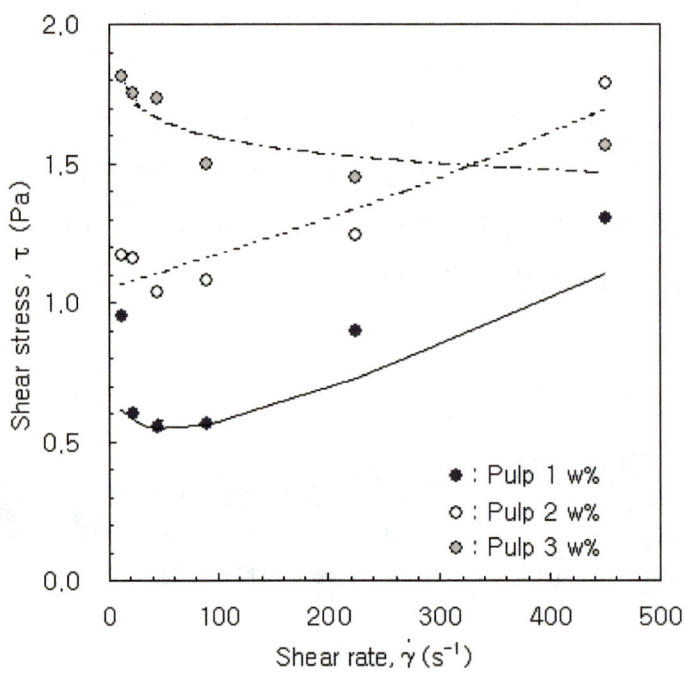

[그림 5.3.8] Measured shear stress for pulp solutions of differing concentrations

[그림 5.3.8]과 같이 Cone/Plate 점도계를 사용하여 펄프액의 점도를 측정하였고, 전단율에 대한 전단응력의 관계로 나타내었다. 이 때, 펄프액의 중량농도를 각각 1w%, 2w%, 3w%로 달리하여 점도측정을 하였다. 그림에서 보듯이 중량농도가 1w%와 2w%의 경우에는 전단율이 커지면서 빙햄유체의 성질을 나타내고 있음을 알 수 있다. 하지만 중량농도가 3w%가 되면 빙햄유체와는 다른 성질을 나타낸다. 이와 같은 현상은 [그림 5.3.8]에서 살펴본 바와 같이 중량농도가 3w% 이상이 되면, 더 이상 연속류가 아니기 때문이라고 유추할 수 있다.

이는 [그림 5.3.9]의 SEM 결과에서 볼 수 있듯이 펄프가 물과 혼합하였을 때 심한 팽창을 일으켜 펄프가 물에 잘 고해된 것으로 판단된다. [그림 5.3.9]에서 보듯이 펌프에 의하여 수송되는 펄프액은 비뉴턴유체로서 그 성질도 균일하지 않다. 따라서 펌프의 성능도 상기의 농도 외에 펄프의 성질, 섬유의 길이, 프리네스(펄프 액의 탈수정도), 기타의 조건에 따라 양정 및 토출량이 크게 변하여 다른 비뉴턴유체의 경우와는 다른 특성을 나타낸다.

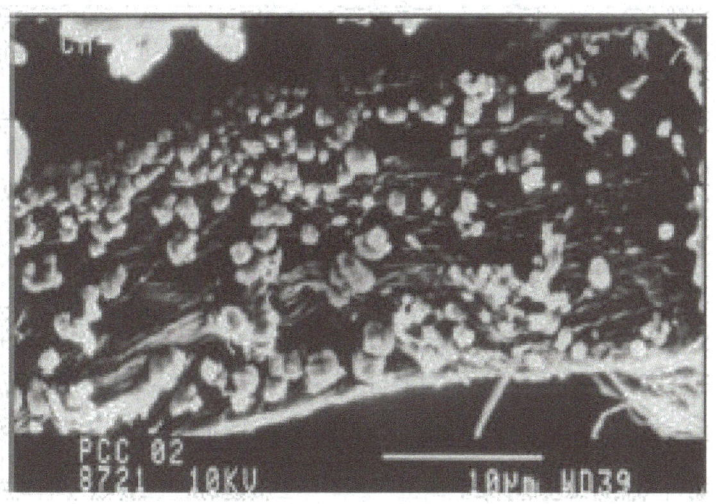

(a) Magnification = 10000X

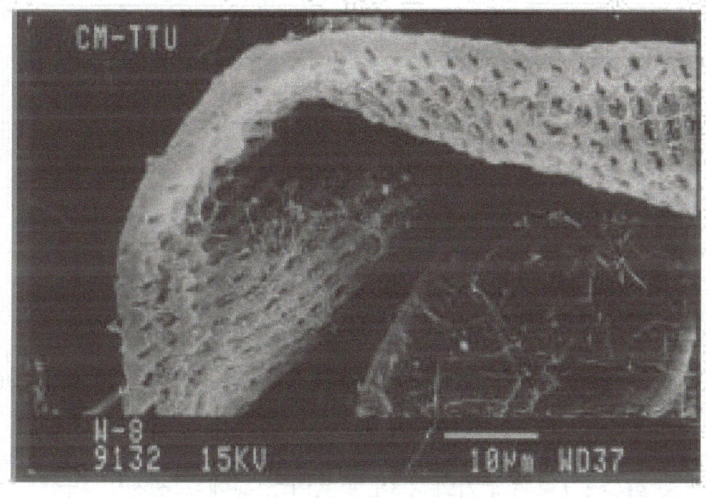

(b) Magnification = 15000X

[그림 5.3.9] SEM photographic images for pulp[Silenius 2002]

펄프액의 펌프 성능에 영향을 주는 인자는 임펠러의 케이싱을 통과할 때의 큰 저항과 함유 공기의 유동방해 및 펄프의 전단작용에 따른 손실 등이다. 펄프액은 빙햄유체 또는 의가소성유체와 비슷한 물과 고형물의 이상유체이기 때문에, 고형물에 대하여 압력에너지를 줄 수가 없다. 펄프 펌프가 보통의 청수 펌프와 크게 다른 점은 깃 끝과 케이싱과의 틈새(ϵ)이다. 펄프액의 농도가 3w% 이상이 되면 날개 틈새의 막힘이 많아 사실상 운전 불능의 상태가 되어 버린다. 이와 같이 펄프액은 농도가 증대(3~5w%의 범위)하면 유동성이 나빠지고 펌프 내의 여러 가지 손실은 증가한다. 농도가 6w% 이상이 되면 역시 손실 영향이 증대하여 성능이 감소한다. 펄프 펌프는 펄프액의 유동 상태가 크고 펌프특성에 영향을 주기 때문에 청수 펌프와는 근본적으로 다르다는 것을 고려해야 한다.

5.4 뉴턴유체에 대한 펌프의 성능특성

점성은 [표 5.4.1]과 같이 펌프의 표면마찰, 디스크 마찰 그리고 확산손실을 증가시킨다. [표 5.4.1]은 고점도에 대한 손실계수 값을 컴퓨터 프로그램으로 계산하여 구한 결괏값이다. 이 손실 값 중에서 확산손실 계수 값이 가장 크지만, 점성이 증가함에 따라 그 차이는 감소함을 알 수 있다. 점성 증가에 따라 손실 값이 커지게 되고, 결국 펌프 효율도 [그림 5.4.1]과 같이 감소하게 된다.

[표 5.4.1] Loss coefficients at high viscosities [Tuzson, 2000]

Type of Loss	Viscosity (cP)				
	1	50	100	200	500
Skin	0.008	0.035	0.06	0.1	0.2
Disk	0.005	0.02	0.04	0.08	0.2
CVD	0.9	0.9	0.9	1.8	4.5

이처럼 점성의 변화는 [그림 5.4.2]와 같이 펌프의 성능에 직접적인 영향을 미치게 된다. 농도에 의한 변화는 비중이나 점성변화에 의한 영향과 같은 경향을 보인다. 유체의 점성 외에 펌프의 성능에 영향을 주는 파라미터는 유체의 밀도, 증기압력 및 농도이다. 점성은 같으나 비중만이 다른 유체에서는 양정과 효율특성은 동일하나 축동력은 비중 배가 되게 된다. 포화 증기압력은 온도증가에 따라 증가하게 되는데, 펌프의 흡입 압력이 일정하게 될 때 NPSH가 감소하여 양정 및 효율의 저하를 일으키게 된다[Hicks 등 1971]. 농도에 의한 변화는 비중이나 점성변화에 의한 영향과 같은 경향을 보이게 된다.

제 5 장 점성의 영향

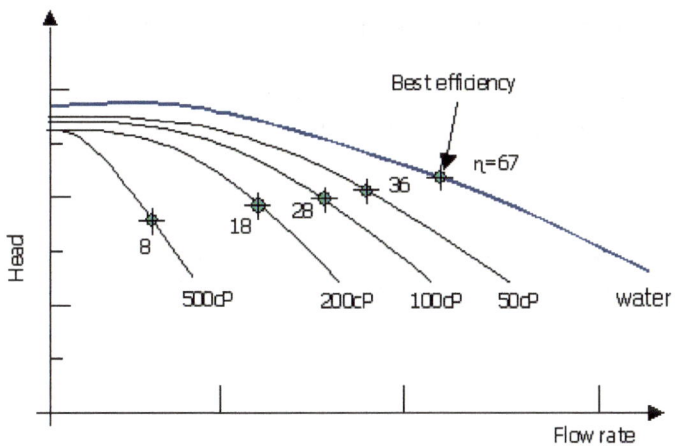

[그림 5.4.1] Calculated head-flow curves of a centrifugal pump on high-viscosity fluid

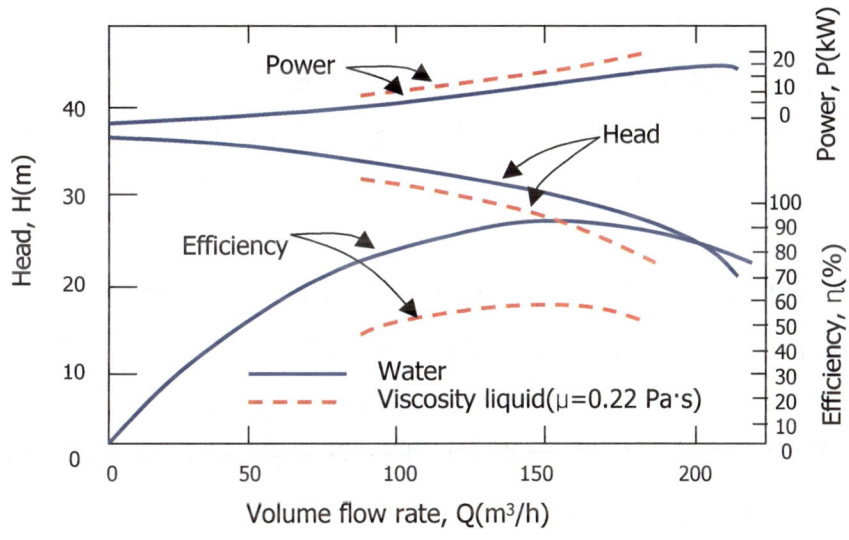

[그림 5.4.2] Effect of liquid viscosity on performance of a centrifugal pump [AICE code, 1984]

일반적으로 점성 유체의 펌프 성능의 저하에 대해 Stepanoff는 자세하게 언급하였다[Stepanoff 1983].

(1) 펌프의 상사법칙은 고점성 유체도 적용할 수 있지만, 청수의 경우보다는 조금 부정확해진다. 즉, 회전속도를 변화하면 유량은 속도변화에 비례하고, 양정은 속도의 제곱보다 조금 많이 증가한다. 축동력은 속도의 세제곱보다 약간 작은 값을 나타내고, 펌프효율은 높은 속도에서

조금 양호해진다. 또한, 회전속도변화에 따른 최고효율 점에서의 비속도(Ns)는 일정한 값을 나타낸다.

(2) 일정한 회전속도에서 점성이 증가하면 양정은 감소하나 최고효율 점에서의 비속도(N_s)는 일정하다. 일정한 회전속도 n으로 펌프를 가동시켜 점성이 각각 다른 두 가지의 작동 유체에 관하여 실험하였을 때, 각각의 최고효율 점에서의 유량과 전양정을 Q_1과 H_1, Q_2와 H_2라고 하면, 관계는 식 (5.4.1)과 같다.

$$\frac{Q_1}{Q_2} = \left(\frac{H_2}{H_1}\right)^{3/2} \tag{5.4.1}$$

이 관계식을 이용하여 점성 유체의 최고효율 점을 구할 때 양정이나 유량에 대한 실험적인 수정계수 하나만 있으면 다른 수정계수도 구할 수 있게 된다.

(3) 회전수가 일정할 때 작동 유체의 점성을 변화시켰을 경우, 점성이 높아지면 유량과 양정은 감소한다. 그러나, 체절점에서의 양정은 임펠러의 출구 각도와 유체의 점성에 영향을 받지 않아 거의 변화가 없으며 점성이 큰 유체의 경우 유량-양정곡선(H-Q곡선)은 기울기가 급격해진다.

(4) 점성이 일정할 때 최고효율 점에서의 효율은 회전속도가 높을 때 커진다.

(5) 유체의 점성 증가에 따른 축동력은 원판 마찰 손실의 증가에 따라 넓은 유량 범위에 걸쳐 같은 양만큼 증가하게 된다. 이처럼 점성 유체에 의한 펌프 성능의 저하는 정성적으로 파악할 수 있지만, 펌프의 구조, 임펠러의 형상, 유로면의 거칠기 등에 따라 달라지므로 이것을 이론적으로 모두 나타내기는 쉽지 않다.

이처럼 점성 유체에 의한 펌프 성능의 저하는 정성적으로 파악할 수 있지만, 펌프의 구조, 임펠러의 형상, 유로 면의 거칠기 등에 따라 달라지므로 이것을 이론적으로 모두 나타내기는 쉽지 않다.

5.5 비뉴턴유체에 대한 펌프 성능특성

작은 입자가 포함된 비침전 슬러리인 황토물이나 펄프액과 같은 비뉴턴유체(침전 슬러리와 비침전 슬러리)를 이용하여 측정된 원심 펌프의 성능은 [그림 5.5.1]과 같이 뉴턴유체와 같은 청수로 실험한 펌프 성능과는 다르게 나타난다.

[그림 5.5.1](a)는 HI규격[ANSI/HI 1.1-1.5, 1994]에서 규정한 대로 입자의 크기가 100 ㎛보다 작은 비침전 슬러리에 대한 성능변화를 나타낸 그림이다. [그림 5.5.1](a)와 같은 비침전 슬러리의 경우 체절점에서 양정은 동일하며 유량이 증가하면서 가파른 양정 곡선을 가지고 고점성 뉴턴유체와 유사한 거동을 한다. 반면에, 입자의 크기가 큰 침전 슬러리의 경우는 입자의 양력으로 인하여 에너지가 소산되기 때문에 [그림 5.5.1](b)와 같은 성능특성곡선을 나타낸다.

이러한 차이는 유체의 점성, 농도, 온도 등 유체의 유변학적 성질 변화에 따른 원판 마찰 손실과 충돌손실의 증가를 초래하고 이에 따라 비뉴턴유체의 점성 증가에 따라 양정과 효율이 감소하게 된다.

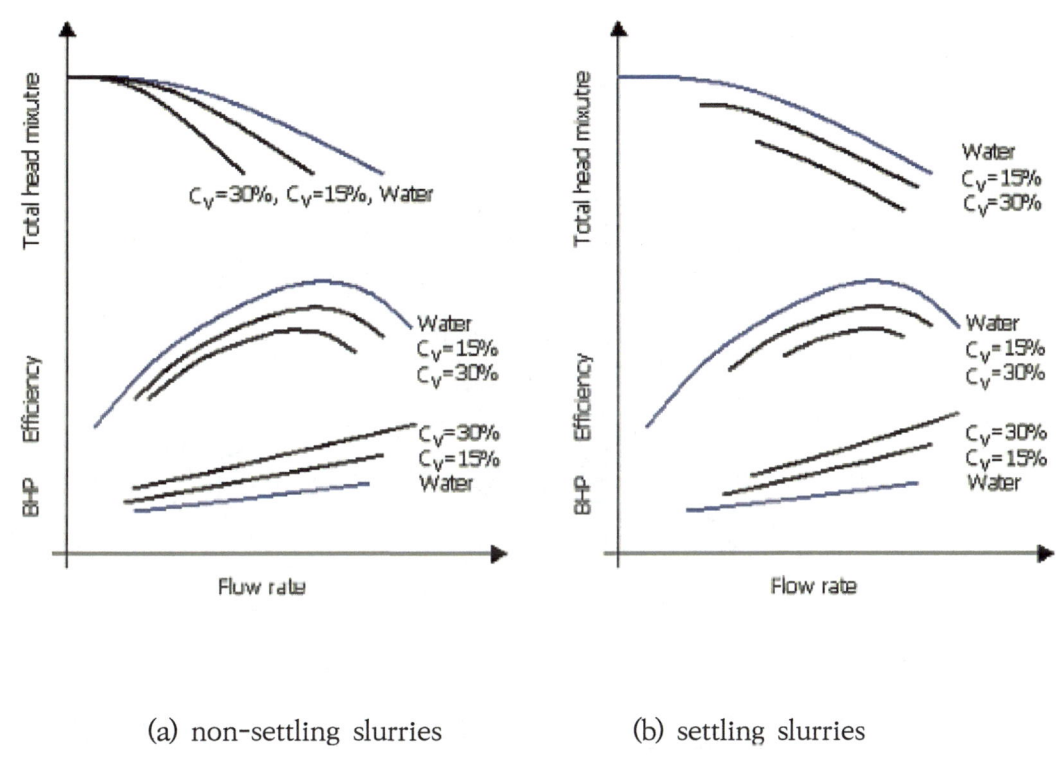

(a) non-settling slurries   (b) settling slurries

[그림 5.5.1] Typical performance characteristics for non-settling and settling slurry

펄프액의 펌프 성능특성은 빙험유체 또는 의소싱유제와 유사하다고 일러져 왔나[好川紀博]. 유제 중에 고형물이 포함된 경우에 수력손실이 증가하여 임펠러에서 받은 유효한 에너지가 감소하여 전양정은 감소한다. 따라서, 당연히 효율도 감소한다. 이 양정과 효율의 감소율은 고형물의 양에 따라서 매우 다르게 나타낸다. 펄프액의 농도에 따른 펌프 성능의 감소에 대한 실험한 자료는 [그림 5.5.2]와 같다. 농도 4%까지는 유량, 양정의 감소가 없는 것으로 나타나고 있으며, 4%를 초과한 경우에는 농도의 증가에 따라 양정과 유량이 많이 감소하고 있는 것을 보여주고 있다.

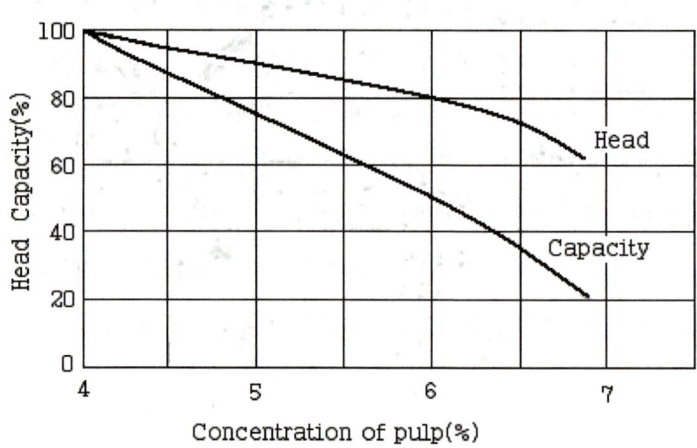

[Fig. 5.5.2] Typical performance characteristics for pulp solution[梶原滋美]

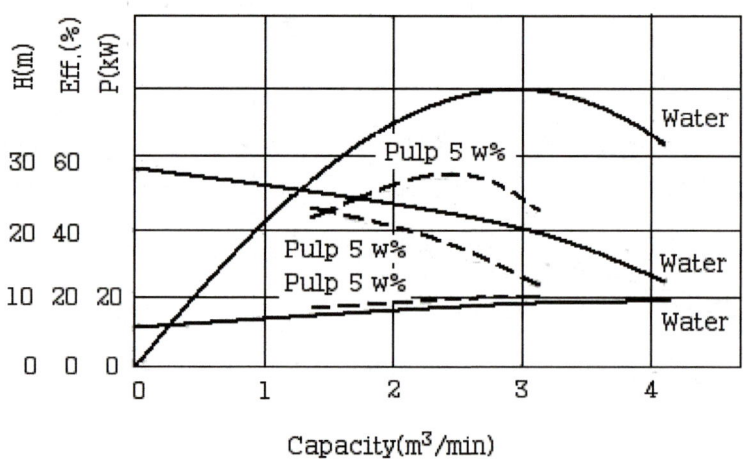

[그림 5.5.3] Pump performance curves for water and sulfite pulp solution [梶原滋美]

[그림 5.5.3]의 성능특성 곡선은 아황산 펄프를 사용한 펌프의 성능특성을 청수와 비교한 것으로, 유량과 양정의 감소에 비해서 축동력은 청수의 경우보다 조금 높으며 효율은 많이 감소하는 것을 보여주고 있다[梶原滋美].

제 5 장 점성의 영향

5.6 뉴턴유체의 점성변화에 따른 펌프성능 환산법

유체의 점성변화에 따라 펌프 성능 특성이 달라짐에도 불구하고 현재까지는 점성변화를 고려하여 성능특성을 실험하는 경우는 거의 없다. 그 이유는 대부분의 펌프제작 업체에서는 청수로 실험할 수 있는 실험장치만 보유하고 있기 때문이다. 이에 따라 고점성 뉴턴유체나 비뉴턴유체의 경우에 청수로 펌프 성능을 실험으로 구한 뒤 성능을 환산하는 방법을 택하고 있다. 청수를 이용하여 간접적으로 성능을 환산하는 방법은 미국의 HI 규격이나 KS 규격에 규정되어 있다.

점성 유체의 점도, 비중이 주어지고, 청수에 대한 펌프 성능을 알고 있을 때 [그림 5.6.1]의 수정 선도를 이용하여 유량수정계수(C_Q), 효율 수정계수(C_η) 그리고, 양정 수정계수(C_H)를 구하게 된다. 따라서 구하고자 하는 점성 유체의 펌프 성능특성($Q_{vis}, H_{vis}, \eta_{vis}$)은 식 (5.6.1)과 같이 물에 대한 펌프 성능에 이들 계수를 곱하여 계산한다.

$$\begin{cases} Q_{vis} = C_Q \times Q_w \\ H_{vis} = C_H \times H_w \\ \eta_{vis} = C_\eta \times \eta_w \end{cases} \tag{5.6.1}$$

또한, 축동력 L_{vis}은 식 (5.6.2)와 같이 구한다.

$$L_{vis} = \frac{0.163 Q_{vis} \times H_{vis} \times \gamma}{\eta_{vis}} \tag{5.6.2}$$

이처럼 하면 청수의 성능특성으로부터 점성계수 변화에 따른 성능특성을 추정할 수 있다. 그 예로 청수의 최고 효율점의 토출량이 $2.84 m^3/\min$이고, 전양정은 $30.5 m$이며, 점도가 1,000SSU(220cSt)인 비중 0.9의 기름에 대한 성능특성은 [표 5.6.1]과 [그림 5.6.2]와 같이 구할 수 있게 된다. HI 규격에서 점도는 SSU로 표시가 되어 있으므로 이에 대한 환산이 필요하다. SSU는 Saybolt Seconds Universal for liquids of medium Viscosity의 약자로써 환산계수를 참조하면 될 것이다.(小野高麻呂, 2001)

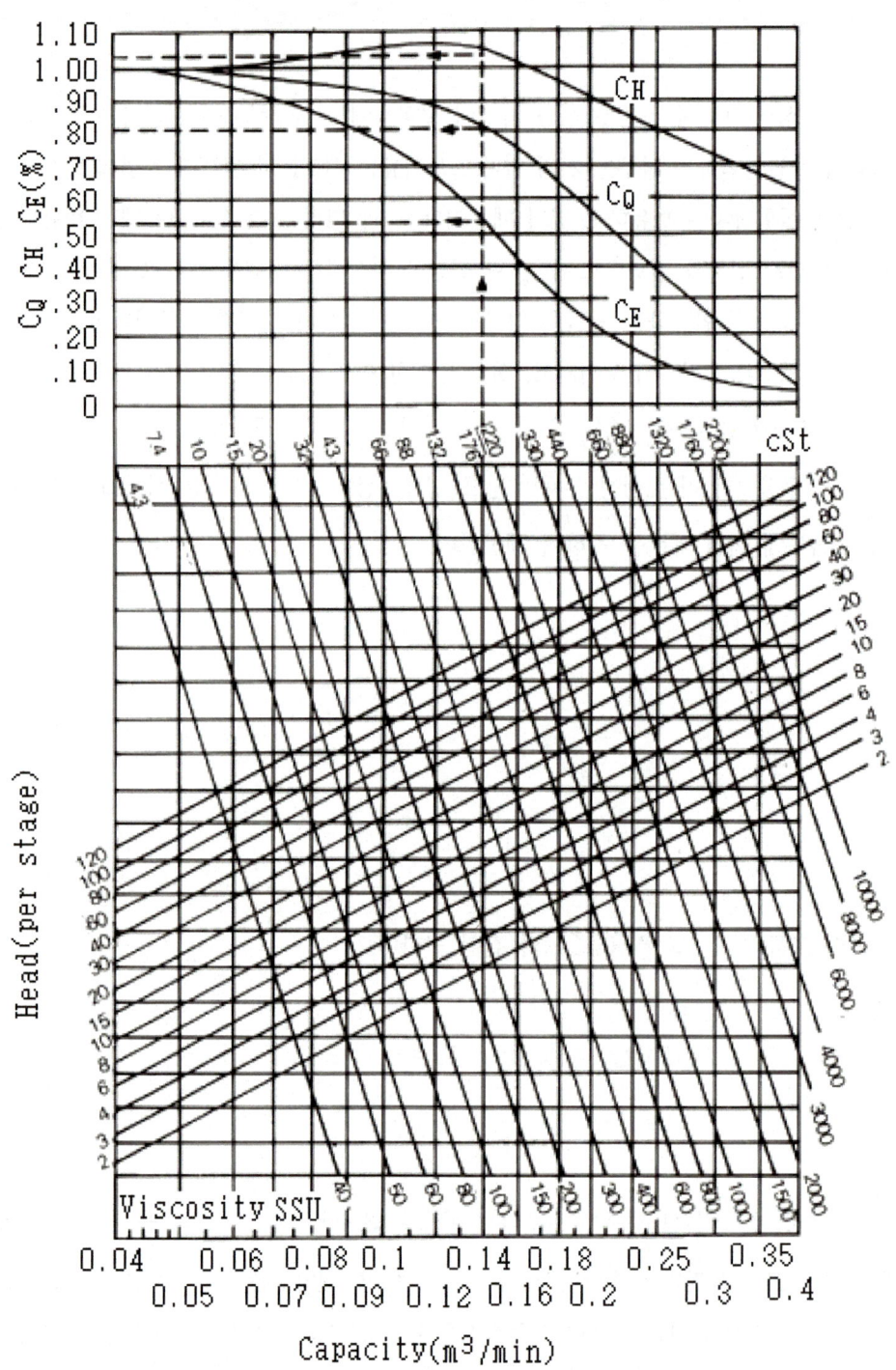

[그림 5.6.1] Performance correction chart for viscous fluids[KS B 6306]

[표 5.6.1] Correction example of performance estimation for viscous fluid

		$0.6 \times Q_N$	$0.8 \times Q_N$	Q_N	$1.2 \times Q_N$
Water	Capacity, $Q_w (\text{m}^3/\text{min})$	1.70	2.27	2.84	3.40
	Total head, $H_w(m)$	34.3	33.0	30.5	26.2
	Efficiency, $\eta_w(\%)$	72.5	80	82	79.5
Viscous fluid	Viscosity	1,000 SSU			
	[그림 5.6.1]에서 C_Q	0.95	0.95	0.95	0.95
	C_H	0.96	0.94	0.92	0.89
	C_E	0.635	0.635	0.635	0.635
	Capacity, $Q(\text{m}^3/\text{min})$	1.62	2.15	2.69	3.23
	Total head, $H(m)$	33.4	31.0	28.0	23.3
	Efficiency, (%)	46.0	50.8	52.1	50.5
	Specific gravity	0.9			
	Shaft power, (kW)	23.1	25.9	28.6	29.4

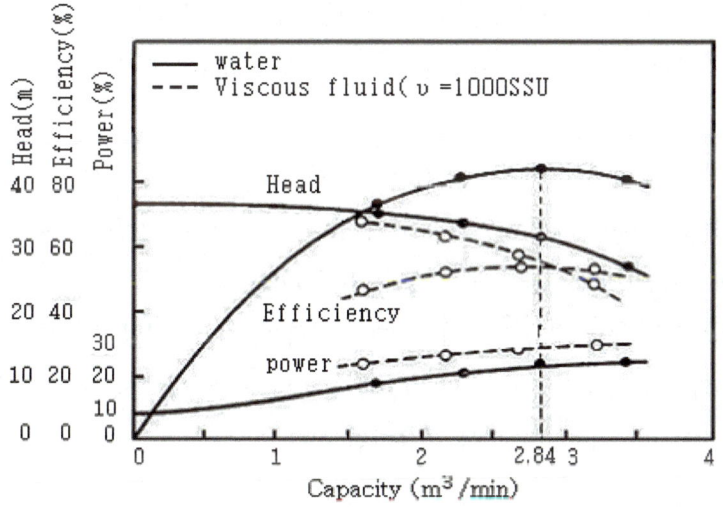

[그림 5.6.2] Performance correction example for viscous fluid

점성유체에 대한 펌프성능의 추정 방법에 관한 ANSI/HI규격인 [그림 5.6.2]의 수정계수는 유량이 $25m^3/hr$ (100gpm, 청수 기준)보다 적을 때 사용하는 수정선도이다. 이 도표는 다음과 같은 제한 조건이 있다.

(1) 스케일(scale)이내에만 이용되고, 범위 이외로 확대 이용할 수 없다.
(2) 개방형 또는 폐쇄형 임펠러를 갖는 오일펌프의 작동 유량범위 내에서만 적용된다.
(3) 축류, 사류펌프 혹은 다른 특수펌프에는 적용할 수 없다.
(4) 캐비테이션이 발생하지 않는 충분한 NPSH가 확보되는 경우에만 적용할 수 있다.
(5) 뉴턴유체에만 적용된다. 비뉴턴유체 즉 슬러리, 펄프 등의 유체에는 사용할 수 없다.

5.7 비뉴턴유체의 점성변화에 따른 펌프성능 환산법

고형물이 포함된 유체 유동은 큰 입자의 상대운동에 의하여 추가적인 수두 손실(항력)이 발생된다. 작은 입자가 많이 혼합된 비뉴턴유체의 경우는 점성의 효과가 커진다. 비뉴턴유체에 대한 펌프의 성능특성은 입자의 모양(네모난 입자는 둥근 입자보다 손실이 더 크게 작용) 뿐만 아니라 포함된 고형물의 농도와 크기 및 밀도에 영향을 받는다.

비뉴턴유체의 점성변화에 따른 펌프의 성능특성을 자료화한 문헌은 거의 없다. 비뉴턴유체의 점성변화에 따른 펌프 성능을 환산하기 위해 이용할 수 있는 자료는 ANSI/HI 규격에 언급된 고점성 오일펌프에 대한 자료밖에는 없거나 실험으로 결정되어야 한다.

본 교재에서는 작동 유체인 황토물이나 펄프액의 성능은 실험이나 컴퓨터시뮬레이션을 이용하여 실험결과를 정리하고, 물에 대한 성능특성으로부터 이 실험결과 값을 환산하는 방법의 개발을 소개하였다.

황토물과 같이 유체 중에서 비침전 슬러리의 경우에 농도에 따른 점성 변화는 HI규격에서 언급된 바와 같이 농도에 대한 [그림 5.7.1]과 같이 점성계수 보정을 결정하여 ANSI/HI규격의 점성수정 곡선을 이용하여 펌프의 성능을 예측할 수 있다. 이를 위하여 [그림 5.7.1]의 황토물의 농도에 대한 점성은 실험으로 구한 결과를 곡선접합하여 나타내었다. 이처럼 비뉴턴유체의 점성계수가 결정되면, 황토물과 같은 슬러리 수용액의 비중과 농도의 상관관계를 구하기 위하여 [그림 5.7.2]와 같이 계산도표 작도법(nomograph)을 이용하면 된다.

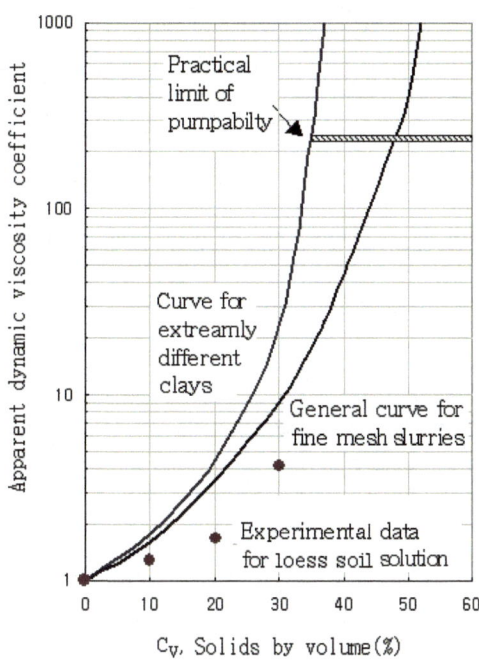

[그림 5.7.1] Apparent dynamic viscosity versus solid by volume of slurry

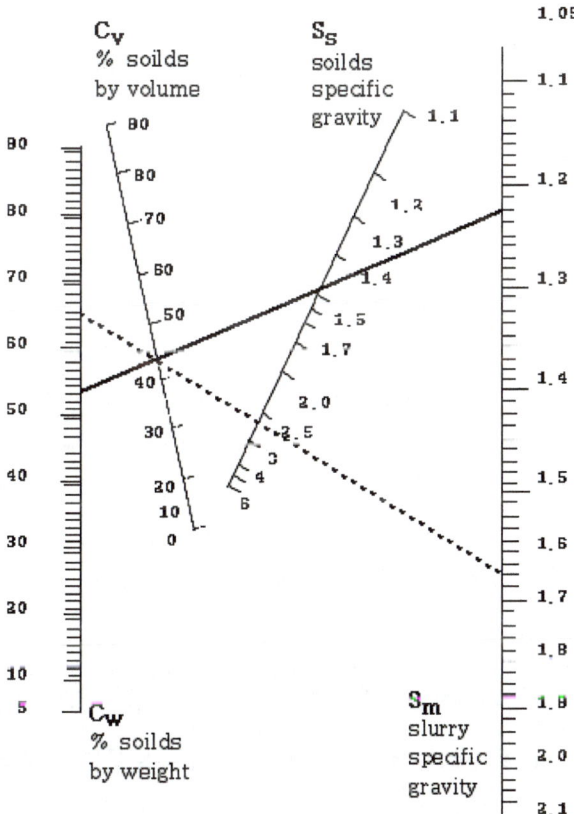

[그림 5.7.2] Nomograph of the relationship of concentration to specific gravity in aqueous slurries

펄프액의 경우에는 일부분이긴 하지만 Ground Pulp나 Sulfite Graft Pulp에서는 [그림 5.7.3] 과 같은 수정 선도를 이용하여 펌프 성능을 환산하는 방법을 사용하기도 한다. 펄프의 농도가 주어지고, 청수에 대한 펌프 성능을 알고 있으면 [그림 5.7.3]의 수정 선도를 이용하여 펄프농도에 대한 유량 및 양정의 수정계수를 구하여 수정 유량(Q_p), 수정 양정(H_p), 수정 효율(η_p)을 구할 수 있다. 구하고자 하는 펄프액의 펌프 성능특성은 식 (5.7.1)과 같이 청수에 대한 펌프성능에 이들 계수를 곱하여 계산한다.

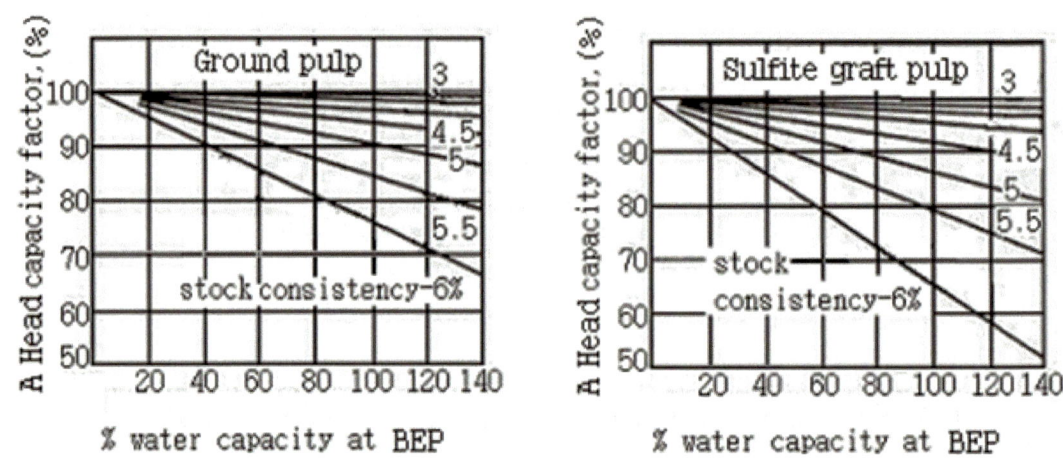

[그림 5.7.3] Performance correction examples for pulp solution[(株)西島製作所]

$$Q_p = A \times Q_w \tag{5.7.1}$$

$$H_p = A \times H_w$$

$$\eta_p = A \times \eta_w$$

또한, 축동력 L_p는 식 (5.7.2)와 같이 구한다.

$$L_p = \frac{0.163 \times Q_p \times H_p \times \gamma_p}{\eta_p} \tag{5.7.2}$$

식 (5.7.1)에서 A는 수정계수이고, 식 (5.7.2)에서 γ_p는 펄프액의 비중량이다. 이와 같이 하면 청수의 성능특성으로부터 펄프액의 농도 변화에 따른 성능특성을 추정할 수 있다.

제 6 장 펌프 특성 곡선과 관로 저항 곡선

> ▶ 펌프장 설계시 펌프 특성곡선과 관로저항곡선을 통하여 펌프의 운전점을 찾아내고, 이에 따른 펌프의 전력원단위를 산출하는 방법 및 절차를 제시하고자 한다.
> ▶ 펌프의 토출량을 토출밸브 개도 조정으로 할 경우와 가변속 장치로 조정할 경우 예상되는 전력원단위를 산출하는 방법을 제시한다.

6.1 개념

펌프 특성 곡선은 [그림 2.1.2]에서 설명되었듯이 펌프 성능을 파악하는데 가장 기초적인 자료이다. 일반적인 펌프 시스템은 [그림 6.1.1]과 같이 펌프와 모터를 포함하여 입구 지점(종종 흡입 탱크의 유체 표면)에서 시작하여 출구 지점(종종 배출 탱크의 유체 표면)에서 끝나는 모든 배관이 포함된다.

만약 [그림 6.1.1](a)과 같은 시스템에서 [그림 6.1.1](b)와 같이 실양정의 변화가 생겼다면, [그림 6.1.2]와 같이 시스템의 관로 저항 곡선(우향 상승 2차 포물선)은 변화할 수밖에 없다. 이런 관로 저항 곡선의 변화는 단순 실양정의 변화만 있는 것이 아니라, 어떤 부품(배관, 피팅류)등에 현장에 따라 사용하는가, 여러 개의 배수지가 있느냐에 따라 변화하고, 이 변화곡선과 유량-양정곡선(우향 감소 2차 포물선)의 교차점이 운전점으로 결정된다.

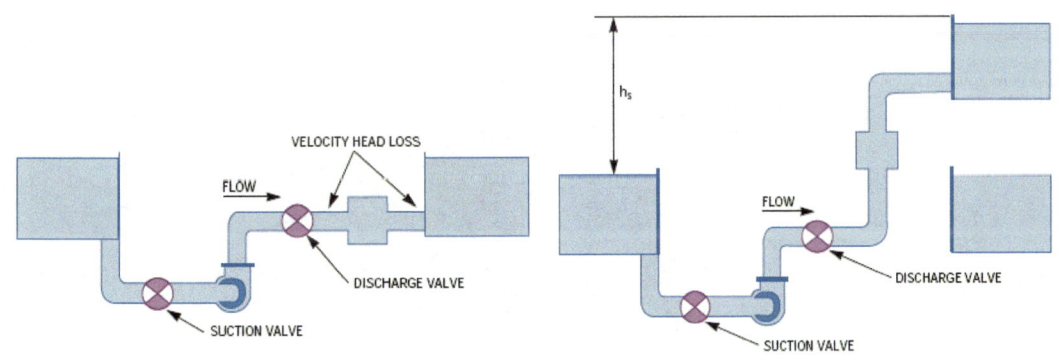

(a) 일반적인 펌프 시스템   (b) 실양정 변화가 있는 펌프 시스템

[그림 6.1.1] 일반적인 펌프 시스템

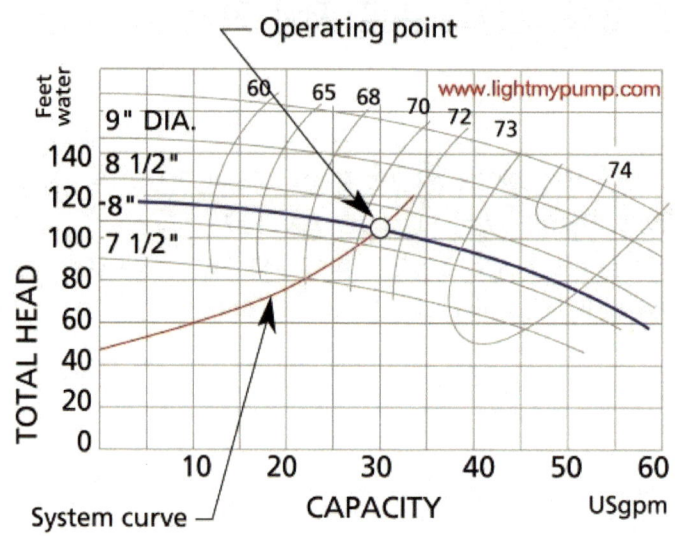

[그림 6.1.2] 펌프특성곡선에서 시스템 곡선에 따른 운전점

이런 특징에 의하여 관로 저항 곡선은 펌프가 다양한 유량에서 어떻게 작동하는지 예측하는 데 사용된다. 펌프의 전양정에는 일정한 정적 양정(실양정(h_s); [그림 6.1.2]에서 $45ft$)과 유량에 따라 달라지는 마찰 양정 및 속도 양정의 합으로 결정이 된다. 시스템 곡선과 펌프 특성 곡선의 교차점이 펌프의 작동점으로 정의할 수 있다. [그림 6.1.2]에서 $30gpm$일 경우, 약 $110ft$가 운전점이 되고, $65ft$가 마찰 양정과 속도 양정의 합이 된다.

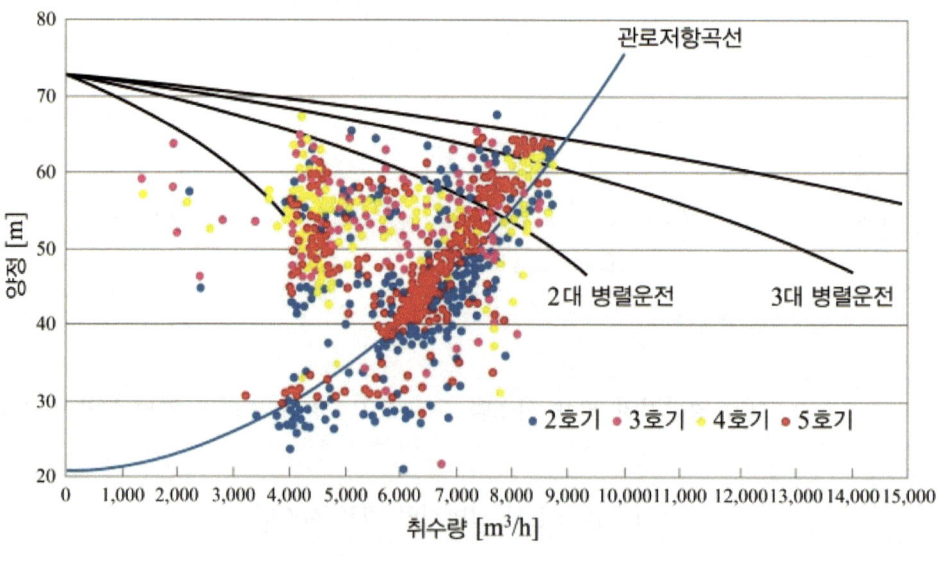

[그림 6.1.3] 실제 운전점으로부터 구해진 관로 저항 곡선

예를 들어, [그림 6.1.3]과 같이 관로 저항 곡선이 급한 시스템에서 유량을 많이 보내고 싶어서, 펌프를 선정한 후, 이를 병렬대수 운전하더라도, 손실이 많은 시스템이기 때문에(실양정은 $20m$이고, 나머지는 값(3대기준 $40m$)은 배관손실)이기 때문에 이 시스템에서 선정된 펌프로는 원하는 유량을 절대 목적지로 토출할 수 없다는 것을 이해해야 한다. 즉 [그림 6.1.3]의 펌프 시스템에서는 4대의 펌프를 사용하더라도 $9,000 m^3/hr$의 유량을 보낼 수 없다는 뜻이다. 다시 언급하면, 3대나 4대의 운전이 같다는 것을 깨달아야 한다. 따라서, 관로 저항 곡선이 시스템에 의하여 종속(dependent)되기 때문에, **시스템 곡선(System Curve)**이라고도 한다. 중요한 것은 시스템에서 존재하는 실양정부터 손실 양정을 극복하기 위해 필요한 에너지를 관로 저항 곡선이 나타낸다는 것을 이해하자.

다양한 유량에서 운전된 전양정을 [그림 6.1.3]의 파란 실선과 같이 곡선접합(Curve Fitting)하여 식 (6.1.1)과 같은 수식으로 표현 가능하다.

$$H_T = h_s + BQ^2 \qquad (6.1.1)$$

식 (6.1.1)의 h_s은 실양정이, B는 포물선의 계수로, 손실이 많은 시스템에서는 이 값이 커지고 ([그림 6.1.4] B곡선), 손실이 적을 경우([그림 6.1.4] C곡선)에서는 0에 가까워 지게 된다. 식 (6.1.1)의 제곱항은 식 (6.3.2)와 같은 하젠-윌리암 식을 적용하면 1.85승으로 표현된다.

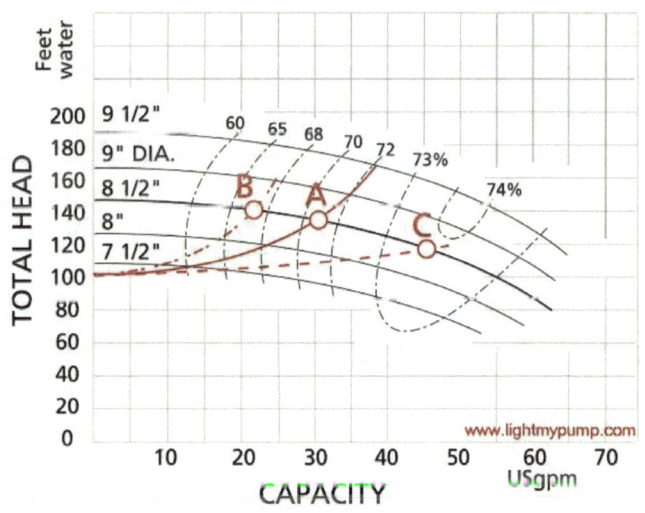

[그림 6.1.4] 밸브 교축에 의한 관로 저항 곡선 변화

일반적인 시스템에서 밸브제어운전을 하는 경우가 있는데 이런 경우 [그림 6.1.4]와 같이 마찰 양정이 변경되어 시스템 곡선의 모양과 작동 지점이 변경된다. [그림 6.1.4]와 같이 시스템에서는

실양정은 $100ft$이고, 곡선 A에 표시된 운전점이 $140ft$가 되므로, 총 시스템 저항이 약 $40ft$인 시스템이 있다. 펌프 토출구에 있는 토출밸브를 잠그면 마찰 양정이 증가하고, 운전점이 A에서 B로 이동하고, 유량이 감소하게 된다. 즉, 밸브제어로 인하여 유량은 $30gpm$에서 $20lpm$으로 감소, 손실양정이 약 $10ft$정도 증가 됨을 알 수 있다. 만약 밸브를 열었다면, [그림 6.1.4]에서 보듯이 마찰 양정이 감소하여 운전점이 C점으로 이동하고 유량이 증가하게 된다.

[그림 6.1.2]와 [그림 6.1.4]의 경우는 임펠러 컷팅에 의하여 펌프 특성곡선 (HQ곡선)의 변화도 나타내었는데, 만약 임펠러컷팅을 $9\frac{1}{2}''$에서 $7\frac{1}{2}''$까지 한다면, 관로 저항 곡선과 HQ곡선의 교차점이 발생하지 않기 때문에, 이 시스템의 경우 유량을 토출할 수 없게 됨을 알아야 한다.[61]

[그림 6.1.5]의 경우에 나타낸 관로 저항 곡선(빨간 실선)을 보면 [그림 6.1.4]의 경우와 다름(실양정과 곡선 기울기)을 알 수 있다. 즉, 동일한 펌프를 사용하더라도, 시스템이 변경된다면 펌프 운전이 달라짐을 알아야 한다.

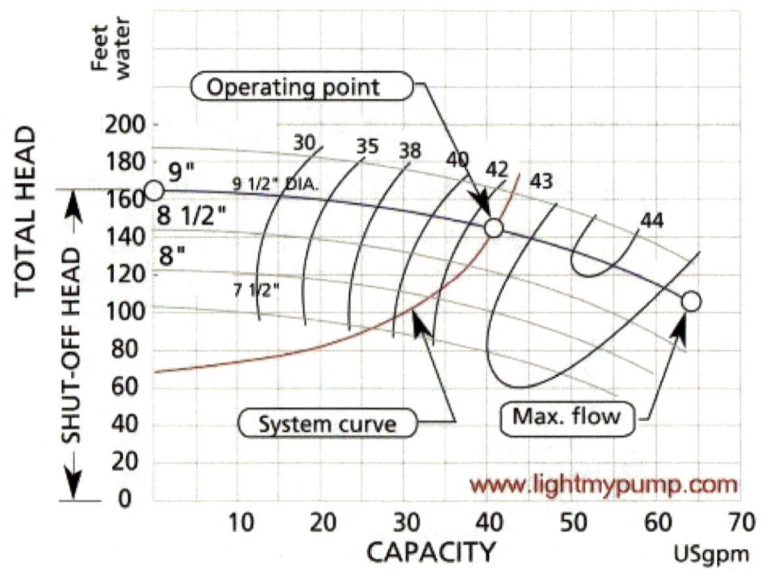

[그림 6.1.5] 동일한 펌프를 사용하지만 다른 관로 저항 곡선을 갖는 시스템

6.2 회전수 변화에 의한 펌프 특성 곡선과 관로 저항 곡선 관계

[그림 6.2.1]은 회전수 변화에 대한 HQ곡선은 펌프 제조자에 의해 제공된 회전수 $1,800\,[rpm]$에서의 펌프 특성 곡선이다. [그림 6.2.1]에서 보듯이 HQ곡선은 유동이 증가할 때 전양정이 감소하는 형태를 나타내고, 손실 양정, 즉 관로 저항 곡선은 유량이 증가하면서 상승하는 포물선(점선)

---
61) 임펠러 컷팅을 15%이내에 해야 한다.

제 6 장 펌프 특성 곡선과 관로 저항 곡선

을 나타낸다. 펌프회전속도가 $1,800\,[\text{rpm}]$에서 $1,600\,[\text{rpm}]$까지 감소하면, 상사법칙에 의거해 양정과 유량이 좌측 아래로 감소하는 특성을 나타낸다. 만약 펌프의 회전속도가 $1,200\,[\text{rpm}]$보다 훨씬 줄어들면, 펌프 양정이 실양정(h_s)과 동일한 $9\,[\text{m}]$에 접근하기 때문에 이 시스템에서 더 이상 펌핑을 할 수 없게 된다. 즉 $1,200\,[\text{rpm}]$의 운전은 의미가 없다는 뜻이다.

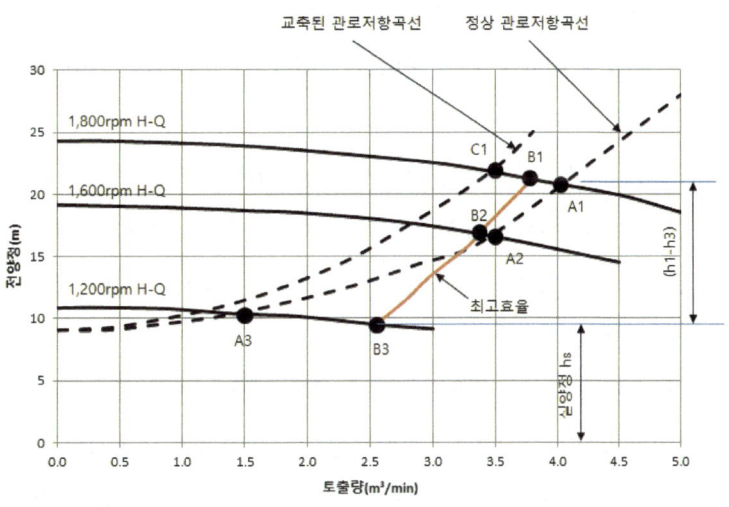

[그림 6.2.1] 유량 - 양정 성능곡선

[그림 6.2.1]에 나타낸 2개의 점선의 관로 저항 곡선($A1$-$A2$-$A3$과 $C1$)과 $B1-B2-B3$의 곡선이 있다. [그림 6.2.1]에서 보여준 관로 저항 곡선은 정상적인 각각의 회전수인 HQ곡선과 $A1$-$A2$-$A3$의 교차점이고, $C1$점과 연결된 곡선은 밸브로 교축된 관로 저항 곡선이다.

즉, 양정 곡선과 관로 저항 곡선이 교차하는 점($A1$)이 $1,800\,[\text{rpm}]$으로 운전 시 결정되는 유량과 양정을 의미하고 이 점이 시방점이 된다. 이처럼 관로 저항 곡선은 배관 시스템에 따라 운전 점을 제시해주므로 매우 중요하다. 펌프신징시 교차점에서 축동력 내 수동력의 비가 최대인 지점을 펌프 최대 효율점인 BEP으로 결정해야 한다. 즉, 관로 저항 곡선을 미리 파악해 원하는 유량과 양정에서 최대 효율이 되도록 설정해야 하고, 시방점에서 가장 높은 효율점이 제공되어야 한다. 만약 배관설계 시 펌프나 송풍기에서 이러한 점을 고려하지 않으면 물이나 공기가 공급되지 않거나 비효율적으로 운전된다. 따라서, $C1$점과 연결된 곡선은 밸브로 교축된 관로 저항 곡선이기 때문에, 펌프 운전은 가능하지만 BEP에서 운전될 수가 없다는 뜻이다.

실제로 [그림 6.2.1]에서 보면 펌프에 대한 BEP는 $1,800\,[\text{rpm}]$에서 점 $A1$이 아니고 점 $B1$인 $3.7\,[\text{m}^3/\text{min}]$과 $21\,[\text{m}]$이다. 즉, $B1-B2-B3$을 연결한 선에서 최고 효율점을 나타내고 있다. 이러한 점은 선정이 BEP에서 되지 않았다는 것을 의미한다.

만약, [그림 6.2.1]과 같이 관로 저항 곡선이 잘못 계산됐다면, 펌프는 계획된 지점에서 운전되지 않는다. 따라서 BEP가 관로 저항 곡선의 근처에서 운전되도록 펌프를 선정해야 한다. 최고효율 점에서 운전이 되려면 [그림 6.2.1]과 같은 경우는 $1,800\,[\text{rpm}]$보다 $1,600\,[\text{rpm}]$ 정도가 적절함을 알 수 있다. $1,800\,[\text{rpm}]$으로 운전하는 경우 펌프의 BEP로부터 상당히 벗어난 지점(점 $A1$이 아닌 점 $B1$)에서 운전되는 경우이므로, 운전점보다 우측에 있다는 것이다.

이런 경우는 대용량이기 때문에 큰 동력으로 펌프를 운전하는데, 이는 펌프의 손상, 과도한 마모와 높은 진동을 발생시킬 수 있다. 이럴 때, 회전속도를 $1,600\,[\text{rpm}]$으로 감소시키면 BEP점과 운전점이 유사하므로 손상에 대한 위험은 줄어들게 된다. BEP로부터 벗어나도 되는 범위 및 펌프의 BEP 위치를 펌프 제조업체에게 제공받아야 한다.

그렇다면 4극 모터인 경우, 운전점이 다르게 생성되었는데 회전수를 변경하지 않고 해결해보자. 이는 시스템의 배관손실을 너무 낮게 계산했거나, 펌프선택을 잘못한 것이다. 이 두 가지를 수정하기 전에 밸브를 교축해 운전점을 점 $A1$에서 점 $B1$로 변경하는 간단한 방법이 있는데, 과연 이 방법이 타당한지 생각해보자.

불행히도 대부분 펌프는 정속 AC 유도모터에 의해 회전수 변화 없이 구동된다. 이 같은 경우 유량을 조절하는 유일한 방법은 펌프의 토출밸브를 조절함으로써 인공적으로 시스템 양정을 증가시키는 것이다. [그림 6.2.1]에서 펌프의 운전점 $A1$로부터 펌프의 토출 부분의 밸브를 부분적으로 닫음으로써 점 $C1$으로 강제적으로 이동시키는 것이 가능하다.

펌프는 토출밸브를 교축해 점 $C1$인 $3.43\,[\text{m}^3/\text{min}]$에서 $21.7\,[\text{m}]$의 양정을 생성하지만, 점 $C1$과 점 $A2$ 사이의 양정 차이는 부분적으로 닫힌 밸브에서의 손실이기 때문에 비효율적이다. 이것은 오직 점 $A2$에서 회전수 변화를 통한 운전이 최적 운전이라는 것을 의미한다.

이러한 밸브 교축 운전방법은 소형 펌프나 가정용 펌프에서는 큰 문제가 되지 않아 현장에서 자주 사용된다. 그러나 대형펌프에서 안정적인 운전을 유지하기에는 부적합한 방법이다. 밸브 교축 유량제어 방법은 가정 난방시스템을 최대로 작동시키면서 온도를 올린 후 창문을 개방해 내부온도를 조절하는 것처럼 비효율적인 방법이기 때문이다. 또한, 이러한 방법은 펌프 자체에도 손상을 줄 수 있기에 피해야 한다. 즉, 밸브 교축 운전 방법은 피해야 하는 방법이다.[62]

6.3 관로 특성 곡선 계산

펌프장을 설계할 때 가장 먼저 고려하여야 할 사항은 바로 관로의 특성 곡선이다. 즉 관로의 구경, 관로의 길이, 단면도가 설계되면 이를 바탕으로 실양정과 손 실양정을 계산하고, 이 값이 바로 펌프의 전양정을 결정하기 때문이다. 따라서, 관로 특성 곡선을 계산할 때는 주의를 요하며, 이때의 오차는 결과적으로 펌프의 전양정의 과다 또는 과소로 이어져 효율적인 펌프의 운영이 불가능하다.

---

[62] 8.6.2절에서 다룬 전력원단위를 계산한 예제를 보면 왜 밸브 교축 운전방법을 피해야 하는지 알 수 있다.

관로 특 성곡선은 식 (6.3.1)과 같이 실양정과 마찰 손실 양정의 합으로 구성된다. 이 식은 식 (6.1.1)과 같은 개념이다.

$$H_T = h_s + h_L \tag{6.3.1}$$

여기서 H_T : 전양정(m), h_s : 실양정(m), h_L : 손실 양정(m)

식 (6.3.1)에서 실양정은 펌프의 흡수면 수위와 최종 토출수위의 차이다. 손실 양정은 관로의 마찰에 의한 주손실 양정 및 곡관 등의 Fitting류에서 발생하는 부손실를 합한 것으로 이를 구하는 방법에는 크게 두 가지가 있다. ①계산에 의한 방법, ② 실험에 의한 방법이 있으며 분석방법은 다음과 같다.

6.3.1 계산에 의한 방법

손실 양정을 수식을 구하는 방법은 식 (6.3.2)와 식 (6.3.3)과 같이 Hazen-Williams 공식, Darcy-Weisbach 공식을 주로 이용한다. 식 (6.3.2)의 경우는 주 송수관로가 대부분 배관이 큰 경우나, 만수가 되지 않았을 때 사용되고, 식 (6.3.3)은 펌프장내에서 만수된 배관에서 주로 사용된다.[63]

※ Hazen-Williams 공식

$$h_L = 10.666 L \times C^{-1.85} \times D^{-4.87} \times Q^{1.85} \tag{6.3.2}$$

여기서, C : 경년계수 D : 관로 안지름(m)

Q : 유량(m^3/s) L : 관로 길이 (m)

※ Darcy-Weisbach 공식

$$h_L = \left(f \frac{\sum L}{\sum D} + \sum K \right) \frac{V^2}{2g} = \left(f \frac{\sum L}{\sum D} + \sum L \right) \frac{8Q^2}{\pi^2 g D^4} \tag{6.3.3}$$

여기서 f : 관마찰계수 L : 관로길이(m)

D : 관 안지름(m) $\sum K$: 부손실(minor loss)의 합

Q : 유량(m^3/s) g : 중력가속도($9.8 m/s^2$)

---

[63] 하겐-윌리암식은 토목공학에서 경년계수와 함께 사용되고, 달시-바이스바하 식은 기계공학에서 많이 사용된다.

관마찰계수를 구하는 공식은 Colebrook가 제안한 Moody Diagram을 이용한다. 수식으로는 식 (6.3.4)와 같이 비교적 간단한 Blasius 실험식이 사용된다. 단, Blasius 공식이 모든 관이 매끄러운 관으로 가정해야 하는 단점이 있으므로 조도를 고려한 콜레브룩-화이트 식을 사용한다.

$$f = 0.3164 Re^{-0.25} \tag{6.3.4}$$

$$f = \frac{0.5^2}{\left[\log\left(\left(\frac{\epsilon}{D}\right)/3.7 + \frac{5.74}{Re^{0.9}}\right)\right]^2} \tag{6.3.5}$$

6.3.2 실험에 의한 방법

기존의 주송수 관로에 설치된 압력계의 설치 위치와 압력 값을 알고 최종 토출 측의 위치를 알면 이것이 전양정이 되며, 이 값에서 식 (6.3.1)에서 보듯이 실양정을 빼면 손실 양정이 된다. 즉, 펌프 흡입이 가압 또는 흡입조건일 경우 여러 대 펌프의 토출량이 주송수 관로에 모여 송수되며, 이 주송수 관로에 설치되 압력계의 값은 전양정이 되나, 흡입측이 가압조건이라면 이미 흡입측에는 압력을 받고 있으므로, 이 가압되는 압력을 감하여 계산하여야 하고, 흡입조건이라면 더하여 계산하여야 한다.

더욱 정확한 방법은 메인 관의 송수 유량을 변화시킬 때 메인 관에 설치된 압력계의 값을 기록하여 [그림 6.1.3]과 같이 곡선 접합(Regression Method)를 사용하여 식으로 구하는 것이다. 이때 적용하는 공식은 Hazen-William 공식과 Darcy-Weisbach 공식을 사용할 수 있는데 주의하여야 할 점은 전자는 식 (6.2.3)와 같이 유량의 1.85승이고, 후자는 식 (6.1.1)과 같이 2승이다. 따라서 상기 두 공식을 적용하여 실험 자료와 유도된 공식의 수치가 정확한 공식을 채택하여야 한다.

6.4 관련 예제 풀이 1

6.4.1 실험에 의한 손실양정 계산

흡입측이 흡상조건인 펌프장이 있을 때 관로의 손실양정을 유도하라.

- 1일 송수량 : $42,000m^3/day(0.49m^3/s)$
- 주송수관 압력계 : $8kg_f/cm^2$
- 압력계 위치 : EL $0m$ (주송수관에서 압력계의 높이 무시)
- 토출측 위치 : EL $60m$
- 재질 : 강관
- 관지름 : $0.75m$
- 관로길이 : $10km$

해)

실양정 h_a ; 토출측위치−흡입측위치 = $60-0 = 60m$

손실양정 h_L ; 압력계의 압력값−실양정 = $80-60 = 20m$

전양정은 식 (6.3.1)과 같이 "실양정+손실 양정"로서, 유량을 변수로 하는 공식으로 유도하기 위해 식 (6.3.3)과 같은 Darcy-Weisbach공식을 사용한다.

그런데, 이 문제에서는 실험 결과값으로 손실 양정이 $20m$가 입증되었으므로, 유량을 변수로 하는 공식을 만들 때 Q를 제외한 나머지는 상수 B로 만들 수 있다. 이때 초기 조건은 Q가 $0m^3/s$일 때는 h_L이 0m이고 Q가 $0.49m^3/s$일 때는 h_L이 $20m$이므로 상수 B는 식 (6.1.1)을 이용하면 다음과 같이 계산할 수 있다.

$$B = \frac{h_L}{Q^2} = \frac{20}{0.49^2} = 83.3$$
$$\therefore H_T = 83.3 \times Q^2$$

6.4.2 관로 특성 곡선 구하기

다음 그림과 같이 댐을 취수원으로 하여 1일 $42,000m^3/day (0.49m^3/s)$을 정수장 내 착수정에 송수하는 취수 펌프장이 있으며 관로의 규격은 다음과 같을 때 관로 특성곡선을 구하라.

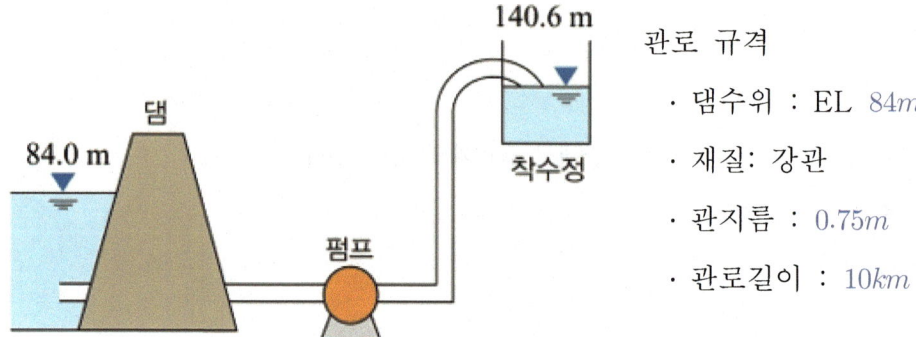

관로 규격
- 댐수위 : EL $84m$
- 재질: 강관
- 관지름 : $0.75m$
- 관로길이 : $10km$

[그림 6.4.1] 관로 특성 곡선 작성을 위한 시스템1

해)

1) 실양정 : 식 (6.3.1)에 의해 구할 수 있다.

$$h_a = H_T - H_L = 140.6 - 84 = 56.6m$$

여기서, H_T : 착수정 고수위(EL $140.6m$)

H_L : 댐 기준수위(EL $84m$)

2) 손실 양정

[그림 6.4.1]과 같은 시스템에서 배관의 손실 양정은 주송수관로이기 때문에 식(6.3.3)의 Darcy-Weisbach 공식보다는 식 (6.3.2)와 같은 하젠-윌리암 공식을 사용한다. 여기서 운전점 유량이 $0.49m^3/s$일 때 손실 양정은 다음과 같다.

$$h_L = L \times 10.666 C^{-1.85} \times D^{-4.87} \times Q^{1.85} \times S$$
$$= 10,000 \times 10.666 \times 120^{-1.85} \times 0.75^{-4.87} \times 0.49^{1.85} \times 1.1$$
$$= 18.1m$$

여기서, C : 120 ($D=0.75m$ 강관으로 6년 가정)[64]

D : $0.75m$

L : $10km$

S : 부차적 손실 양정(10%로 가정)[65]

---

[64] 노형운, 문제 해결력을 위한 유체역학, 9장 397페이지
[65] 이 값은 식 (6.3.3)에 언급되지 않았지만, 경험적으로 보수적 설계인자이다.

제 6 장 펌프 특성 곡선과 관로 저항 곡선

만약, 모든 유량에서의 손실 양정을 계산하기 위하여 Q를 변수로 둘 수 있다.

$$\begin{aligned} h_L &= L \times 10.666\,C^{-1.85} \times D^{-4.87} \times Q^{1.85} \times S \\ &= 10,000 \times 10.666 \times 120^{-1.85} \times 0.75^{-4.87} \times Q^{1.85} \times 1.1 \\ &= 67.82 \times Q^{1.85} \end{aligned}$$

3) 전양정은 다음과 같다.

$$H_T = h_a + H_L = 56.6 + 18.1 \fallingdotseq 75m$$

4) 본 교재에서 목적으로 하는 유량을 변수로 하는 관로 특성 곡선은 식 (6.4.1)과 같다.

$$H_T = 56.6 + 67.82 \times Q^{1.85} \tag{6.4.1}$$

6.5 관련 예제 풀이 2

펌프 특성 곡선은 유량을 변화시킴에 따라 양정, 효율, 동력의 변화 관계를 규정한 것으로서 초기 설계 시에는 펌프의 특성을 나타내는 비속도의 수치에 따라 작성하는 방법을 사용한다.

펌프의 비속도가 결정되면 유량-양정, 유량-효율, 유량-동력의 변화비를 결정할 수 있으므로, [그림 6.5.1]과 같은 제작시의 Catalog에서 관련 자료를 유추하여 분석하게 된다. 즉, 예를 들어, 펌프 설계 시 시방이 다음과 같이 결정되었을 경우 비속도는 식 (6.5.1)과 같이 계산할 수 있다.

- 펌프형식 : 양흡식 원심펌프
- 펌프유량 : $Q = 9m^3/\min$
- 펌프양정 : $H = 70m$
- 펌프 회전수 : $n = 1750rpm$

$$N_s = n \cdot \frac{\sqrt{Q}}{H^{3/4}} = \frac{1750 \times \sqrt{\frac{9}{2}}}{70^{0.75}} = 153\,[rpm \cdot m^3/\min \cdot m] \tag{6.5.1}$$

비속도가 153인 유사한 펌프를 제작사의 catalog에서 [그림 6.5.1]과 같이 선택할 수 있는데, 이때 주의하여야 할 점은 펌프의 최대효율점이 설계점이 되도록 유량, 양정을 구하여야 한다는 것이다.

- 펌프형식 : 양흡식 원심펌프(효성펌프 HDR150-400)
- 펌프유량 : $Q = 580\,m^3/hr = 9.7\,m^3/\min$
- 펌프양정 : $H = 75m$
- 펌프 회전수 : $n = 1750rpm$

이때 비속도를 구하면 식 (6.5.2)와 같은데, 식 (6.5.1)과 유사함을 알 수 있다.

$$N_s = n\frac{\sqrt{Q}}{H^{3/4}} = \frac{1750 \times \sqrt{\frac{9.7}{2}}}{75^{0.75}} = 151\,[rpm \cdot m^3/\min \cdot m] \tag{6.5.2}$$

이때의 관련 펌프 특성 곡선은 [그림 6.5.1]과 같다.

제 6 장 펌프 특성 곡선과 관로 저항 곡선

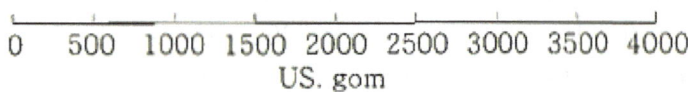

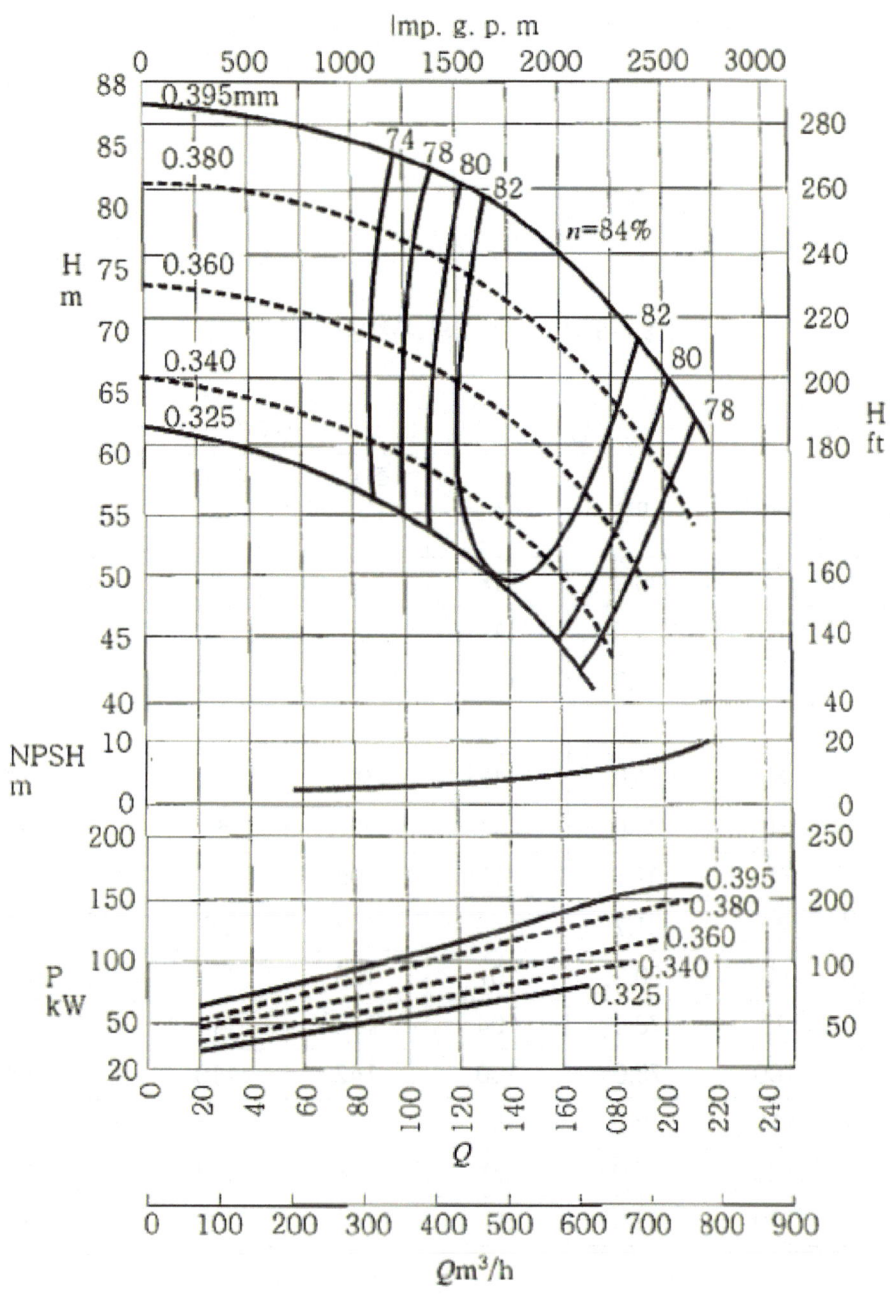

[그림 6.5.1] 선택된 펌프 특성 곡선

[그림 6.5.1]는 최대효율점, 즉 설계점에서의 유량과 양정을 100%로 기준하여 작성되었다. 가능하면 세분하여 간격을 좁게 하도록 한다. 그렇게 작성을 하게 분석수치와 유추식의 수치가 더욱 근접하게 된다. 따라서 여기서는 최소 10%를 단위로 하여 유량의 변화비로써 양정의 변화를 작성하고, 또한 catalog에서 축동력의 변화를 구하고 이를 이용하여 식 (6.5.3)과 같이 효율을 구할 수 있다. 식 (6.5.3)을 이용하여 유량, 양정 및 동력을 계산한 결과는 [표 6.5.1]과 같다.

$$\eta_p = \frac{수동력}{축동력} = \frac{\gamma(9.8kN/m^3) \times Q(m^3/\sec) \times H_T(m)}{축동력}(kW) \quad (6.5.3)$$

[표 6.5.1] 펌프특성의 무차원화(%)

유량		양정		동력(kW)		펌프효율 η_p(%) L_w/L_s
m^3/hr	%	m	%	축동력 L_s	수동력 L_w	
0	0	86.0	115	-	0	0
58	10	85.5	114	65	14	22
116	20	84.6	113	71	27	38
174	30	84.5	113	80	40	50
232	40	84.0	112	90	53	59
290	50	83.0	111	95	66	69
348	60	82.5	110	105	78	74
406	70	81.7	109	112	90	80
464	80	80.2	107	125	101	81
522	90	78.0	104	133	111	83
580	**100**	**75.0**	**100**	**142**	**119**	**84**
638	110	72.0	96	150	125	83
696	120	67.0	89	158	127	80
754	130	63.0	84	162	129	79

[표 6.5.1]에서 유량, 양정, 효율의 단위는 각각 m^3/sec, m, %이고 엑셀의 추세선 기능을 이용하여 공식으로 유도하면 된다. 이때 공식의 order를 높게 할수록 정밀한 수치를 얻을 수 있으나 너무 높게 하면 계산하기에 상당히 복잡해지므로 여기에서는 엑셀을 이용하여 [그림 6.5.2]와 같이 2차식으로 유도하기도 한다. 보통, 추세선 즉, 곡선접합 수식을 이용하면 식 (6.5.4)와 식 (6.5.5)

와 같이 양정과 효율의 식을 정확하게 구할 수 있다. 즉 이렇게 구하는 이유는 관로저항곡선을 구하고 이에 대한 운전점을 찾기 위함이다.

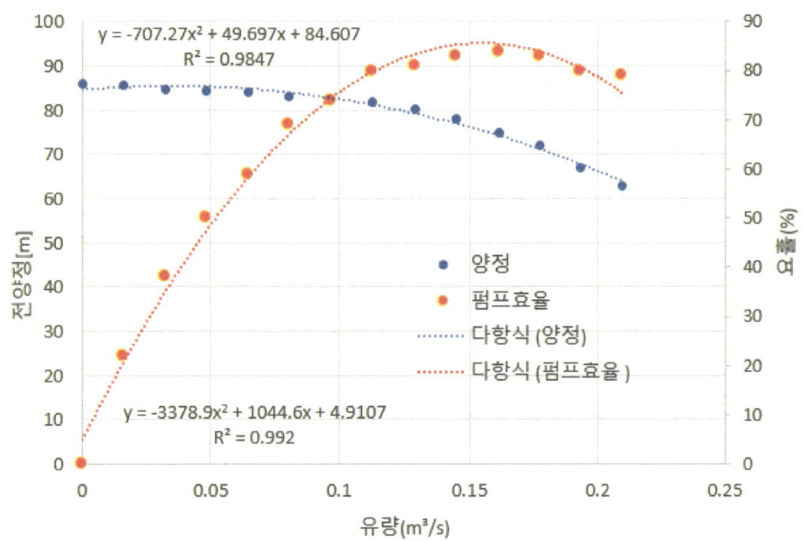

[그림 6.5.2] 엑셀로 구해진 펌프 특성 곡선

$$H = -707.27Q^2 + 49.697Q + 84.607 \tag{6.5.4}$$

$$\eta = -3,378.9Q^2 + 1044.6Q + 4.9107 \tag{6.5.5}$$

$$H_T = 56.6 + 67.82 \times Q^{1.85} \tag{6.4.1}$$

[그림 6.4.1]과 같은 다목적댐을 취수원으로 하여 설계하는 경우, 펌프의 실양정을 계산하기 위해서는 기준 수위(MWL $84m$)를 정하게 되는데, 이 기준 수위는 대체적으로 평균 수위보다 높은 경향이 있다. 만약 댐 수위가 기준 수위보다 높게 되면(HWL $93m$) 실양정이 $47.6m$로 감소된다.

$$h_a = H_T - H_L = 140.6 - 84 = 56.6m$$

$$h_a = H_T - H_L = 140.6 - 93 = 47.6m$$

따라서, 관로 특성 곡선이 전체적으로 수직으로 하강하게 되므로 펌프와의 교차점이 오른쪽으로 이동되고, 과다 유량으로 인한 모터가 과부하 걸리게 된다.

반대로, 댐 수위가 기준 수위보다 낮게 되면(EL $74m$) 실양정은 $66.6m$로 증가한다. 따라서 관로 특성 곡선이 전체적으로 수직 상승하게 되므로, 펌프와의 교차점이 왼쪽으로 이동되어 설계 유량을 송수할 수 없는 문제점이 발생된다.

$$h_a = H_T - H_L = 140.6 - 74 = 66.6m$$

단, [그림 6.5.3]은 펌프 1대 유량이 $Q = 580m^3/hr = 0.16\,m^3/s$이고, 식 (6.4.1)의 관로 저항 곡선은 $Q = 0.49m^3/s$이므로, 운전 양정이 $75m$와 교차가 되지 않는다. 이는 3대를 병렬운전 해야 [그림 6.5.4]와 같이 교차점을 얻을 수 있는 확인할 수 있다.

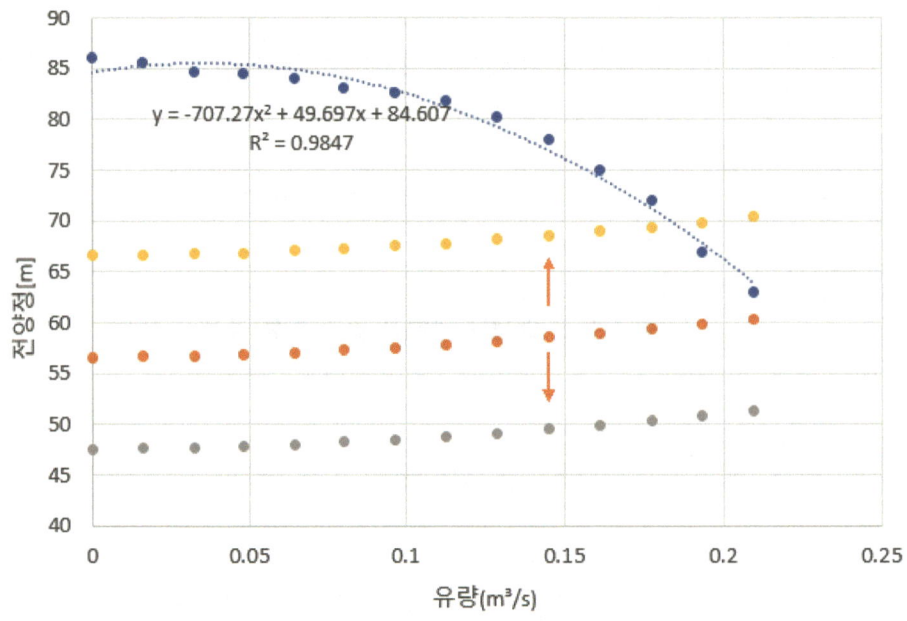

[그림 6.5.3] 실양정 변화에 따른 관로 특성 곡선 변화

제 6 장 펌프 특성 곡선과 관로 저항 곡선

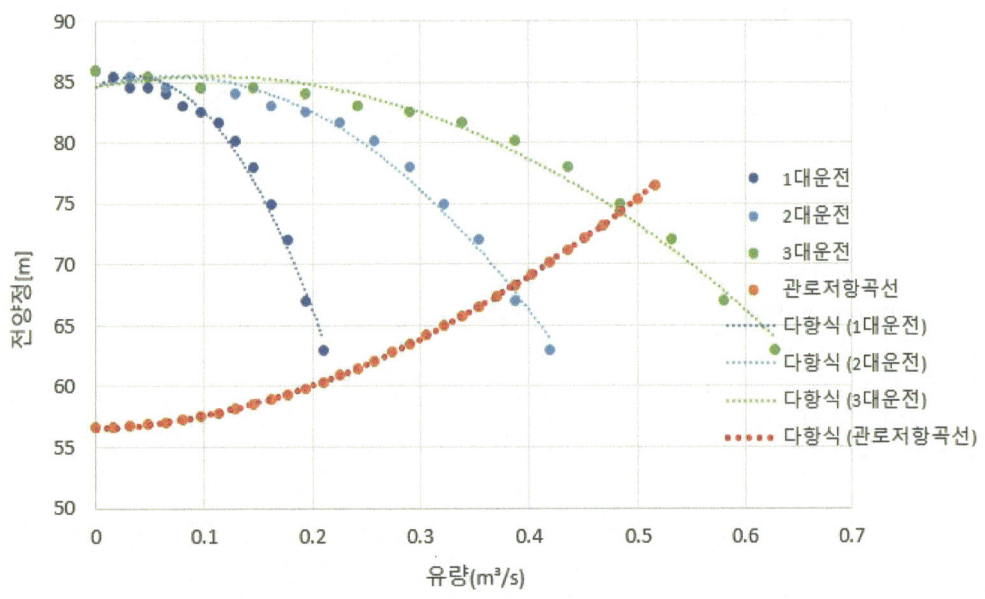

[그림 6.5.4] 병렬운전과 관로 특성 곡선의 교차점

6.6 전력원단위

6.6.1 개요

전력원단위(Specific Power)란 펌프를 1시간 동안 가동하여 소비된 전력량을 송수한 물의 양으로 나눈 값을 말하며 식 (6.6.1)과 같다.

$$P_s = \frac{L_s}{Q_t} \left[\frac{kWh}{m^3}\right] \tag{6.6.1}$$

여기서 $L_s = \dfrac{\gamma \times Q \times H}{\eta_m \times \eta_p}$: 펌프 축동력(kW)

H : 펌프 가동시간(hr)

Q_t : 펌프의 1시간 양수량(m^3)

Q : 펌프의 순간 양수량(m^3/hr)

η_p : 펌프효율(%)

η_m : 모터효율(%)

P_S를 간략화하기 위해 식 (6.6.2)을 정리하면 식 (6.6.2)와 같다.

$$P_S = \frac{\gamma(kN/m^3) \times Q(m^3/s) \times H(m)}{Q_t(m^3) \times 3600(s/hr) \times \eta_m \times \eta_p} kWh/m^3 \quad (6.6.2)$$

식 (6.6.2)에서 비중량(γ)는 수온에 따라 다르나 $9.8 kN/m^3$ 상수로 볼 수 있으므로 식 (6.6.3)과 같다.

$$P_S = \frac{9.8 \times H}{3600 \times \eta_m \times \eta_p} = 0.002722 \frac{H}{\eta_m \times \eta_p} kWh/m^3 \quad (6.6.3)$$

모터의 효율은 부하의 변화에 따라 거의 변화가 없고, 대형모터의 경우 효율은 약 98%에 이르므로 $\eta_m = 0.98$로, 상수로 간주할 수 있으므로 다시 간략화시키면 식 (6.6.4)와 같다.

$$P_S = \frac{0.002778 H}{0.98 \times \eta_p} = 0.002778 \frac{H}{\eta_p} kWh/m^3 \quad (6.6.4)$$

흔히, 전력원단위를 낮추기 위해서 식 (6.6.1)으로부터 펌프를 1시간 가동할 때 소비된 전력량(kWh)을 1시간 동안 송수한 유량(m^3/hr)으로 나누기 때문에 가능한 단위 시간 동안 많은 유량을 송수하면 되는 것으로 착각하기 쉽다. 그러나 유량은 동력과도 관련이 있어 식 (6.6.4)에서 나타낸 것처럼 **전력원단위는 오직 펌프의 운전양정과 효율과의 관계로만 정의된다.**

따라서, 펌프 토출밸브 개도 조정 등으로 운전양정이 높거나 또는 효율이 나쁘면 전력원단위가 상승하고, 반대로 운전양정이 낮거나 펌프의 효율이 좋으면 전력원단위는 하락(개선)하게 된다.

6.6.2 전력원단위 개선 방법

전력원단위를 개선하려는 방법은 아래와 같다.
- 펌프의 효율을 좋은 것을 선택한다.
  (원심 펌프의 경우 $N_s = 250 rpm \cdot m^3/min \cdot m$ 최대효율은 92%).
- 같은 비속도를 갖는 펌프라 할지라도 양정이 작으면 전력원단위가 작아진다.
- 대부분의 원심 펌프의 경우 설계 유량점 이상에서 운전하게 되면 유량이 증가하는 반면 양정과

펌프의 효율은 저하하게 된다.
- 유량-효율 곡선의 기울기는 [그림 2.1.5](c) 효율 곡선에 따라 비속도가 큰 펌프는 기울기가 가파르고, 비속도가 작은 펌프는 기울기가 완만하므로, 운전범위의 변화 대응에 좋은 펌프를 선택하라.
- 예를 들어, 유량을 130% 송수하게 되면 양정은 설계양정보다 16% 저하되며 효율도 최고효율보다 6%정도 떨어지게 되어, 전력원단위는 아래와 같이 약 90%정도 감소된다.

$$P_S \approx \frac{H}{\eta_P} = \frac{0.84}{0.94} = 0.90$$

- 원심 펌프의 경우 가능하면 캐비테이션으로 설계유량의 120%이상 및 60%이하에서 운전하는 것을 금하도록 권장하고 있다.

6.6.3 전력원단위 계산

전력원단위를 검토하기 위해서는 모터의 효율, 역률 등을 고려해야 하나, 여기서는 단순화하기 위해 무시하자. 만약, 1시간 동안 효율이 $\eta_m = 0.92, \eta_p = 0.90$인 펌프 1대를 운전($Q = 588$ ($m^3/hr(0.1633 m^3/s \times 3600)$, $H = 74.8 m$)하게 되면, 소요동력은 $144.5 kWh$이 되고, 전력원단위는 $0.2315 kWh/m^3$이 된다.

$$L = \frac{\gamma \times Q \times H}{\eta_m \times \eta_P} = \frac{9.8 \times 0.1633 \times 74.8}{0.92 \times 0.90} = 144.5 kW$$

이를 전력원단위에 대입하면 다음과 같다.

$$P_S = 0.002778 \frac{75}{0.9} = 0.2315 kWh/m^3$$

제 7 장 연합운전

> ▶ 펌프운전은 1대로만 운영되지 않는다. 이에 직렬과 병렬운전시 특성을 정확히 파악해야 하여 관로 저항 곡선과 함께 운전점을 찾아야 한다.
> ▶ 쉬울 것 같지만, 펌프의 특성을 모르면 쉽지 않으니 잘 공부하자.

7.1 개념

펌프의 운전조건을 관로 저항 곡선과 같이 고려하여 보았을 때, 주어진 펌프 서비스에 적합한 펌프 운전조건들이 설계 유량점에서 설계 양정을 충족시키지 못할 수 있다. 이에 펌프 관로 저항 곡선은 실양정(상승 양정)과 설계 유량까지 유량의 증가로 인하여 속도에너지의 증가로 나타내는 손실 양정(마찰증가)변화의 대수합으로 구할 수 있다.

펌프를 이용하여 설계 유량점에서 압력조건을 충족시키기 위해서는 펌프 제조업체의 카탈로그에서 제시된 최대 압력 안의 범위에서 설계된 펌프의 유량 변화를 고려하여야 한다. 그러나 관로 저항 곡선의 설계 유량점에 맞추기 위해서는 [그림 7.1.1]과 같이 펌프 2대 혹은 더 많은 펌프를 이용하여 연합운전을 하여야 한다.

[그림 7.1.1] 연합운전하고 있는 펌프장

7.2 직렬운전

1개의 펌프로 설계 유량점에서 요구되는 양정을 충족시키지 못한다면, 1개의 케이싱내 1개의 구동축 상에 2개 혹은 여러 개의 임펠러를 이용하는 다단펌프를 이용하여야 한다. 또한, 이러한 경우에 많이 사용되는 펌프로써는 다단 설계로 제작된 편흡입 다단 펌프와 임펠러의 양옆으로 흡입되는 양흡입 펌프, 수직 터빈펌프 등이 있다. 이럴 때에도 원하는 설계 유량점에서 요구되는 양정을 충족시키지 못한다면 [그림 7.2.1]과 같이 직렬로 운전해야 한다.

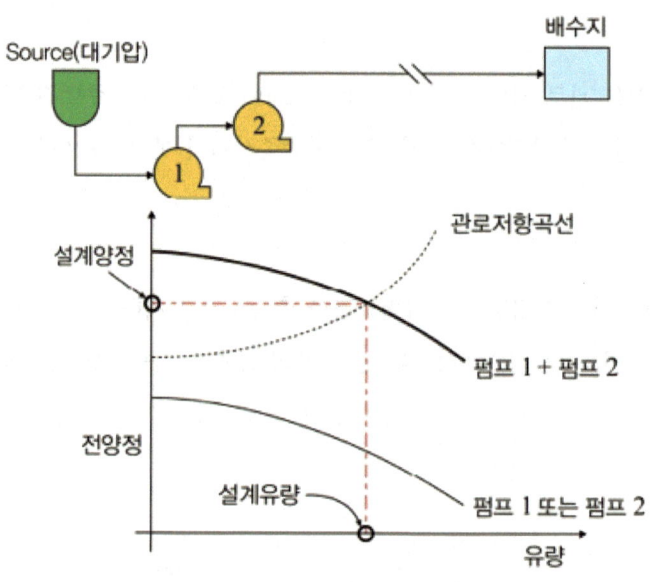

[그림 7.2.1] 원심펌프의 직렬운전 경우

직렬운전은 양정 조건(요구 압력조건)을 충족시키기 위하여 펌프를 2대 또는 더 많은 장치를 직렬로 연결한 일반적인 운전방법이다. [그림 7.2.1]과 같이 2대 원심 펌프가 동일 펌프장 내에서 직렬로 운전되었다면 연합운전 곡선은 동일 유량점에서 각 펌프에 의해 생성되는 양정(압력)을 합하면 된다.

[그림 7.2.1]은 직렬로 운전되는 원심펌프에 대한 가장 일반적이면서 간단한 구성도이면서, 한 펌프장내 동일한 용량의 펌프 2대를 설치 결합한 것이다. 따라서, 1번째 펌프의 토출은 2번째 펌프의 흡입 배관으로 유입되고, 그 후 시스템으로 토출된다. 펌프의 용량이 동일하기 때문에 각 펌프에서는 동일한 압력을 생성하고 이때 관로 저항 곡선 식 (6.1.1)과 같이 얻을 수 있다. 물론 용량이 다른 펌프를 연결할 수도 있다.

[그림 7.2.1]에서 2번째 펌프는 더 높은 흡입 압력과 토출 압력을 위해서 설계돼야 한다. 왜냐하면, 더 높은 흡입 압력으로 인하여 이 펌프의 패킹에서 압력이 더 높아져야 하기 때문이다. 두 개의 펌프를 직렬로 연결할 때 관의 설치는 반드시 관을 일직선으로 설치해야 하며, 펌프 흡입 배관

의 지름보다 더 작으면 안 된다.

만약, [그림 7.2.2]와 같이 2개 펌프장 떨어져 있을 경우의 직렬운전은 매우 복잡하다. 또한, 2번째 펌프장 위치에서 흡입 압력은 반드시 조심스럽게 제어되어야 하고, 유체를 2번째 펌프장으로 송수하기 위해서는 1번째 펌프장은 설계 유량점에서 적당한 압력을 반드시 제공해야 한다. 그런 다음 2번째 펌프장은 반드시 설계 유량을 목적지까지 송수해야 한다. 이상적으로 1번째 펌프장의 전양정과 2번째 펌프장의 전양정이 같아지도록 2번째 펌프장을 위치시켜야 한다. 2번째 펌프장이 1번째 펌프장으로부터 멀리 떨어진 곳에 있다면, 2번째 펌프장의 흡입에서 수격현상 방지용으로 서지타워 또는 Stand Pipe의 설계하여 이를 보완해야 한다.[66]

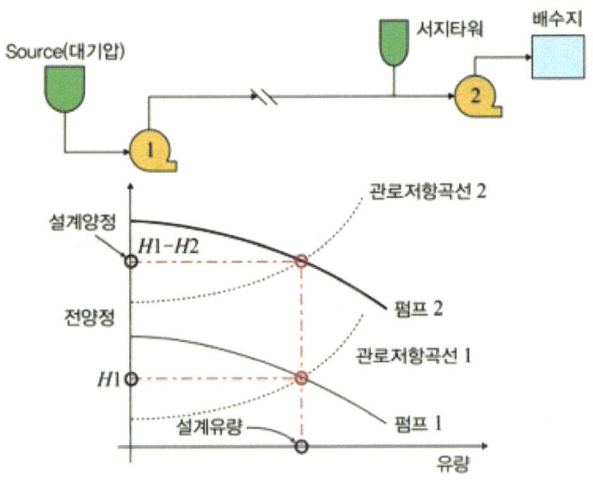

[그림 7.2.2] 멀리 떨어진 2개의 펌프장을 직렬 운전할 경우

만약, 수원지로부터 약 $30km$ 떨어진 펌프장보다 해발 $150[m]$ 이상 되는 곳에 물을 공급하기 위하여 펌프 시스템을 고려해보자. 주어진 관로 저항 곡선에 따른 설계 양정을 조절하기 위해서 3대의 가압 펌프장이 직렬운전하도록 설치되었고, 따라서 3대의 가압 펌프장의 전양정은 같게 설계되었다. 왜냐하면, 펌프장마다 착수정이 없이 인라인 연결(펌프장 토출 배관으로부터 다음 펌프장에 있는 펌프들의 흡입 배관으로 물이 직접 유입되는 시스템)이였기 때문이다.

이런 시스템은 [그림 7.2.2]와 유사한 시스템으로 서지 압력의 계산과 기동 시 발생하는 많은 고려사항을 해결하기 위하여 많은 제이 밸브와 센싱 시스템(감지 시스템)을 고려해야 한다.

유량이 1번째 펌프장의 토출 배관으로부터 2번째 펌프장의 흡입 배관으로 직접 유입된다면, 즉, 착수정이 없다면 각 펌프장의 전양정은 설계 유량점에서 반드시 정확하게 산출되어야 한다. 설계 유량점에서 2번째 펌프장의 필요 흡입양정(NPSHre)에 부합시키기 위하여 적당한 흡입 압력을 가져야 하면, 유체가 2번째 펌프장에 도달하기 위한 압력을 공급하도록 1번째 펌프장은 설계되어야

---
[66] 12장에서 자세히 공부한다.

한다. 2번째 펌프장은 그 펌프장의 시스템 요구 조건에 맞도록 설계되어야 한다.

7.3 병렬운전

7.3.1 개념

때때로 한 사업장에서 두 대의 펌프 운전 또는 그 이상의 펌프를 [그림 7.3.1]과 같이 운전하는 경우를 병렬운전이라 한다. 펌프장에서 특이한 경우를 제외하고 직렬보다는 병렬운전이 일반적이다.

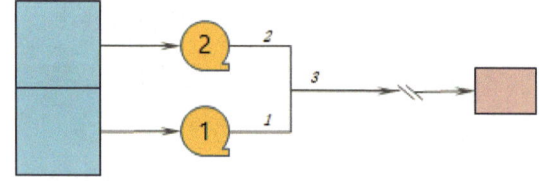

[그림 7.3.1] 병렬 운전의 일반적인 개략도

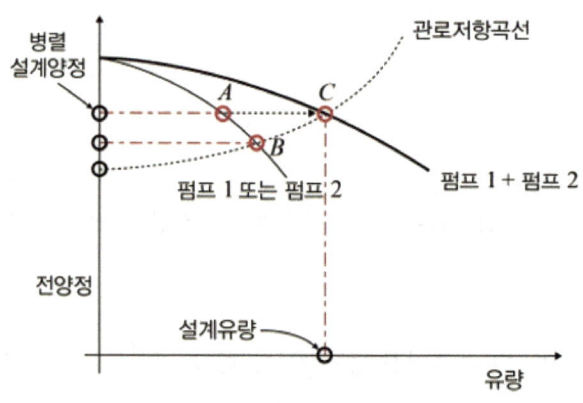

[그림 7.3.2] 펌프의 병렬 운전시 연합운전 특성 곡선

수요지에 용수를 공급하기 위하여 간단하게 [그림 7.3.1]과 같이 2대의 동일한 펌프 시스템을 가정하자. 만약 원심 펌프를 사용하였다면, 펌프의 유량-양정 곡선 상에서 펌프 성능 곡선은 [그림 7.3.2]와 같다. 병렬운전의 양정은 동일한 양정에서 유량증가를 더해주면 된다. 이때 관로 저항 곡선에 따른 운전점은 펌프 1+2에 대한 양정 곡선에서 교차점으로 나타난다. 즉, 2대의 동일 펌프가 병렬로 운전되었다면, 같은 양정에서 펌프의 유량을 2배로 더해주면 된다.

이 교차점의 양정은 1대만 운전할 때의 양정보다는 높다. 이는 관로 저항에 의한 손실 때문이다. 단독펌프의 운전점에서 펌핑되는 운전 유량점을 구하는 방법은 [그림 7.3.2]에 표시된 A점에서 각각 펌프의 유량을 체크하고, 1대 펌프의 양정곡선에서 유추하면 된다. 따라서 2대의 펌프가 병렬로 운전될 경우 관로 저항 곡선은 유량에 따라 증가할 것이고, 병렬펌프의 설계 유량은 단독으로 펌프가 운전할 경우보다 적은 유량이 토출된다. 왜 그럴까 생각해보자.

병렬운전 시 크기가 다른 펌프가 사용될 경우는 [그림 7.3.3]과 같다. 만약 펌프가 단독으로 운전될 경우, 각 펌프는 관로 저항 곡선과 양정의 교차점에서 계산된 유량을 토출하게 된다. 펌프의 병렬운전 시 같은 양정에서 유량을 더하면서 전체 유량의 관점에서 보았을 때 [그림 7.3.3]의 빨간색으로 표시된 새로운 양정 곡선을 얻을 수 있고 관로 저항 곡선에서 새로운 교차점 C점을 얻을 수 있다. 이런 경우를 소유량과 대유량 펌프의 병렬운전이라 한다. 이런 운전의 경우 때때로 소유량 펌프는 용수를 토출하지 못하는 경우가 발생하게 된다. 이는 관로 저항이 소유량 펌프의 체절양정을 초과하기 때문이다.

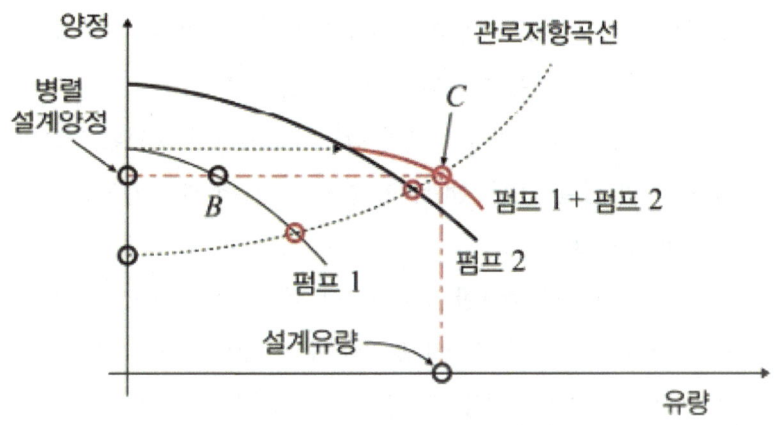

[그림 7.3.3] 크기가 다른 펌프를 이용하여 병렬운전시 연합운전 특성곡선

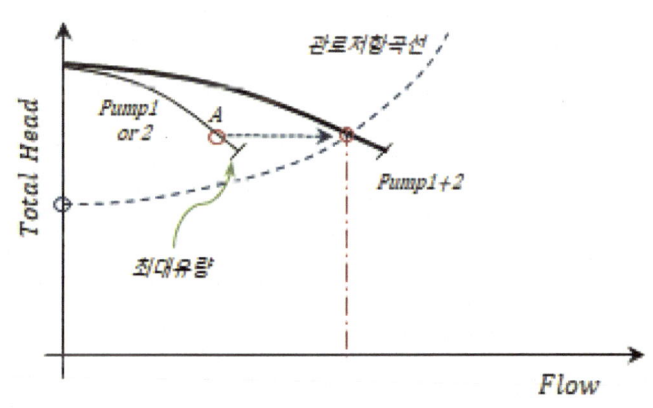

[그림 7.3.4] 크기가 다른 펌프들의 병렬운전시 문제점

[그림 7.3.4]는 펌프가 시스템에서 병렬운전뿐만 아니라 단독 운전시 원활한 운전 여부를 확인하는 것의 중요성을 설명하고 있다. 2대의 펌프 운전의 양정은 유량 범위 안에서 관로 저항 곡선과

교차한다. 그러나 관로 저항은 펌프 1대가 단독으로 운전할 때의 펌프 유량 한계에 도달하지 못하고 있다(A점 참조).

대부분 연합운전은 원심 펌프를 사용한다. 이때 제조자들은 항상 최소와 최대 유량 한계점을 제공해야 한다. 최대 유량 한계점 또는 run out조건은 최고 효율점(BEP) 유량의 약 $20\,[\%]$ 이상이다. 이 지점에서 운전될 때 원심 펌프의 NPSHre은 유량의 지수승($1.5 \sim 2.0$승)으로 증가되고, NPSHav를 초과하게 되며 그 결과로 캐비테이션이 발생된다. 소음과 진동은 run out조건에서 운전될 때의 발생하는 또 다른 피해현상이다.

병렬운전에 있어서 몇 가지 가이드라인을 제시하면 아래와 같다.

-. 임계점에서 운전될 때에는 백업용 펌프를 이용한 병렬운전 필요.
-. 변화되는 유량 수요를 원활히 충족시키기 위하여 변속운전을 고려하거나 병렬운전시 2대 또는 많은 댓수의 펌프를 가급적 사용.
-. 정확한 유량을 공급하여야 한다면 펌프 시스템에서 선택된 펌프의 단독운전 및 병렬운전에 상관없이 펌프가 원활하게 운전되는지를 반드시체크 필요.
-. 크기가 다른 펌프를 이용한 병렬운전시 대형펌프와 고장이 났을 때 나머지 설비로 최대 유량까지 펌핑할 수 있어야 한다.
-. 크기가 동일한 펌프를 이용한 병렬운전시 각 펌프가 유사 운전시간을 맞추어주기 위하여 각 펌프가 일정하게 운전되고 있는지를 확인하기 위하여 각 펌프에 적산전력계 사용 필요

7.4.2 변속 운전하는 병렬 펌프

병렬운전 시 펌프의 최소 그리고 최대 유량 범위 폭이 얼마큼 되는지 그리고 이런 범위가 펌프에게 어떤 영향을 미치는가에 대하여 살펴보자.

[그림 7.3.4]는 최대 운전속도에서 운전 중인 두 대의 동일한 펌프에 대한 운전점을 표시하고 있다. 두 대의 펌프가 병렬 운전할 때, 각각의 펌프는 적은 유량을 토출하지만, 두 대의 펌프는 자체적으로 운전하는 한 대의 펌프보다 더 많은 토출한다는 것을 주목하자.

[그림 7.3.4]는 두 대의 동일한 병렬 펌프의 유량에서 높은 마찰 손실 시스템에 따른 운전점 A를 표시한다. 설계 시스템의 마찰 손실이 감소함에 따라, 운전점인 [그림 7.3.4]에서 B점과 C점과 같이 두 번째 펌프의 유량을 더하므로 유량이 증가한다는 것을 주목하자. [그림 7.3.4]에서 표현된 사항은 모든 펌프에 해당된다.

논글러그와 고형물을 다루는 특수한 임펠러 설계에 대하여 고려할 때, 감소된 유량에서의 운전은 반드시 신중하게 분석돼야 한다. 제조업체는 최대 효율에서 유량에 대한 비율로서 이러한 설계를 할 때 최소유량으로 하도록 권장하거나 성능 곡선에서 최소유량 범위선으로 설계하여야 한다.

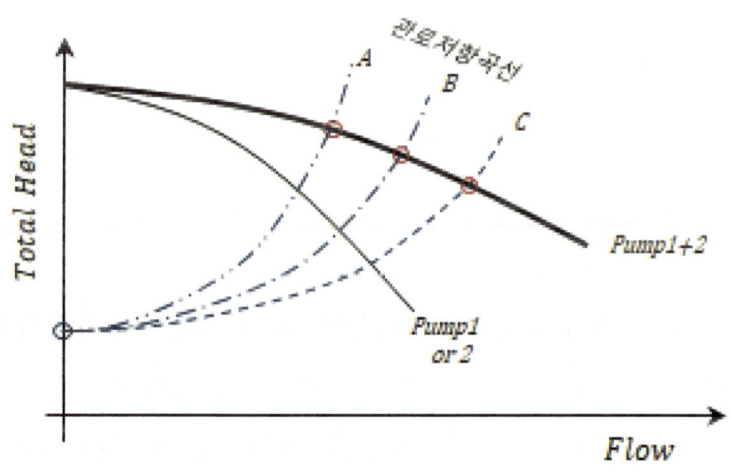

[그림 7.3.4] 병렬 운전하는 두 대의 펌프 연합 곡선

7.3.3 병렬운전시 운전점 계산

관로 저항 곡선이란 펌프의 특성 곡선과 관로의 특성 곡선을 동시에 나타낸 그래프이며, 이 두 그래프가 만나는 점이 운전점이다. 예를 들어, [그림 7.3.5]와 같이 펌프가 단독운전일 경우 펌프 1대의 HQ 특성 곡선과 관로 저항 곡선이 교차하는 a점이 단독펌프의 운전점이 되며, 이때의 효율은 운전점 a로부터 수직으로 연장하여 교차되는 점 i이 효율점이다.

2대 병렬운전일 경우 HQ 특성 곡선과 관로 저항 곡선이 교차되는 b가 병렬 운전점이 되며, 이때 펌프의 운전점에서 효율은 동일 양정점으로 연결하여 교차하는 점 h가 된다. 마찬가지로 3대 병렬운전일 경우 각 병렬운전의 HQ 특성 곡선과 관로 저항 곡선이 교차되는 d점이 병렬운전점이 되며, 이때 3대 운전의 효율점은 동일 양정점으로 연결하여 교차하는 점 f가 된다.

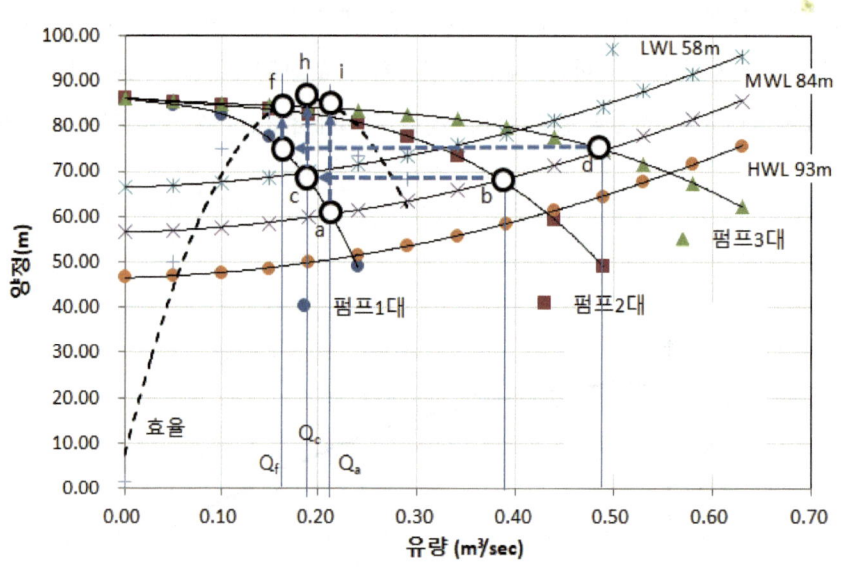

[그림 7.3.5] 병렬운전시 관로 저항 곡선을 통한 운전점과 효율점

상기에서 알 수 있는 바와 같이 각 펌프의 유량은 단독 운전할 때가 병렬 운전할 때보다 크나 ($Q_a > Q_c > Q_f$) 양정은 단독 운전할 때가 병렬 운전할 때보다 작다($H_f > H_c > H_a$). 원심 펌프의 유량 변화에 따른 동력변화는 [그림 2.1.5](b)에서 보듯이 유량이 커지면 커질수록 동력이 증가하는 경향을 나타내고, 반대로, 사류나 축류펌프는 유량이 커질수록 동력이 감소하는 경향을 나타낸다. 따라서 여러 대의 펌프를 병렬 운전하는 조건으로 설계된 펌프장에서 1대의 펌프로 단독 운전할 경우 유량의 과다로 인해 과부하가 걸릴 수 있으므로 주의해야 한다.

특히, 수자원공사(K-Water)와 같은 공공기관에서는 다목적댐을 취수원 또는 지자체의 착수정을 배수지로 하여 설계할 수가 있다. 즉, 댐이나 지자체의 수원을 목적으로 펌프장을 설계할 때, 지자체와 펌프장과의 협조가 되지 않아, 펌프장의 실양정을 산정하기 어려움을 호소하곤 한다.

이러한 영향을 설명하기 위하여 [그림 7.3.5]에서 보듯이 기준 수위(EL $84\,[m]$)를 정하게 되는데, 이 기준 수위는 대체적으로 평균 수위보다 높은 경향이 있다. 지자체 탱크의 수위가 기준 수위보다 높게 되면(EL $94\,[m]$) 실양정이 감소됨에 따라, 관로 특성 곡선이 전체적으로 수직 하강하게 되므로, 펌프와의 교차점이 오른쪽으로 이동되고, 과다 유량으로 인한 모터가 과부하가 걸리게 된다. 반대로, 지자체 탱크의 수위가 기준 수위보다 낮게 되면(EL $74\,[m]$) 실양정이 증가한다. 따라서, 관로 특성곡선이 전체적으로 수직 상승하게 되므로 펌프와의 교차점이 왼쪽으로 이동되어 설계 유량을 송수할 수 없는 문제점이 발생되므로 매우 신중하게 펌프장을 설계해야 한다.[67]

실제로 [그림 6.1.3]과 같은 펌프장의 연합운전시 실제 운전데이터에 따라 운전점이 결정되고 있음을 알 수 있다. [그림 6.1.3]내에서 나타낸 심볼은 1대 운전, 2대 운전, 3대 병렬 운전할 때의 운전점을 시계열을 무시하고 나타낸 것이고, 관로 저항 곡선이 식 (6.1.1)과 같이 계산되었음을 알 수 있다.

펌프의 운전조건을 관로 저항 곡선과 같이 고려하여 보았을 때, 주어진 펌프 서비스에 적합한 펌프 운전조건들이 설계 유량점에서 설계 양정을 충족시키지 못할 수 있다. 펌프의 관로 저항 곡선은 실양정(상승 양정)과 설계 유량까지 유량의 증가로 인한 속도에너지의 증가로 나타내는 손실 양정(마찰증가) 변화의 대수합으로 구할 수 있다.

7.3.4 원심펌프 이외의 펌프를 사용할 경우

용적형 펌프를 이용하여 설계 유량점에서 압력조건을 충족시키기 위해서는 펌프 제조업체의 카탈로그에서 제시된 최대압력 안의 범위에서 설계된 펌프의 용적 변화를 고려하여야 한다. 그러나, 관로 저항 곡선의 설계 유량점에 맞추기 위해서는 펌프 2대 혹은 더 많은 펌프를 이용하여 병렬운전을 하여야 한다.

고형물이 존재하는 유체를 이송할 때는 논-클로그 펌프, 슬러리 펌프 등을 이용하고, 이에 대한 펌프는 단단 펌프로 설계되어야 한다.

양정 조건(요구 압력 조건)을 충족시키기 위하여 이러한 펌프들을 2대 또는 더 많은 장치를 직렬로 연결하여 운전하여야 한다.

---

[67] 이 경우는 취수원의 수위변화를 의미하고, 배수지의 수위변화도 같은 맥락에서 검토할 수 있다.

제 8 장 변속운전

> ▶ 펌프를 설계된 시방점에서 반드시 운전될 수 없다.
> ▶ 단독 운전이던 연합 운전이던 운전점을 변경해야 할 때 최대효율점에서 운전되는 방법이 변속운전이다. 이런 운전의 특징을 살펴보았다.

8.1 개념

변속장치는 [그림 8.1.1]과 같이 일반적으로 전기적, 기계적 또는 유체에너지를 사용하여 펌프의 운전속도를 변경시켜주는 장치이다. 따라서, 변속장치를 이용하면 사용된 전기의 절약이 가능하다. 즉, 사용자가 원하는 운전을 제어 밸브의 개폐에 의하지 않고, 프로세스의 운전과 프로세스의 효율을 향상[68]시킬 수 있다. 다만, 단점으로 고가 장치를 설치해야 한다.

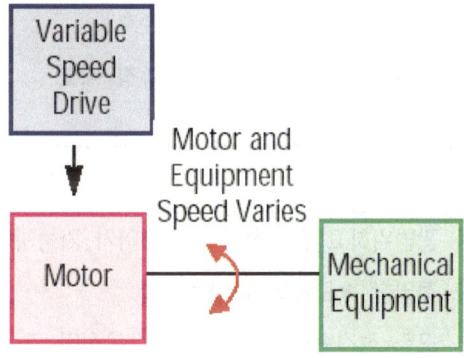

(a) 속도가 변하는 모터에 변속구동장치를 적용한 경우

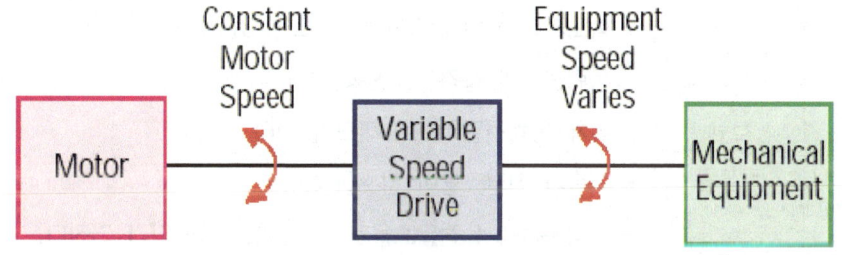

(b) 속도가 일정하게 운전되는 모터에 변속 구동장치를 적용한 경우

[그림 8.1.2] 변속 운전장치의 적용 개략도

---

[68] 이러한 이유는 2장에서 언급이 되었다.

변속장치 기술의 주요 장점은 전기적인 에너지 소비의 감소로 인하여 얻어지는 경제적 이득이지만, 아래와 같은 장점들도 있다.
-. 프로세스 중 좀 더 세밀한 제어는 내부 구성품과 밀봉장치에 미치는
　힘의 감소와 운전성능 향상도 포함한다.
-. 변속장치의 설치는 컨트롤(Control)밸브를 설치한 것에 비하여,
　유량제어를 효과적으로 할 수 있다.
-. 밸브관련 히스테리(Hysteresis) 성분을 제거시킬 수 있다.

8.2 변속장치의 종류

변속 방법에는 [표 8.2.1]과 같이 기계적 방식과 전기적 방식이 있다. 전기적인 방법 중에서는 대표적으로 인버터(VVVF)방식과 극수변환 모터를 사용하는 방식이 주로 사용되며, 기계적인 방법은 대용량은 유체커플링 방식, 소용량은 VS(Variable Speed) 커플링 방식이 주로 사용된다.

[표 8.2.1] 변속 방법 특징 비교

구분	방식	특징
전기적 제어	인버터	- 광범위하고 연속적인 속도제어가 가능하다. - 정밀한 속도제어가 가능하다. - 모터 정격속도이상의 속도로 운전이 가능하다. - 부하변화에 따른 전체적인 효율이 우수하다.
	극수변환 모터	- pole change 할 수 있는 전용 모터가 필요하다. - 제어회로가 약간 복잡하다. - 속도제어가 단계적이다. (2 또는 3단계)
기계적 제어	유체 커플링	- 동력전달의 충격 및 진동 완화 - 유체 동력전달이므로 마모가 없다. - 저속시 전달효율이 감소한다. - 정격운전에서 전달효율로 인해 축동력이 약간 커진다.
	VS 커플링	- 회로 구성이 간단하다, - 저속시 전달효율이 감소한다. - 주로 소용량에 적용한다. (110kW이하)

제 8 장 변속운전

[표 8.2.2] 유체 커플링과 VVVF에 대한 특징 및 장단점 비교

구 분	인버터 변속(V.V.V.F)	유체커플링 변속(FLUID COUPLING)
개략도		
작동원리	모터에 공급되는 전원의 주파수와 전압을 변경시켜 모터의 회전수를 강제로 변속한다. 농형전동기의 여자코일의 주파수를 변화시키는 방법이 주로 사용된다.	유체커플링은 유체의 운동에너지를 이용하여 동력을 전달하고, chamber내부 오일의 양을 변화시켜 피구동기계에 전달되는 토크를 변화하여 속도를 변속한다.
제어범위	10% ~ 100%	20% ~ 100%
효율	변속시 약 97%정도로 변화가 적다	변속시 64 ~ 96%
장점	·부하변화에 따른 전체적 효율이 우수 ·속도제어 범위가 크다 ·모터 및 펌프사이의 설치 공간이 필요 없다. ·정밀한 속도제어가 가능하다. ·소형동력전달의 경우 설치 및 보수유지기 간단히다. ·모터 정격속도 이상의 속도로 운전이 가능하다.	·동력전달의 안전성이 좋다 ·동력전달의 충격 및 진동을 완화. ·과부하 완충 및 방지 ·기동시 가동시간에 제한이 없다. ·유체동력전달이므로 마모가 없다. ·동력전달부품(연결커플링, 베어링)의 부하감소, 수명연장 ·내구성이 좋다(35년 이상)
단점	·전기설비의 많은 보호장비가 필요 ·시스템이 복잡하여 전문가 필요 ·모터수명 단축(전기적 shock) ·기동시 시간이 소요된다.(보통 120초) ·냉난방, 항습, 방진 시설 필요. ·급속한 기술개발로 부품의 품절이 우려	·모터 및 펌프사이의 설치공간이 필요 ·유체 커플링 자체의 slip에 따라 피동 기계의 최고 속도는 모터 자체의 정격 속도보다 2~3% 낮은 속도로 운전된다. ·커플링에서 발생하는 손실(열)을 냉각하기 위한 냉각수가 필요하다.

취수 펌프장이나 중간 가압장에 사용되는 대용량 펌프의 경우 인버터방식과 유체커플링방식이 주로 사용되며 [표 8.2.2]에 특징과 장단점을 중점 비교하였다. 이중 농형 모터용 인버터(VVVF)는 높은 에너지 효율과 운전의 용이하다.

8.2.1 유체커플링

1) 유체커플링의 역사

- 1907년 독일 훼팅거 박사 발명(유체커플링의 기본원리)
- 1954년 상업화
- 1962년 영월 화력 발전소, ID. FAN에 적용
- 한전의 발전소, ID. FAN, Boiler Feed Pump에 적용 (80%이상)
- 지역난방공사의 온수순환 펌프, BFP에 적용(90%이상)
- 최근 시멘트, 제철산업에 에너지 절감용으로 사용

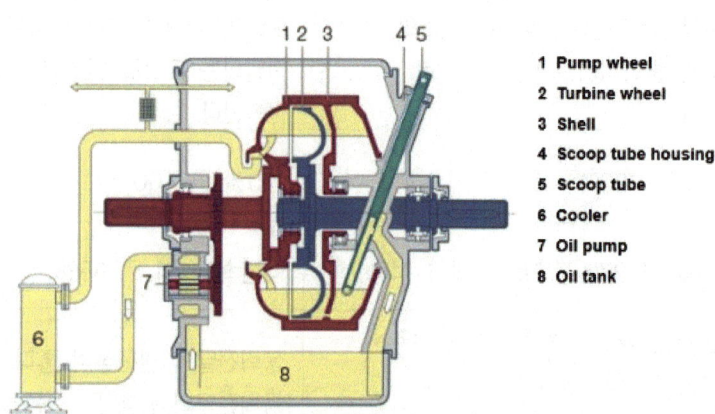

[그림 8.2.1] 유체커플링 구조와 사진[69]

---

[69] Construction, Working, Operation and Maintenance of Fluid Couplings

2) 유체커플링의 구조 및 원리

가. 구조

- 유체커플링은 [그림 8.2.1]과 같이 Impeller, Runner Casing, 구동축, 피동축으로 구성된다.
- Impeller에 작동유를 공급하는 Oil pump는 구동축에 의한 Timing Gear로 구동하여 Impeller내에 작동유를 증감하기 위한 Scoop Tube가 설치되어 있다.
- Box 하부는 Oil Tank이며, 흡입 Strainer, Oil Cooler, Relief Valve, 압력계, 압력 Switch, 온도계, 온도 Switch 등이 급유 Unit로 본체에 설치되어 있다.

나. 원리

- 모터와 연결된 1차 날개와 펌프와 연결된 2차 날개사이에 오일을 공급
- 회전하는 1차 날개가 전달하는 오일의 양을 조절하면 동력 전달 크기가 변화되며 2차 날개가 회전
- 오일의 양은 Scoop Tube로 조정 (오일의 양이 적을수록 Slip은 커지며, 회전에너지는 열로 변함)
- 오일의 공급은 커플링 축에 부착된 기어 펌프가 오일저장 탱크로부터 공급

다. 효과

- 터보기계의 경우 25~100% 속도제어
- Scoop Tube가 0%이면 구동축 회전이 피동축에 전달되지 않아 원동기 단독운전이 가능
- 완충작용 (오일 매개)
- 간단한 유지보수(마모 부분이 없음)
- 제어조작이 용이(Scoop Tube의 Actuator)

라. 동력 손실과 효율

- 동력 손실 : 정격 동력의 4~5%
- 미끄럼율 : 정격점에서 2~4%
- 효   율 : 정격점에서 95~99%

마. 설치시 주의사항

- 펌프, 모터 및 유체커플링의 축 중심 정렬(Alignment)

알기 쉽게 풀어 쓴 펌프이야기

- Dial Gauge의 1/100 공차이내
- 오일은 제작자 추천제품 사용
- 오일 누유확인 (오일 배관, 패킹류)

라. 유지관리
- 오일의 정기 교환
- 고장 원인 및 대책(아래표 참조)

고장	원인	대책
· 순환유 펌프가 운전되고 있는데 유압이 올라가지 않음	· 기름 주입기의 막힘 · 유량의 감소 · 순환유 펌프가 부적절	· 점검, 청소 · 적정한 양으로 한다. · 점검·수리
· 기름의 온도가 이상 상승.	· 과 부하 · 냉각수 부족	· 정격 부하로 사용 · 적정량 보충
· 유압이 이상 상승	· 순환유 계통의 막힘	· 배관계통 등을 분해 점검 · 청소
· 베어링 발열	· 그리스의 급유 부족 · 윤활유의 열화 · 축중심이 틀어짐 · 베어링의 손상	· 적정량 보급. · 기름 교체 · 축중심 조정(Alignment) · 점검, 수리 또는 교체
· 규정 회전속도가 나지 않음	· 순환유량 부족	· 적정량으로 한다.

8.2.2 인버터

1) 역사

산업용 유도전동기의 속도제어를 위해 사용되고 있는 인버터는 1950년대 미국의 GE에서 사이리스터 방식으로 처음 개발되어 시장에 등장한 이래 공장 자동화 분야를 중심으로 수요가 급속히 늘어나 이제는 전 세계적으로 가장 널리 사용되고 있는 전동기 가변속기기가 되었다.

국내에서는 80년대 초반 소개되어 초기에는 주로 공장 자동화 기기를 대상으로 생산성 및 품질 향상을 목적으로 사용되다가 점차 에너지 절약의 중요성이 대두되면서 에너지 절약을 목적으로도 폭넓게 사용되고 있다. 최근에는 부스터 펌프의 변속 제어에 사용되고 있다.

2) 정의

인버터는 [그림 8.2.2]와 같이 보통 가변속 VVVF(Variable Voltage Variable Frequency)라고 하며, 인버터는 모터에 공급되는 전원의 주파수와 전압을 변경시켜 모터의 회전수를 강제로 변속하는 방식의 기계를 의미한다.

[그림 8.2.2] 인버터[70]

---

70) http://www.resolutionindia.net/productwesell.htm

3) 인버터의 분류

오늘날 현장에서 주로 쓰이는 인버터는 보는 관점에 따라 여러 가지로 분류된다.

가. 제어형식
- 제어형식에 따르면 전통적으로 PWM(Pulse Width Modulation)을 채용한다. 전압형 (Voltage Source)인버터, 전류형(Current Source)인버터, 싸이클로 컨버터 등인데, 전류형 인버터는 한때 많이 사용되기도 했으나, 정류부 회로가 복잡하여 원가가 높고, 그만큼 신뢰성이 떨어지는 등의 단점이 있어서 지금은 거의 사용되지 않는다.
- 최근 제어 기술의 발달로 인하여 싸이클로 컨버터가 일부 현장에 적용되기도 하지만, IGBT(Insulated Gate Bipolar Transistor)를 사용할 때 메이커 입장에서 설계의 용이, 제어 회로의 간단화로 인한 원가 절감, 신뢰성의 증가, 효율의 증대 등의 이점을 활용할 수 있다.
- 사용자 입장에서 출력파형의 개선, 효율 증가 등의 이점이 있기 때문에, 현재는 대부분 인버터 전력소자로는 IGBT를 채용한 전압형 PWM 인버터이고, 현재 사용되는 인버터의 96%이상이 PWM인버터이다.

나. 전원조건
- 전원조건에 따르면, 220VAC/240VAC(115VAC), 380VAC, 460VAC/ 480VAC, 575VAC, 3.3kVAC, 6.6kVAC 등이 있는데, 220VAC는 상대적으로 약전이고, 일부 가정용 등에 적합하여 전체의 약 30%정도가 사용되고, 일부 북미 지역에서는 575VAC를 사용하기도 하나, 동력용으로는 약간 편차가 있지만 380VAC나 460VAC가 합하여 60%이상을 차지할 만큼 일반적이다.
- 최근에 두드러지는 경향 중의 하나는 전력사용 효율을 높일 수 있는 고압 인버터 또는 전자식 고압 소프트 스타터의 적극적인 채용이다. 이때, 고압을 사용한다면 3.3kVAC보다는 6.6kVAC를 채용하는 것이 효율 면에서 바람직하다.

다. 용량별
- 용량별로 보면, Micro(4kW미만), Low(40kW), Midrange(41~200kW), High-end(201~600kW), Mega(600kW이상)등으로 분류되는데, Mid- range가 40%로 가장 많이 사용되고, 다음으로는 Micro가 약 30% 그리고 High-end가 약 30% 정도이다.

- 터보기계의 경우 25~100% 속도제어를 하며, 초기에는 엔지니어링 업체에 따라서 약 185kW 이상에는 인버터를 적용하지 않고, 직기동을 많이 하였으나, 최근에는 약 750kW를 경계로 그 이하는 저압 인버터를, 그 이상은 고압 인버터를 적용하는 추세가 뚜렷하다.
- 실제로 현재 생산되고 있는 저압 모터의 용량범위를 고려해도 750kW이하는 저압 인버터를 적용하는 것이 바람직하다. 인버터의 적용 산업이나, 공정에 대해서는 너무나 잘 알려져 있으므로, 여기서는 생략하기로 한다.

라. 제어 알고리즘

- 제어 알고리즘에 따르면, V/F(Volts-per-Hertz), Sensorless Vector, FVC(Flux Vector), Field Oriented Control Vector 등으로 분류할 수 있다. V/F방식은 가장 저렴하고 일반적인 방식으로, 속도, 토크 제한치, Volt-Hertz비율, 저속에서의 전압 부스트, 최고/최저 속도나 가속·감속율 등을 조절할 수 있는 인버터이다.
- 이 방식은 대부분의 메이커가 다양한 제품을 구비하고 있는 방식으로 사용자 입장에서 정밀한 제어성이 그다지 요구되지 않는 공정에 가장 저렴한 가격으로 적용하는 방식이며, 현재 시장에서 사용되는 인버터 제어방식의 50%이상을 차지할 만큼 인버터의 대명사라 할 수 있다.
- Sensorless Vector는 최근 각광을 받고 있는 방식으로써 약 40%에 육박하는데 급속하게 기존의 V/F방식을 대체해 나갈 것으로 보인다.
- 이 방식은 기존 V/F방식의 모든 기능과 성능을 포함하면서 저속에서 그리고 운전 중에 토크성능을 크게 향상시킨 방식이다. 한편 이 방식의 이름을 보고 진의를 파악하지 못하는 사용자가 많은데, Sensorless라고 하는 것은 속도 피드백을 위한 엔코더를 사용하지 않는다는 것인데, 과거의 인버터 알고리즘은 지금의 Sensorless방식이 제공하는 정도의 속도 제어성이나 토크성능을 위해서는 반드시 엔코더를 사용해야만 제어가 이루어졌던 것에 반하여, 지금은 엔코더 없이도 그보다 나은 제어성을 발휘한다는 뜻이다.
- 각 메이커마다 이를 설명하는 전문적인 자료가 구비되어 있으므로, 쉽게 구할 수 있다. FVC(Flux Vector)방식은 위에 언급한 방식과 달리 자화전류와 토크 전류를 별개로 해석하여 모터를 모델링하고, 최근의 강화된 Microprocessor 혹은 추가적인 DSP를 사용하여 Vector연산을 통하여 최대 토크를 발휘할 수 있도록 하는 방식이다.

인버터의 핵심은 여전히 제어 기술에 달려 있다. 세계적인 굴지의 메이커들은 하나의 인버터에서 공정분야에 맞도록 선택하여 사용할 수 있도록 타입에 따라 Full custom PWM control, Sensorless Vector control, Flux Vector Control 등 여러 가지 제어방식을 구비하기도 하고, 사용자의 편의를 위하여 대부분 Auto Tuning 기능이 장착되어 있다.

기능을 보면, Energy saving을 위한 Auto Economizer, Slip compensation, Process PI 제어기능, 기동정지에 관한 각종 제어기능, Flying start 등 대표적인 고기능 외에도 완벽한 보호기능, 풍부한 I/O 등을 구비하고 있어, 이론적으로 모든 종류의 부하나 공정에 효과적으로 적용할 수 있도록 오늘날 인버터의 기술은 거의 한계상황까지 발전해 있다.

4) 적용시 이점

펌프뿐만 아니라 대부분의 일반 부하에도 인버터를 적용하면 [그림 8.2.3]과 같이 에너지 절감 외에 제품의 품질 향상, 생산성 향상, 부드러운 기동으로 유지 보수 비용의 절감 등의 많은 부수이익, 이점을 얻을 수 있는데 요약하면 다음과 같다.

- 소프트한 기동이 가능하다.
- 기동토크는 크고, 기동 전류는 0~100%로 소프트하다.
- 가속/감속시간을 조절할 수 있다.
- 전동기의 기계적인 스트레스를 최소화한다.
- 팬이나 펌프, 배관계통의 기계적 충격을 완화하고 유지보수비가 절감된다.
- 공진 주파수 운전을 피할 수 있다.
- 직입기동 시 발생되는 돌입 전류가 없으므로 전원 라인에 전혀 영향을 주지 않는다.

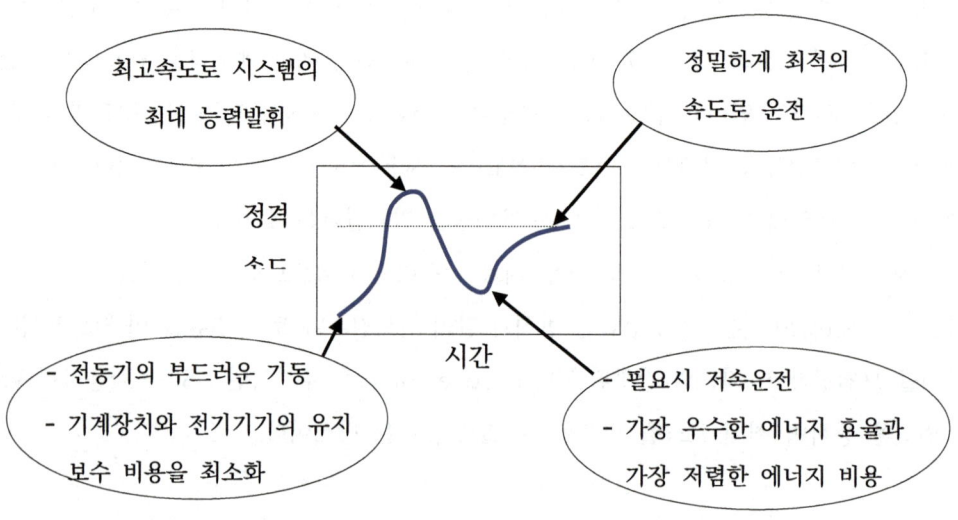

[그림 8.2.3] 인버터를 사용할 시 장점

- 가변속으로 온도/유량/ 압력 제어 가능함으로, 고응답성 및 제어가 단순해진다.
- 인버터 사용으로 시스템 전체 효율이 높아진다.
- 역률이 매우 좋으므로 역률 보상용 콘덴서가 필요치 않다.
- 전동기의 용량 감소가 없다.
- 에너지 절감 효과 :전력이 절감된다.
- 설비의 개선이 쉽고 자동운전이 가능하다

5) 인버터 선정시 고려사항

근래의 인버터들은 빠른 전력/전자 소자 기술 발달 덕분으로 소형화, 고기능화를 이루어 왔으며 아직도 변신 중이다. 또한, 대부분 인버터가 동일한 기능도 있지만, 회사별로 독특한 기능들을 보유하고 있어 인버터 선정에 고심하는 경우가 많다.

펌프용의 인버터는 부하의 특성상 쉽게 생각할 수 있으나, 공정상의 중요성을 생각하면 고신뢰성이 요구되는 인버터를 고려하여야 한다. 고신뢰성 외에 인버터 선정 시 고려사항을 요약하면 다음과 같다.

가. 자동 재기동 기능 여부
- 순시 정전, 순간 과부하 등으로 인한 인버터 고장 발생 시, 인버터 스스로 고장을 자동으로 해제한 후 즉시 재기동하여 설비 가동시간을 극대화하여야 한다.
- 일부 인버터들은 자동 재기동 기능은 있으나 정상운전 복귀 시까지의 시간이 상당히 소요되니 주의할 필요가 있다.

나. 순간 정전 시 운전 계속(Power Loss Ride Through) 가능 여부
- 수십ms 정도인 순간 정전 시간인 과도시간이 매우 짧으므로, 예기치 못한 공정의 다운시간을 최소화한다.
- 운전 중에 순간 정전되면 일반적으로 인버터는 트립(Trip)되어 정지한다.
- 순간 정전이 되더라도 트립없이 설비의 가동을 극대화하여야 하므로, 순간 정전이 되더라도 운전을 계속할 수 있는 인버터를 채용하여야 한다.
- 인버터는 순간 정전시 전동기의 기계적인 관성에너지[71]를 전기적인 에너지로 바꾸어 인버터로 흡수하여 운전을 계속할 수 있는 기능이 내장되어있어 불필요한 트립을 방지할 수 있

---

71) 13.2절을 참조바란다.

다.
- 일부 인버터에서는 순간정전 시 운전계속 기능은 순간정전 시 출력을 끊고, 복전이 되면 전동기를 재가동하는 방식을 채택하고 있는데, 이럴 때 정상가동까지의 과도시간은 최소한 수(5초)초 이상이 소요됨으로 주의할 필요가 있다.

다. Reactor 내장 여부
- AC or DC 리액터는 인버터 입력전류의 파형을 개선하여 고조파 발생을 억제 및 역률을 개선하는 효과가 있다.
- 또한, 리액터는 인버터 내부에 있는 콘덴서 리플전류를 줄여주기 때문에 콘덴서의 수명이 길어지며, 전원 라인의 과도 순간 전압으로부터 전력 반도체들을 보호할 수 있다.
- 또한, 리액터는 전자파 방사를 억제하며, 전원용량을 최소화할 수 있고 동일라인에 연결된 다른 장치에 대한 영향을 최소화할 수 있다.

라. 회전 중 기동(동기기동)여부
- 특히 팬의 경우 기동전에 팬이 회전 중인 경우가 많은데 이 경우, 통상적인 인버터 기동의 경우 회전 중인 전동기에서 발생하는 역기전력 때문에 과전압, 과전류로 인하여 트립될 수 있다.
- 이를 방지하기 위해 회전 중 기동(동기기동)기능이 내장된 인버터를 채용하여야 한다.
- 회전 중 기동기능은 회전 중인 전동기의 회전속도를 탐색하여 그 회전속도와 동기를 시킨 다음 기동하는 방법이며 탐색시간이 짧은 인버터를 채용하여야 면 전체 시간을 극소화할 수 있다.
- 어떤 인버터의 경우, 전동기에 잔류 자속이 남아있는 경우나 역방향으로 회전하는 경우에는 회전속도 탐색이 안 되는 경우가 있으므로 주의할 필요가 있다.

마. PI 컨트롤러 기능 탑재 여부
- PI 컨트롤러 기능을 내장한 인버터를 채용하는 경우, 압력/유량/온도 검출장치만 인버터에 연결하고 원하는 설정값(Set-point)를 인버터에 기준값으로 입력하면 자동으로 설정값으로 유지되도록 인버터가 자동운전 가능하다.
- 별도의 공정 제어장치의 추가 없이 쉽게 폐루프 제어 시스템을 구성할 수 있다.

바. 공진 주파수 영역에서 운전 금지 가능 여부
- 전동기의 운전 주파수와 기계측 배관계를 포함한 기계의 고유주파수와 일치하는 경우 공진

현상이 발생한다.[72]
- 이로 인하여 인버터가 트립될 수 있으므로 이 구간을 피하여 운전할 수 있는 기능을 가져야 한다.

사. 여러 대의 펌프 제어 가능 여부
- 여러 대의 펌프가 하나의 관로에 연결되어 (연합)운전을 하여야 하는 경우 PFC(Power Factor Correction, 역률 보상) macro 기능이 매우 유용하다.
- 만일 4대의 펌프가 운전될 때, 이 중 1대를 인버터로 가변속 운전하고 나머지 3대는 인버터에서 운전상황에 따라 직입기동하는 명령을 인버터에서 판단하여 제어하는 원리이다.
- 이 기능은 PI 컨트롤 기능과 직입 기동에 필요한 일부 Sequence를 합쳐서 만든 아주 유용한 기능이다.

8.3 변속운전시 기계적인 부하

시스템에서 요구 축동력, 설비 용량 그리고 전기적인 에너지 소비는 속도에 비례하여 변하게 된다. 예를 들어, 정속 운전 75%의 부하로 운전되고 있다면, 거의 최대 토크를 요구하고, 정격운전의 거의 75%가 소비될 것이다.

일반적으로 펌프나 팬들은 비선형의 특징을 가지는 상사 법칙을 따르기 때문에 주어진 적용에서 경제적 해석은 매우 복잡하다. [그림 8.3.1]과 같이 변속장치 운전의 도시적 표현은 필요한 수력에너지 출력을 제공하는 반면에 분명히 축동력의 감소를 보여준다.(전기적인 에너지 소비의 감소)

---

[72] 13.6장에서 자세히 다룬다.

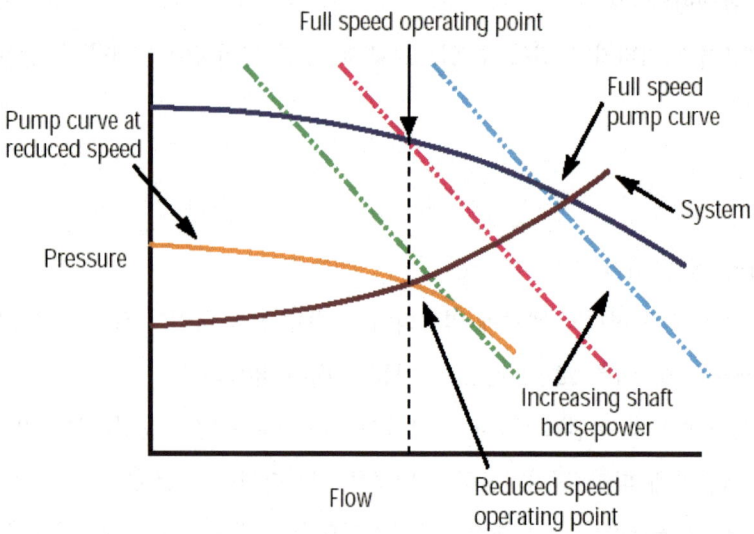

[그림 8.3.1] 변속장치를 사용하는 경우의 도시적인 개략도

펌프의 부하 제동 축동력은 변속의 3제곱에 따라 변화한다는 것을 인식하는 것이 중요하다. 만약, 10% 감속운전(정격 속도의 90%)이라면, 식 (8.3.1)과 같이 27%의 축동력을 감소시킴을 알 수 있다. 즉, 10%감속은 비례적으로 10% 축동력 감소가 아니라, 27%의 감소 효과가 있으므로 변속 운전을 해야 한다.

$$(1-0.9^3) \times 100 = 27.1\% \qquad (8.3.1)$$

8.4 변속장치의 일반적인 적용

변속장치는 프로세스의 유체에너지를 공급하기 위하여 [그림 8.4.1]과 같이 일반적으로 회전에너지(입력)의 속도(FIC; Frequency Indicating Controller) 및 압력(PIC)을 이용하여 필요한 만큼 변경시킨다.

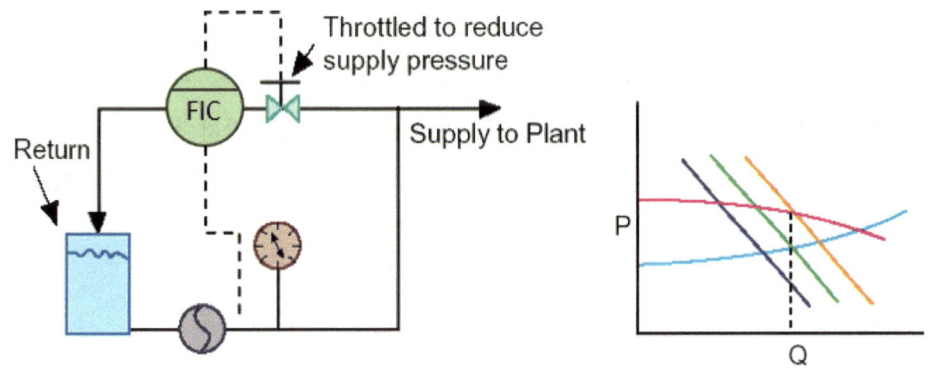

(a) 밸브제어로 펌프 유량 조절

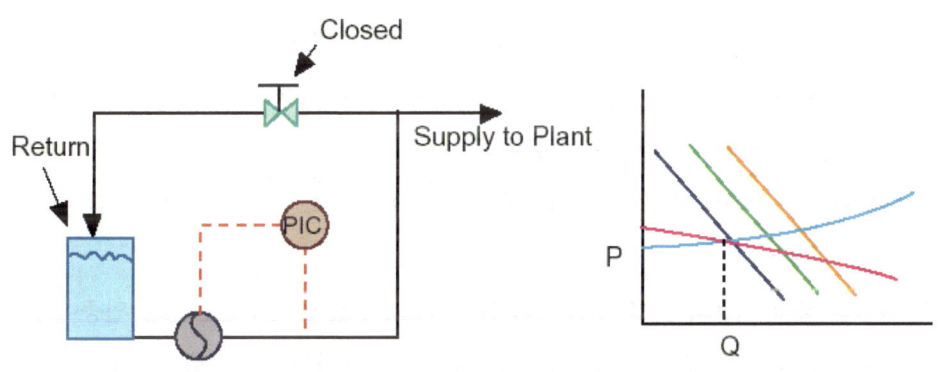

(b) 압력제어하여 펌프 유량조절

[그림 8.4.1] 일반적인 펌프유량조절 시스템

병렬로 운전되는 설비의 운전속도를 조절하기 위하여 만약, 변속장치가 적용되었을 경우는, 각 펌프가 총부하의 적절한 양을 설비에 공급하는 것을 확인하기 위하여 주의는 필요하다.

▶ 밸브를 이용한 펌프유량조절(FIC)([그림 8.4.1](a))
  • 컨트롤 밸브 또는 댐퍼를 대치시키면서 동시에 최적의 적용으로 인하여 프로세스의 효율을 향상시킨다.
  • 이러한 적용 중에서 최대속도로 운전되는 경우 너무 많은 양정을 발생시키는 공급 탱크에

연결된 바이패스 밸브를 열어줌에 따라 양정을 최소화하고, 펌프 성능 곡선을 따라 하강시키면서 효율적으로 송출압력을 감소시킬 수 있다.
- 이러한 접근이 진행되는 동안에 순환유동(탱크로)이 증가하기 때문에 또한 운전비용을 상당히 증가시킨다.

▶ 압력을 제어하는 변속장치(PIC)([그림 8.4.1](b))
- 변동하는 운전조건의 세밀한 송출압력 제어가 가능하므로 프로세스 설비에 좀 더 균일유량을 공급할 수 있다.
- 이 방식은 약 73%정도 효율적으로 에너지 소비를 감소시켜 줄 수 있다.
- 이것은 [그림 8.4.1](a)와 같이 밸브사용 대신에 사용된 변속장치 적용이 일반적으로 전기에너지의 약 30~70% 정도 감소시킨다는 것에 주목해야 한다.(관로저항곡선 참조)

8.5 변속장치 설치시 단점

회전체 설비에 변속장치를 적용할 경우는 좋은 점만 있는 것이 아니라, 다음과 같은 단점들이 발생된다.

1) 일정한 토크 가변 주파수 장치는 모든 속도에서 모터의 완전한 전류의 제공이 가능해야 한다. 조급한 실패를 피하려고 일정한 토크 운전에서 전기운전 설비의 하중이 고려, 설계 그리고 정격이 되어야 한다.
2) 대형펌프에 적용할 경우, 전기설비장치는 전기적인 소음, 울림(공명)과 같은 문제점들을 피해야 한다.
3) 위험한 곳에 적용되는 경우, 모터의 NEC(National Electric Code) 인증이 요구된다. 최대속도로 운전되는 모터인 경우는 최대 부하에서만 인증되어야 만 하지만, 변속장치 모터는 전체 운전속도 범위에서 인증되어야만 한다.
4) 원심펌프의 경우에 최악의 경우는 모터가 설계된 조건인 최대속도로 운전되는 경우이지만, 일정한 토크가 적용된 경우에 발생되는 최대 열방사는 모든 회전속도에서 발생된다. 따라서 변속장치 부하에 따른 각각 형태에 관한 인증된 모터는 위에서 언급된 열방사 기술을 적절하게 이용하는 요구조건과 부합되어야 한다.
5) 기계적 설비는 감속된 속도에서 운전할 수 있어야 한다. 예를 들어, 액체 링 진공 펌프(Liquid-ring Vacuum Pump)는 변속장치 운전에서 의문시 되는 펌프이므로 감속상태에서 원활한 성능을 발휘하는지 체크해야 한다. 왜냐하면, 진공을 만들어 내기 위해서는 운전속도가 정격속도의 거의 80% 아래로 떨어져야 하기 때문이다.
6) 기계적 설비는 감속된 운전에서 손상 없이 운전되어야 한다. 몇 가지 설비 들은 낮은 속도

에서 과열로 인하여 비효율적이고 Slip에 의하여 손상을 입게 된다. 설비는 또한 그 윤활 시스템이 감속된 운전에서 부적합하게 될 때 손상 받을 수 있기 때문이다.

7) 대부분 설치의 경우, 변속장치는 프로세스 유체를 완전하게 정지시킬 수 없다. 즉 정확하게 차단(Shut-off)할 수 없다. 정확한 차단이 필요할 때는 제어 밸브가 변속장치에 추가로 설치되어야 한다. 이런 경우는 체크 밸브 즉 프로세스를 Upset시키거나 불안전하게 하는 조건으로 반전시키는 것을 보호하기 위하여 필요하다.

8) 마모와 장력에 대한 내용이 반드시 고려되어야 한다.

8.6 전력원단위 계산

8.6.1 정속운전인 경우

[그림 8.6.1]의 경우는 펌프 1대의 설계유량이 $0.1616 m^3/s$이고, 이때의 펌프양정이 $75m$인 펌프가 운전되고 있을 때 펌프 특성 곡선과 관로 저항 곡선을 나타낸 것이다. 직접 풀어보기 위하여 [표 8.6.1]과 같은 운전데이터를 제공하였다.

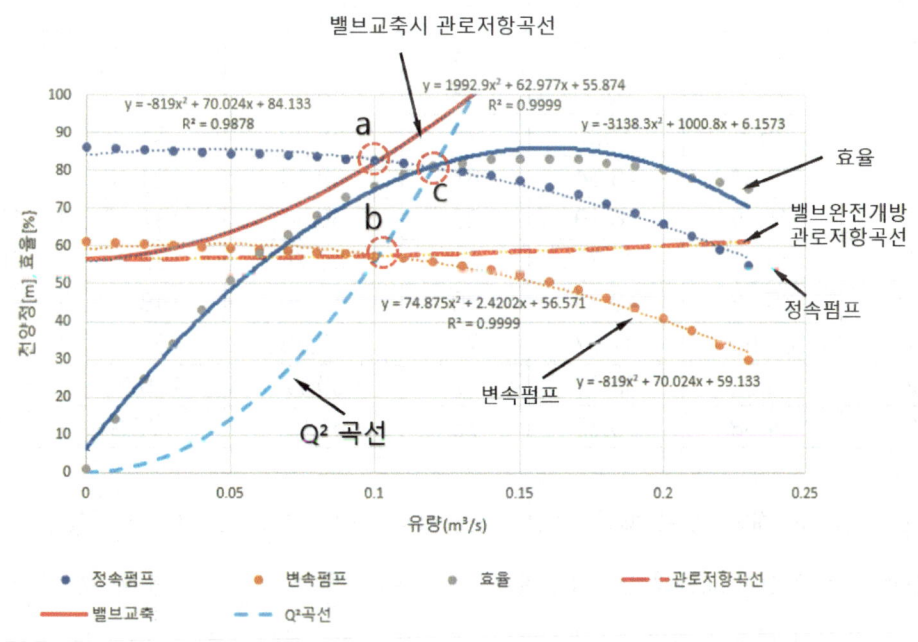

[그림 8.6.1] 전력원단위를 구하기 위한 펌프 특성 곡선과 관로 저항 곡선

[표 8.6.1] 검토를 위한 실험 데이터

유량 $Q(m^3/s)$	정속펌프 $H(m)$	변속펌프 $H(m)$	효율 $\eta(\%)$	관로저항곡선 $H_t(m)$	밸브교축 $H_t(m)$	Q^2곡선 $H_t(m)$
0	86.17	61.17	1	56.6	56.6	-
0.01	85.72	60.72	14	56.61	56.96	0.56
0.02	85.36	60.36	25	56.65	57.89	2.24
0.03	85.05	60.05	34	56.7	59.34	5.04
0.04	84.77	59.77	43	56.78	61.27	8.96
0.05	84.49	59.49	51	56.87	63.65	14
0.06	84.21	59.21	58	56.97	66.48	20.16
0.07	83.89	58.89	63	57.1	69.74	27.44
0.08	83.5	58.5	68	57.23	73.43	35.84
0.09	83.04	58.04	73	57.39	77.52	45.36
0.1	82.46	57.46	76	57.56	82.03	56
0.11	81.76	56.76	79	57.74	86.93	67.76
0.12	80.91	55.91	81	57.94	92.23	80.64
0.13	79.88	54.88	82	58.16	97.91	94.64
0.14	78.65	53.65	83	58.39	103.98	109.76
0.15	77.2	52.2	83	58.63	110.43	126
0.16	75.5	50.5	83	58.89	117.26	143.36
0.17	73.54	48.54	83	59.16	124.46	161.84
0.18	71.29	46.29	82	59.44	132.03	181.44
0.19	68.73	43.73	81	59.74	139.96	202.16
0.2	65.83	40.83	80	60.05	148.26	224
0.21	62.57	37.57	78	60.38	156.92	246.96
0.22	58.92	33.92	77	60.72	165.93	271.04
0.23	54.88	29.88	75	61.07	175.3	296.24

밸브가 완전히 개방되었을 때의 [그림 8.6.1]에서 그림으로 볼 수 있듯이 정상운전의 HQ곡선과 관로 저항 곡선이 교차되는 예상범위는 $Q=0.20 \sim 0.23 m^3/s$가 됨을 알 수 있다. 이를 정확히 찾기 위하여 정속 운전의 HQ곡선(식 (8.6.1))과 관로 저항 곡선(식 (6.4.1), 오렌지 굵은 점선)을 이용하면 된다. 여기서, 식 (6.4.1)은 하겐 윌리암식으로 구한 관로 저항 곡선이고, 이 값은 실험을 통하여 얻어진 것이다.

운전점을 구하기 위하여 관로 저항 곡선을 식 (6.4.1)으로 부터 구해도 되지만, 여기서는 실험 자료 및 카탈로그로부터 얻을 수 있는 [표 8.6.1]과 같은 자료로부터 직접 계산하기 위하여 엑셀을 통하여 식 (8.6.2)와 같은 2차 방정식(오렌지 굵은 점선)을 구하였다.

제 8 장 변속운전

$$H = -819Q^2 + 70.024Q + 84.133 \quad (8.6.1)$$

$$H_T = 56.6 + 67.82 \times Q^{1.85} \quad (6.4.1)$$

$$H_T = 74.875Q^2 + 2.4202Q + 56.571 \quad (8.6.2)$$

식 (8.6.1)과 식 (8.6.2) 모두 2차 방정식이므로 식 (8.6.3)과 같이 정리하고, 이를 [그림 8.6.2]와 같이 그래픽방법으로 얻으면 약 $Q = 0.216 m^3/s$의 해를 얻을 수 있다. 이때 양정은 식 (8.6.1)을 이용하면 약 $H = 61.05 m$의 값을 구할 수 있다.

$$819Q^2 + 74.875Q^2 - 70.024Q + 2.4202Q - 84.133 + 56.571 = 0 \quad (8.6.3)$$
$$893.875Q^2 - 67.6038Q - 27.562 = 0$$

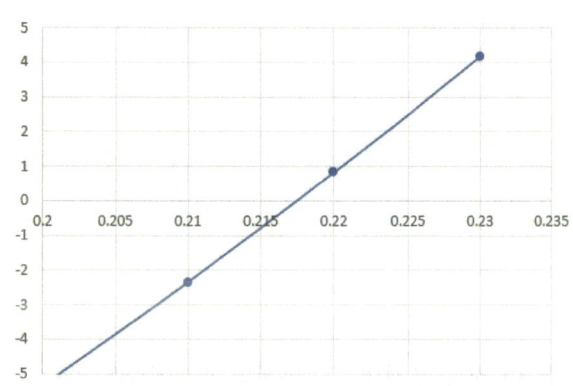

[그림 8.6.2] 그래픽방법으로 구한 해

이때, 효율은 식 (8.6.4)에 $Q = 0.216 m^3/s$를 대입하면 약 $\eta = 75.91\%$가 된다.

$$\eta = -3,138Q^2 + 1000.8Q + 6.1573 \quad (8.6.4)$$

이때, 축동력은 식 (8.6.5)와 같이 구할 수 있다.

$$L_s = \frac{\gamma \times Q \times H}{\eta_P} = \frac{9.8 \times 0.216 \times 61.07}{0.7591} = 170.3 kW \quad (8.6.5)$$

1시간 동안 펌프를 통한 송수량은 $Q = 0.216\,m^3/s = 777.6\,m^3/hr$이고, 이때 소요 축동력은 $170.3\,kW$이 된다. 이를 전력원단위인 식 (6.6.1)에 대입하면 식 (8.6.6)과 같이 구할 수 있다.

$$P_s = \frac{L_s}{Q_t} = \frac{170.3\,kW}{777.6\,m^3/hr} = 0.219\,kWh/m^3 \tag{8.6.6}$$

8.6.2 토출밸브의 교축시

[그림 8.6.1]에 같이 토출밸브를 조절하여 $0.1\,m^3/s$(a점)로 조정하고자 할 때의 펌프와 관로의 HQ곡선과 교차되는 점을 찾아보자. 펌프의 토출밸브로 개도조정할 경우의 관로 저항 곡선은 식 (6.4.7)과 같이 구할 수 있다.

$$H_T = 1992.9Q^2 + 62.977Q + 55.874 \tag{8.6.7}$$

$$819Q^2 + 1992.9Q^2 - 70.024Q + 62.977Q - 84.133 + 55.874 = 0 \tag{8.6.8}$$
$$2811.9Q^2 - 7.047Q - 28.259 = 0$$

이를 정확히 찾기 위하여 정속 운전의 HQ곡선과 관로저항은 각각 식 (8.6.1)과 식 (8.6.8)를 이용하여 2차 방정식의 해를 구하면 약 $Q = 0.11 \cong 0.1\,m^3/s$를 얻을 수 있다. 이때 양정과 효율은 각각 식 (8.6.1)과 식 (8.6.4)을 이용하면 약 $H = 82.94\,m$과 $\eta = 74.85\%$을 구할 수 있다. 이때 축동력은 식 (8.6.9)와 같이 구할 수 있다. 실제 데이터에서 $Q = 0.1\,m^3/s$일때의 양정은 $H = 82.46\,m$이다. 이렇게 차이가 나는 것은 실험값이 오차를 포함하고 있기 때문이다.

$$L_s = \frac{\gamma \times Q \times H}{\eta_P} = \frac{9.8 \times 0.1 \times 82.94}{0.7485} = 108.6\,kW \tag{8.6.9}$$

1시간 동안 펌프를 통한 송수량은 $Q = 0.1\,m^3/s = 360.0\,m^3/hr$이고, 이때 소요 축동력은 $108.6\,kW$이 된다. 이를 전력원단위인 식 (6.6.1)에 대입하면 식 (8.6.10)과 같이 구할 수 있다.

$$P_s = \frac{L_s}{Q_t} = \frac{108.6\,kW}{360.0\,m^3/hr} = 0.301\,kWh/m^3 \tag{8.6.10}$$

8.6.3 회전수 조정시

펌프를 변속하여 유량 조정할 경우의 HQ곡선은 엑셀로 커브 피팅하여 구하면 식 (8.6.11)과 같다. 식 (8.6.11)의 경우는 식 (8.6.1)과 비교하였을 때 약 기존 회전수에 $78\%(45.4Hz)$정도 감소한 운전이다.

$$H = -819Q^2 + 70.024Q + 59.133 \tag{8.6.11}$$

관로 저항 곡선인 식 (6.4.1)에 유량 $Q=0.1\,m^3/s$를 대입하면 이 유량에서의 펌프의 양정을 구하면 $57.56\,m$가 된다.

$$H_T = 56.6 + 67.82 \times 0.1^{1.85} = 57.56\,m \tag{8.6.12}$$

여기서, 변속펌프의 효율을 구하기 위하여 식 (8.6.4)에 대입을 하여 구하면 $\eta = 74.85\%$가 되는데, 이렇게 밸브조절과 동일한 효율이 되므로, 이를 적용하면 안된다. 이는 회전수를 변화하면 효율도 비속도에 의거 회전수에 비례하여 변화되기 때문이다. 이는 실험을 통하여 구하는 것이 가장 옳지만, 이론적으로 구할 때는 Q^2곡선을 이용하는 것이 보편 타당한 방법이다.

Q^2곡선은 유량이 $Q=0\,m^3/s$일 때 양정이 $0\,m$이고, 유량이 $Q=0.1\,m^3/s$일 때 양정이 $57.56\,m$인 두 조건을 동시에 만족해야 하면 식 (8.6.13)과 같이 구한다.

$$H = C \times Q^2 \Rightarrow C = \frac{H}{Q^2} = \frac{57.56}{0.1^2} = 5756 \tag{8.6.13}$$
$$\therefore H = 5756 \times Q^2$$

$$819Q^2 + 5756Q^2 - 70.024Q - 59.133 = 0 \tag{8.6.14}$$
$$6576Q^2 - 70.024Q - 59.133 = 0$$

Q^2곡선의 양정이 일치하는 섬은 식 (8.6.11)과 식 (8.6.13)을 이용하여 구하면, 식 (8.6.14)와 같이 2차식으로 구할 수 있으며 이때 유량은 $Q=0.12\,m^3/s$가 된다. 이때 변속 펌프 효율은 식 (8.6.4)로부터 결정되고, 약 $\eta = 81.06\%$가 된다. 따라서 축동력과 전력원단위는 각각 식 (8.6.15)와 식 (8.6.16)과 같다.

$$L_s = \frac{\gamma \times Q \times H}{\eta_P} = \frac{9.8 \times 0.1 \times 57.56}{0.8106} = 69.58 kW \qquad (8.6.15)$$

$$P_s = \frac{L_s}{Q_t} = \frac{69.58 kW}{360.0 m^3/hr} = 0.193 kWh/m^3 \qquad (8.6.16)$$

유량이 $Q = 0.1 m^3/s$일 때 밸브 교축과 회전수 조정하여 운전하는 것이 효율에는 별차이가 없는 것으로 보이지만, 식 (8.6.10)과 식 (8.6.16)과 같이 전력원단위를 비교하면 0.301과 0.193로 약 1.56배의 전기요금을 절감 할 수 있음을 알 수 있다.

제 9 장 펌프 흡입조건과 NPSH

> ▶ 펌프에서 가장 어려운 용어 중 하나가 NPSH이다.
> ▶ 흡입능력을 제대로 파악해야 올바른 펌프 선정을 할 수 있다.

9.1 흡입조건

9.1.1 개념

미식축구에서 리시버가 정확한 속력과 좋은 기량을 가지고 있거나, 정확히 공을 던질 수 있는 쿼터백이 있다면 경기 중 점수를 내기 위하여 더 멀리 앞으로 진전할 수 있을 것이며 아마도 그 팀은 터치다운으로써 점수를 얻을 수 있을 것이다. 위와 같은 사실은 펌프와 펌프의 흡입조건에도 해당한다. 만약 정확한 크기를 갖은 펌프가 정격속도로 운전되고 있다면, 펌프가 해야 할 일은 정확한 압력 아래에서 임펠러아이까지 층류 유동상태로 유체를 이송하는 것이다.

만약 쿼터백의 패스가 목표에 빗나가거나, 사인이 어긋났을 때 리시버는 공을 놓칠 것이다. 만약 이러한 상황이 발생하여도 쿼터백은 그가 공을 정확하게 던지지 못하였다고 인식하지 절대 리시버를 비난하지 않는다.

이러한 미식축구의 예를 펌프와 비교하여 볼 수 있다. 그러나 현장에서는 펌프의 유체 수송이 나쁠 때 펌프에 원인을 돌리려는 경향이 있다. 정확하게 공을 던지기 위해 쿼터백이 습득해야만 하는 기술이 있는 것처럼, 신뢰성 있는 운전을 위하여 요구되는 압력과 유동특성들과 같이 펌프 임펠러아이에 유체가 도달하도록 하는 아래와 같은 규칙들이 있다.

1. 충분히 NPSH를 고려하여 설계하라.
2. 마찰 손실을 최소화하라.
3. 흡입 플랜지의 엘보우를 없애라.
4. 흡입라인으로부터 기포를 제거해라.
5. 배관 정렬이 제대로 되어있는지 확인해라.

이에 대하여 자세히 검토하여 보자.

9.1.2 프라이밍과 풋밸브

두 개의 펌프가 [그림 9.1.1]에 나타난 것처럼 설치되어 있다고 가정하였다. 그 펌프들은 일정한 수위의 수원지로부터 물을 흡입하고, 펌프 흡입 배관에서 최소속도(0.5m/s보다 훨씬 낮은)로 흐르는 경우였다.

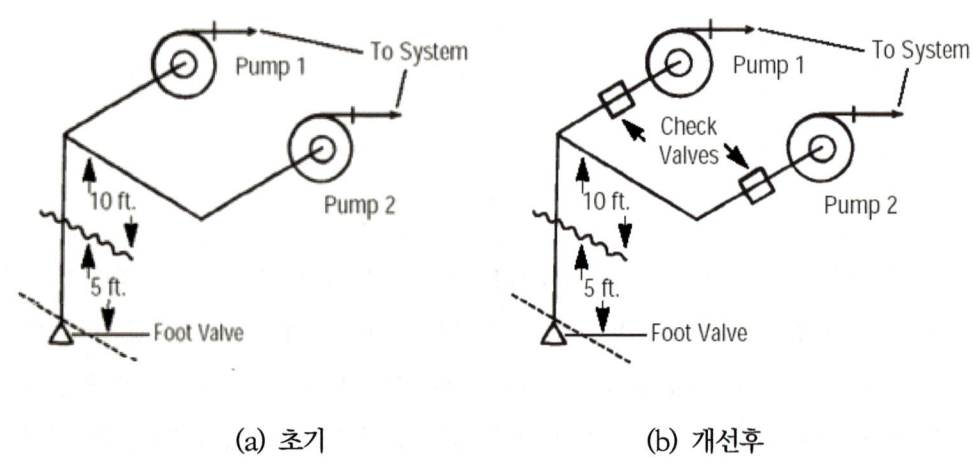

      (a) 초기   (b) 개선후

[그림 9.1.1] 염소처리용 펌프시스템의 흡입시스템

[그림 9.1.1](a)와 같은 시스템은 제작 초기 펌프에 공기가 빨려들어 오는 문제가 발생하였다. 이에 대한 아래와 같이 있다고 판단했다.
  ① 초기 기동시에는 케이싱내 펌프를 가동하기 위한 충분한 유체가 없었으며,
  ② 펌프 케이싱내 압력이 가장 낮은 지점에서 유체로부터 공기가 분리되기 때문에, 풋밸브에서 유체가 서서히 누수되어 흡입 압력감소를 가져온다고 판단했고
  ③ 각각 펌프에서 흡입 압력이 항상 대기압 이하이였고, 운전이 중단된 동안에 공기는 케이싱내 형성될 가능성이 있다고 판단했다.

이에 흡입쪽 누수 여부를 정밀검사한 결과, 스터핑박스를 통해 펌프 케이싱으로 공기가 들어가지 못하도록 축 실 시스템을 설계 보완하였고, [그림 9.1.1] (b)와 같이 흡입 배관에 풋밸브(Foot Valve)을 보완하고, 체크밸브를 추가 설치하였더니 흡상이 잘 됨을 확인하였다. 이로부터 흡입조건을 검토할 것이다.

여기서, 풋밸브는 펌프로부터 흡수정까지 설치된 흡입배관내에 수동적인 방법으로 유체가 채워졌을 때, 펌프의 운전이 중단되거나 초기 프라이밍(Priming)시 펌프로부터 흡수정으로 액체가 흘

러가는 것을 방지하도록 설치한 부품이다.

　이때 프라이밍은 **펌프 흡입구에서 펌프가 얼마나 잘 빨아올릴 수 있고, 혹은 얼마나 흡입을 잘할 수 있는 정도로 정의한다**.

- ▶ 풋밸브와 프라이밍은 어떤 관계가 있을까?
    - -. [그림 9.1.1]과 같은 시스템에서 펌프들이 교대로 운전될 때, 그 중 정지된 펌프는 풋 밸브로 인하여 프라이밍이 안되거나, 가동될 때 프라이밍 할 필요가 없다.
    - -. 그 이유는 정지된 펌프의 흡입 배관이 가동 중인 펌프에 의해서 부분적으로 물이 유입되었기 때문이고, 다음 가동시 프라이밍을 할 필요가 없기 때문이다.
    - -. 또한, 이 효과를 부각시키기 위하여 체크밸브를 추가시켰으므로 주기적으로 펌프들은 더 이상 프라이밍 할 필요가 없어졌다.

- ▶ 풋밸브 설치시 주의사항
    - -. [그림 9.1.1](a)와 같이 운전 중 가끔 또는 계속 누수가 발생하는 잠재적인 위험을 포함하고 있어서, 무인 사업장에서 풋밸브의 설치를 추천할 수 없다.
    - -. 모든 설계에서의 풋 밸브는 흡입 측 손실을 증가시킨다.
    - -. 유체 내 임의의 고형물들은 누수의 가능성을 증가시키고, 풋 밸브는 고형물이 포함된 액체들을 사용하는 곳에서 사용되어선 안 된다.

- ▶ 풋밸브 설치시 고려사항

　　　높은 수증기압이나 용해된 공기 비율이 높은 유체를 다루는 흡입 양정 시스템을 설계할 시에는 풋밸브에 의한 흡입 양정을 감소시키는 다음과 같은 개별적인 조건들을 반드시 고려하여야만 한다.

```
1. 풋 밸브가 설치된 각각의 펌프로 흡입배관을 분리
2. 기존의 배관에 프라이밍 공간 설치
3. 섬프에 설치된 수중펌프 이용    4. 자동 프라이밍 시스템의 설치
5. 자흡식 한쪽흡입형 원심펌프이용
```

- ▶ 풋밸브 문제시 개선대책

　　　기존의 풋밸브가 현재 누수 중이라면 다음과 같은 개선책을 적용하면 된다.
    - -. [그림 9.1.2]와 같이 프라이밍 공간을 설치하는 것이 가장 비용적으로 효과적이다.
    - -. 흡입 배관은 필포트(Fill Port)를 통하여 초기에 채워진 프라이밍 공간의 상부와 연결된다.

-. 중단 시에 풋밸브에서 누수가 발생하더라도 프라이밍 공간에서의 유체 수위는 흡입 입구에서보다 더 낮게 되지는 않는다.
-. 프라이밍 공간의 체적은 흡입 배관 체적의 약 3~5배가 되도록 설계한다.
-. 펌프가 가동될 때 프라이밍 공간에서 수위가 떨어지고, 프라이밍 공간 내 압력은 대기압 이하로 떨어질 것이다.
-. 펌프 운전이 계속됨에 따라, 수원지 표면에서 작용하는 대기압은 흡입 배관으로 유체를 흡입하고, 연속적인 펌핑될 수 있는 프라이밍 공간이 되도록 하게 해준다.

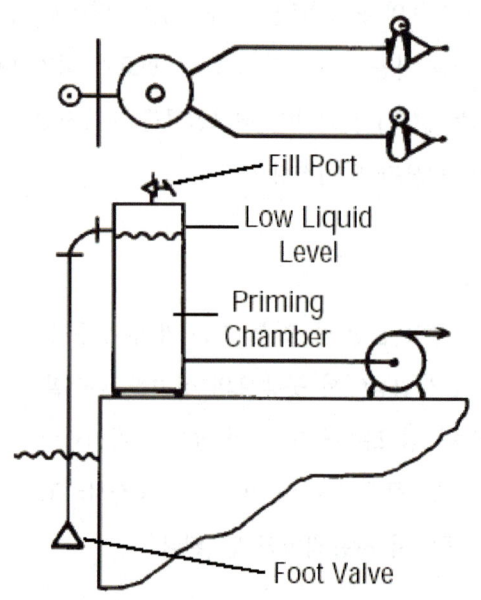

[그림 9.1.2] 프라이밍 챔버를 설치한 경우

9.1.3 흡입조건을 향상시키는 방법

문제가 있는 기존 시스템에 대하여 비용이 적게 드는 해결책은 풋밸브 같은 비금속 볼 체크 밸브와 시트가 분리된 흡입배관을 사용하는 것이다.
-. 공기가 펌프 안으로 들어가지 못하게 하려면, 축 실 방법을 사용하고, 이를 위해 펌프 시스템을 반드시 체크하여야 한다.
-. 만약 축 패킹이 사용되었다면, 봉수된 랜턴 또는 실 링을 사용하고, 이때 봉수는 계속해서 흘러야만 한다.
-. 만약, 풋밸브에서 계속 누수가 발생한다면, 간단한 진공 프라이밍 시스템을 추가하면 된다.
-. 만약 가압된 물을 사용할 수 있다면, [그림 9.1.3]과 같은 최소비용으로 방사 프라이밍 시스템을 추가할 수 있다. 방사 프라이밍 시스템에서 압축된 공기 또는 수증기는 물 대신에 사용할 수 있다.

-. 펌프와 흡입배관에서 공기를 제거하기 위한 진공펌프를 사용하는 것이다.
-. 만약 이러한 적용이 처음이라면, 설계자들은 수중펌프, 자흡식 펌프 등을 고려하면 된다. 이 때, 유량과 압력에 대한 요구 사항에 의해 흡입압력을 다시 체크해야 한다.

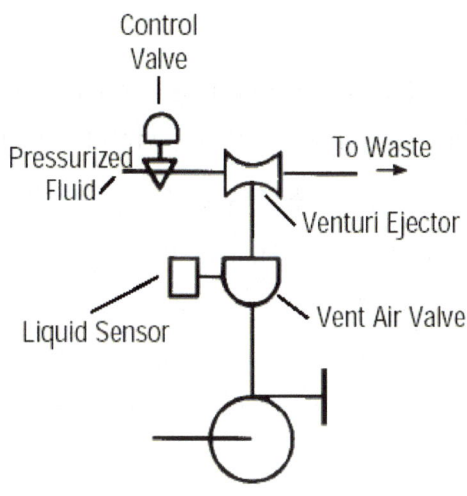

[그림 9.1.3] 자동 프라이밍 시스템의 개략도

▶ 흡입배관의 개수

일반적으로 대기압의 흡수정으로부터 각각의 펌프에 대한 흡입관 형태의 설계는 자흡식 또는 흡입양정 시스템에 상관없이 단일 흡입 배관으로 설계한다.

프로세스 탱크의 경우, 두 개의 펌프에 연결된 흡입 배관은 1개 또는 2개에 상관없이 두 펌프에 균일유량을 보낼 수 있도록 설계되어야 한다.

만약 고형물이 포함된 유체들을 사용할 때에는 특별히 고려할 필요가 있다.

9.2 유효흡입헤드, NPSH

9.2.1 NPSH 정의

프라이밍은 펌프의 흡입구에서 펌프가 얼마나 진공상태에서 잘 빨아올릴 수 있고, 또는 얼마나 흡입을 잘할 수 있는 가로 정의한다. 즉, 밸브가 완전히 밀봉되었을 경우 일 때 펌프는 해발고도에서 이론적으로 $10.33\,[m]$만큼 물을 양수할 수 있다는 개념이지만, 이를 정량적으로 표현할 때 프라이밍보다는 유효흡입헤드(NPSH, Net Positive Suction Head)을 사용한다.

이 NPSH는 캐비테이션과 같은 어려움 없이 펌프를 운전시키기 위하여 유체에서 공급된 최소 압력에너지를 모든 임펠러내에서 고려한 압력에너지인 길이 단위로 나타낸 것이다.

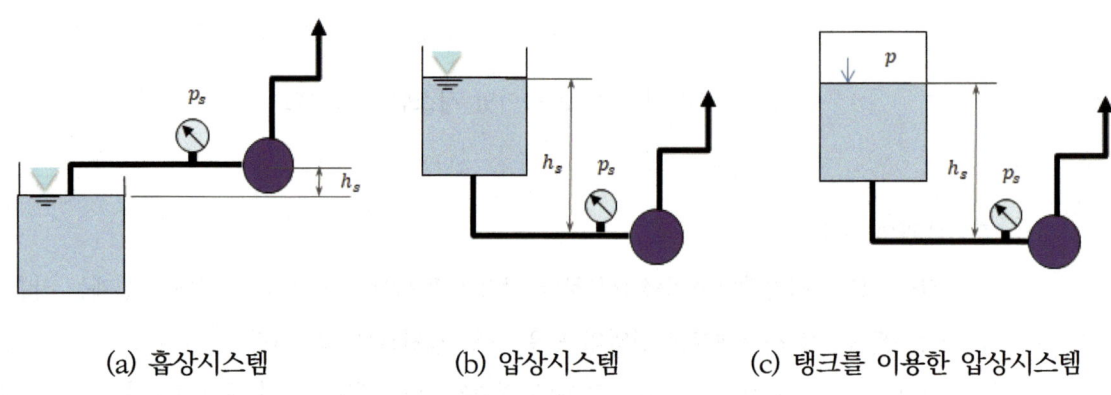

(a) 흡상시스템　　(b) 압상시스템　　(c) 탱크를 이용한 압상시스템

[그림 9.2.1] 여러 가지 흡입시스템

NPSH는 [그림 9.2.1]과 같은 여러 가지 흡입시스템으로부터 정해지고 달라진다. 따라서, 이때 NPSH를 NPSHav이라고 하고, 펌프의 흡입 측면에서 보았을 때 시스템 설계의 함수이다. 즉, NPSHav는 시스템 설계자에 따라 변할 수 있다. 캐비테이션 현상을 피하려고 시스템으로부터 NPSHav는 펌프에 의해서 정해지는 NPSHre(펌프 설계시 펌프가 가지고 있는 흡입능력)보다 커야만 한다. 따라서, 펌프 시스템을 설계하거나 펌프를 선택할 때 설계자는 NPSH를 2가지의 관점에서 설명해야 한다. 즉, 가능유효흡입헤드(NPSHav)와 필요유효흡입헤드(NPSHre)를 가지고 수행하여야만 캐비테이션 및 펌프해석이 적절해진다. 글자에서 보듯이 av는 가능(available), re는 필요함(required)을 의미한다.

9.2.2 NPSHav 산정

NPSHav는 펌프의 흡입 플랜지에서 증기압보다 높은 절대압의 계산 또는 측정한 값을 의미한다. [그림 9.2.1]과 같은 다양한 흡입시스템에서 NPSHav을 식 (9.2.1)과 식 (9.2.2)와 같이 계산된다.

- 흡상일 때 $NPSHav = H_a - H_s - h_\ell - H_v$ (9.2.1)
- 압상일 때 $NPSHav = H_a + H_s - h_\ell - H_v$ (9.2.2)

여기서 H_a : 대기압 $10.33\,[m]$

H_s : 흡입실양정 ([그림 9.2.1] (a) 음(-). (b)일때는 양 (+))

h_ℓ : 흡입배관손실

h_v : 포화증기압 (상온인 물일 때 $0.24\,[m]$)

NPSHav은 펌프가 설치된 기초면과 같이 기준 고도에서 계산되어져야 한다. HI규격에 따르면 NPSHav는 펌프 흡입 연결에서 시스템에서 가능한 가압을 포함한 전체 흡입압력에 펌핑 온도 상태에서 액체의 포화증기압을 뺀 것을 의미한다. 단, [그림 9.2.1](c)와 같이 탱크를 이용할 때는 H_a에 탱크압력을 적용하면 된다. 식 (9.2.1)과 식 (9.2.2)에서 NPSHav의 단위는 보통 $[m]$인 양정으로 나타내었는데 압력으로 표시 가능하다.

식 (9.2.1)과 식 (9.2.2)와 같이 흡입배관손실($f(v^2)$)을 빼 주기 때문에, NPSHav값은 유량이 증가함에 따라 [그림 9.2.2]에서 보듯이 감소한다.

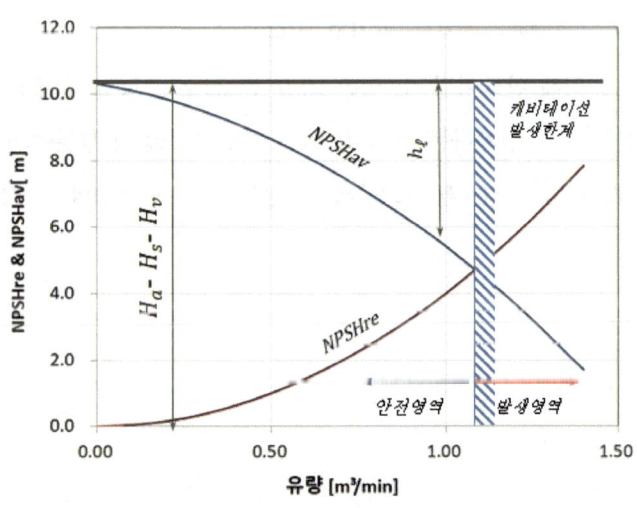

[그림 9.2.2] NPSHav과 NPSHre의 관계

9.2.3 NPSHre 산정

NPSHre는 펌프가 가지고 있는 펌프의 고유 흡입능력이다. 이는 펌프가 얼마나 잘 흡입하느냐를 평가하는 단계이다. 제작자에서 펌프의 임펠러 특성에 의하여 주어지는 값이기 때문에 사용자들은 이에 대하여 터치할 수 없다. 즉 흡입능력이 좋은 펌프는 제작단계에서 결정된다는 의미이다.

이 값은 펌프의 중심선을 기준으로 계산된다. 이것은 펌프 흡입 플랜지로부터 펌프의 임펠러까지 수송되는 유체의 압력 강하를 측정하는 것이다. 이 손실은 주로 마찰과 난류에 의하여 발생된다. NPSHre는 펌프가 캐비테이션(유체의 국부적인 끓음), 그리고 양정-유량 성능의 감소, 진동 또는 소음 없이 원활히 운전되는 데 필요한 전양정이기 때문에, 식 (9.2.3)과 같이 항상 NPSHav는 NPSHre보다 1.3배 커야만 한다. 즉 [그림 9.2.2]에서 보듯이 NPSHre가 NPSHav가 적을 때는 캐비테이션이 발생하게 된다.

$$NPSHav \geq 1.3 NPSHre \tag{9.2.3}$$

9.2.4 NPSH 의미

펌프에서 가장 어려운 용어 중 하나가 NPSH인데, 절대 어렵게 생각하지 말아야 한다. 결론적으로 NPSHav은 제조자가 설계함에 따라 결정되는 흡입 양정이며, 반드시 설계시 계산되는 NPSHre는 정격 유량에서의 요구되는 양정보다 커야 한다는 의미이다. 펌프제조자는 NPSHre을 선정된 펌프와 선정차트에서 제공해야 한다. 주어진 펌프에 대한 NPSHre의 값은 유량에 따라 증가한다. 또한, NPSHre은 임펠러 아이(eye)의 지름이 증가(흡입구가 큰 경우)함에 따라 다소 감소하지만 회전속도(rpm)에 따라 증가하는 특징을 가지고 있다.

시스템 설계자들에 의해 만들어질 수 있는 가장 큰 실수는 정격 설계점에서 요구되는 NPSHre와 NPSHav의 차를 최소로 설계하는 것이다. 이런 경우 시스템의 부분에서 발생되는 오차 등에 대한 여유가 없으므로, 다양한 경우를 고려하였을 경우 문제가 발생할 수 있다.

9.3 흡입배관 설계

9.3.1 설계방안

많은 사람은 흡입 배관 설계에 대하여 보수적이다. 식 (9.2.1)과 식 (9.2.2)에의 NPSH를 구할 때, 배관 손실이 포함되어 있으므로, 이에 대한 검토를 반드시 해야 한다.

대부분 흡입 배관은 가능한 한 직선으로 크게 그리고 짧게 설계하는데 이에 대한 고려사항은 다음과 같다.

- 특히 유체가 현탁액일 경우 막힘 또는 장애 염려가 있다면 가능한 한 짧고, 직선화하여야 한다.
- 펌프 흡입배관은 5~10D정도 직선화하여야 한다.
- 펌프 섹션에서 압력이 충분하여야 한다. (NPSHav vs. NPSHre 체크)
- 펌프 흡입에서 유선 라인이 좋게 그리고 직선화되게 하는 것이 좋다.
- 마찰손실을 감소시켜라.
- 가능한 한 입구에서 필터의 사용은 자제해야 한다. 이런 사용은 흡입성능을 떨어뜨리거나 캐비테이션[73]을 피할 수 없다.

9.3.2 올바른 배관 설계와 조립

펌프에서 발생된 진동에 의하여 실과 베어링이 손상된 이유 중의 하나가 배관조립에서 발생할 수 있다. 즉, 펌프 흡입 측의 배관문제에서 발생된 문제가 토출 쪽의 배관보다 훨씬 더 중요하기 때문이다. 만약, 임의의 실수가 토출 배관에서 발생하였더라도, 이런 문제들은 보통 펌프성능을 증가시키면 펌핑 성능을 보상시킬 수 있다.

따라서, 흡입 배관내 플랜지는 볼트가 조여지기 전에 정렬되어야 하고, 모든 배관, 밸브 그리고 연관된 배관 부속품들은 펌프 위에서 변형을 일으키지 않게 하려고 독립적으로 지지가 되도록 조립 전 아래와 같이 설계를 해야 한다. 물론 토출 배관도 중요하다.

- 펌프 케이싱에 부가된 하중은 펌프의 올바른 성능을 발휘하는데 지장을 주므로 올바른 배관 설계와 조립을 해야 한다.
- 임의 조건에서 펌프 제조자는 펌프 플랜지에 작용하는 최대 힘과 모멘트를 계산하여 제공하여야 한다.
- 부가적인 축 부하, 더 높은 진동값, 실과 베어링의 빠른 손상이 전달되는 임펠러내 수력학적 불안정의 관점에서 보았을 때, 잘못된 배관 설계는 이런 영향을 가중시킬 수 있다.
- 고온의 적용 분야에서 배관의 잘못된 정렬은 운전주기 동안 열 상승을 고려하여 열팽창 조인트로 설계하여야 한다.

---

[73] 10장에서 다시 다룬다.

-. 펌프 가까이 설치된 확대 조인트의 끝이 정확하게 고정되지 않았다면, 배관 변형을 발생시킨다.

많은 펌프 배관이 부정확하게 설치되어도, 펌프 운전이 매우 안정적이기 때문에 배관 설치가 중요하지 않다는 주장이 있다. 불행히도 이런 운전은 상대적인 개념이고, 이 시스템에서 받아들여진 안정적인 운전은 다른 시스템에서는 타당하지 않을 수 있기 때문이다. 심지어는 만족스러운 펌프 운전이 이루어졌을 때도, 충분히 의심스러운 배관 연결은 잘되었다고 판단할 수 없다. 단지 그것은 행운이기 때문이다.

결론적으로, 흡입 측에서 발생한 문제는 펌프에서 계속되는 문제 원인이 될 수 있으며, 추적할 수 없는 어려움이 될 수 있다. 즉, 미식축구에서 만약 리시버가 실수를 자주 한다면, 그것이 리시버의 잘못인가? 또는 쿼터백이 좀 더 훈련해야 하는가?

9.3.2 곡관사용

▶ 곡관의 형태

부득이 펌프의 입구관에서 곡관(Elbow pipe)을 사용하게 된다면, [그림 9.3.1] 과 같이 $90°$ 및 $45°$ 의 배관을 사용하여 보텍스 형성을 제거시켜 주어야 한다.[74]

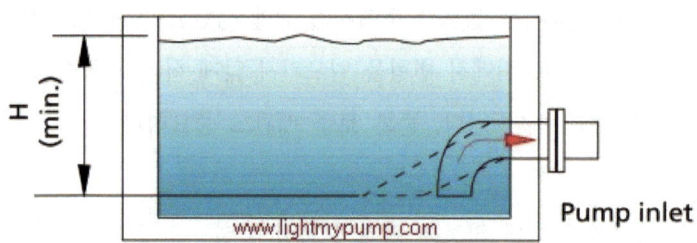

[그림 9.3.1] 펌프의 입구에 사용된 곡관

---

74) 이는 11.7절에서 다룬 수리모형실험으로 검증해야 한다.

제 9 장 펌프 흡입조건과 NPSH

▶ 잘못된 곡관사용으로 인한 에어포켓 발생

[그림 9.3.2]와 같이 펌프의 흡입 플랜지에 부득불 곡관을 사용할 수가 있다. [그림 9.3.2]와 같은 곡관내 유동은 대부분이 항상 균일하지 않고, 곡관이 펌프 흡입에 설치되어 있을 때 곡관을 통과한 유동은 임펠러 아이까지 불규칙한 유동상태가 된다. 이것은 임펠러 손상과 진동을 발생시키는 난류와 공기흡입을 발생시키게 된다.

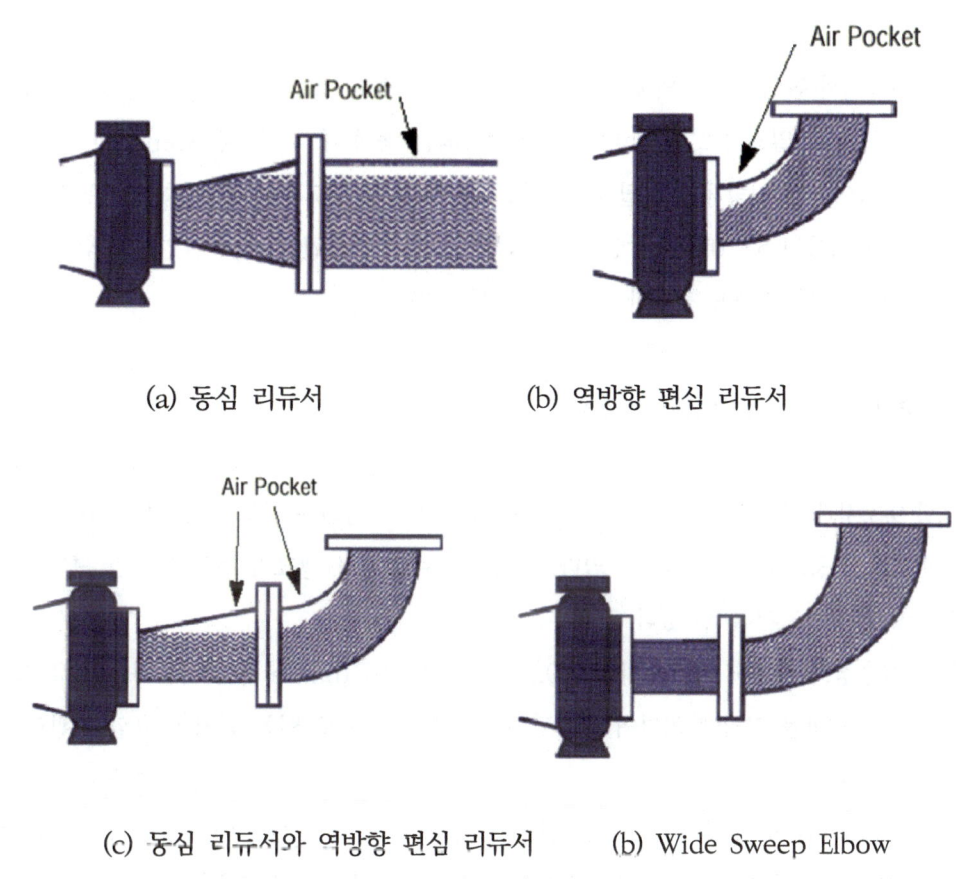

(a) 동심 리듀서 (b) 역방향 편심 리듀서

(c) 동심 리듀서와 역방향 편심 리듀서 (b) Wide Sweep Elbow

[그림 9.3.2] 흡입측에 사용된 곡관의 형태

[그림 9.3.2](a)와 같이 곡관이 펌프 입구에서 수평으로 설치되었을 때 발생된 불균일한 유동은 회전하는 임펠러의 수력학적 균형을 파괴한다. 이러한 조건 하의 과부하 된 베어링은 빨리 취약해 지면서 규칙적인 손상을 발생시킨다. 만약, 베어링 대신에 미캐니컬 실이 장착되었다면 좀 더 심한 손상이 발생한다.

이런 곡관은 [그림 9.2.1]과 같은 흡입조건에 따라, 흡입 배관 배치를 설계할 때, 유체가 펌프의 측면, 상측 또는 아래쪽으로부터 어떠한 방향으로 들어오는 것에 상관없이 배관 구성을 제대로 해야 한다. 즉, 배관 구성할 때 임펠러 아이까지 안정된 유동으로 유체를 송수할 수 있는가를 핵심 기준으로 두어야 한다.

[그림 9.3.2](a)의 동심 리듀서(Concentric Reducer)와 [그림 9.3.2](b)의 역방향 편심 리듀서(Inverted Eccentric Reducer), (a)와 (b)가 조합할 경우, 흡입플랜지 수직으로 조립된 배관 상부에 에어포켓(Air Pocket)이 발생할 수 있다. 이런 경우 (d)와 같이 Wide Sweep Elbow와 리듀셔를 결합하여 에어포켓을 해결해야 한다.

▶ 두 개의 곡관이 설치된 경우

펌프 흡입에서 흡입조건에 의해 두 개의 곡관을 설치해야 될 경우가 있다. 이것은 난류, 효율 저하 그리고 진동을 일으키고, 임펠러에 의해 수송되는 액체 내 회전영향(Spinning Effect)을 발생시킨다. 부득이하게 이렇게 설치될 때는 임펠러 아이로 유입되는 유동이 층류 유동임을 보장하기 위하여 배관 지름의 5~10배의 상당길이 만큼의 직관이 부착된 펌프의 흡입시스템을 제공해야 하고, 이를 확보하기 위하여 충분한 펌프장을 확보해야 한다.

▶ 흡수정에서 공기가 흡입되는 경우

[그림 9.3.3]과 같이 펌프가 흡수정 또는 탱크로부터 흡입되는 경우에, 보텍스(Vortex)의 생성은 흡입 배관으로 공기를 흡입시킬 수 있다. 이것은 흡수정이나 탱크의 수위가 흡입구를 충분히 잠기도록 함으로써 방지시킬 수 있다.

만약, 흡수정이 충분히 크거나, [그림 9.3,3]과 같은 배플(Baffle)들을 사용하거나 유입구과 출구의 상대적인 변화를 시킴에 의하여 흡수정내 보텍스 발생으로 인한 공기의 유입과 관련된 문제를 해결할 수 있다.

밀폐된 탱크 내에서 발생하는 보텍스 들을 쉽게 볼 수가 없으므로, 이런 문제를 해결하기가 매우 어렵다. 이에 흡수정관련 수리모형실험으로 통하여 흡수정에서 유입된 공기가 흡입구를 통과하지 않도록 흡수정을 설계하는 것이다.[75]

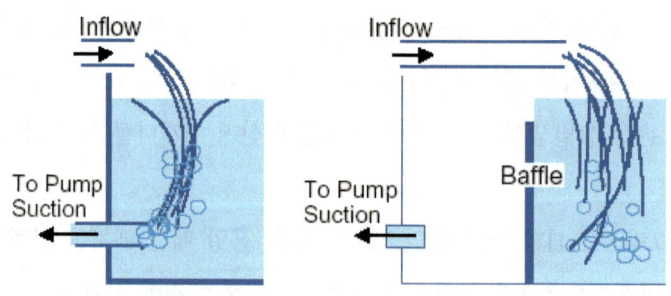

[9.3.3] 배플을 이용하여 흡수정내 발생된 보텍스 제거

---
75) 11장에서 다시 자세히 다루자.

제 9 장 펌프 흡입조건과 NPSH

[그림 9.3.4]와 같은 흡상 시스템에서 흡입 배관을 올바르게 설계하고, 설치하여도, 잘못된 흡수정의 형태에 의하여 공기 또는 수증기가 임펠러로 운반되어 캐비테이션과 유사한 결과를 발생하는 경우가 있다. 여기서 발생된 결과는 캐비테이션에 의한 것과 같지만, 원인이 완전 다르다. 이러한 현상에 관하여 특별히 의심받는 곳은 탱크의 수위(임계 몰수(Critical Submergence))가 낮아, 표면에서 유입되거나 흡수정에서 발생된 공기 때문에 흡입능력이 떨어지는 경우이다. 이런 경우 [그림 9.3.4]에서처럼 흡입구를 벨마우스(Bell Mouse)형태로 설계하거나, [그림 9.3.3]의 배플을 이용하여 이러한 현상을 회피시킬 수 있다.

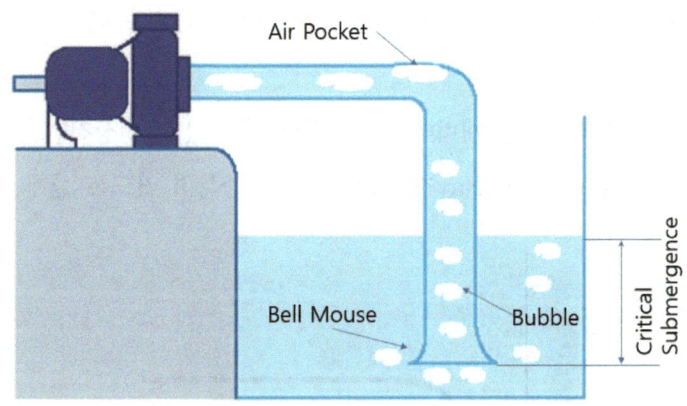

[그림 9.3.4] 에어포켓이 발생된 흡입배관

9.4 흡입손실

펌프가 탱크로부터 흡입할 때 NPSHav에 마찰 손실의 영향을 줄이기 위하여 가능한 한 펌프를 탱크에 근접한 위치시켜야 한다. 이런 경우는 매우 설치조건이 좋은 경우이지만 그렇지 않았을 때, 앞에서 검토한 것과 같이 펌프를 탱크로부터 5~10D정도 직선화해주는 것이 바람직하다. 이때 긴 배관으로 발생한 마찰을 줄이기 위하여 큰 지름의 관을 사용하여야 한다.

펌프제조자들은 일련의 실험을 통하여 각 펌프의 모든 운전범위에서 실제 NPSHre를 결정하게 된다.[76] 일반적으로 산업현장에서는 [그림 9.4.1]과 같이 유량이 일정할 때의 발생된 3%의 압력 감소를 기준값으로 고려하고 있다. [그림 9.4.1]은 일련의 NPSHre에 관한 전형적인 실험결과를 나타내고 있다.

3%의 압력강하가 발생할 때는 캐비테이션이 발생할 수 있고, 정상적인 운전점에서 캐비테이션의 결과를 무시할 수 있도록 NPSHav가 NPSHre보다 충분히 커도록 설계 및 선정해야 한다.

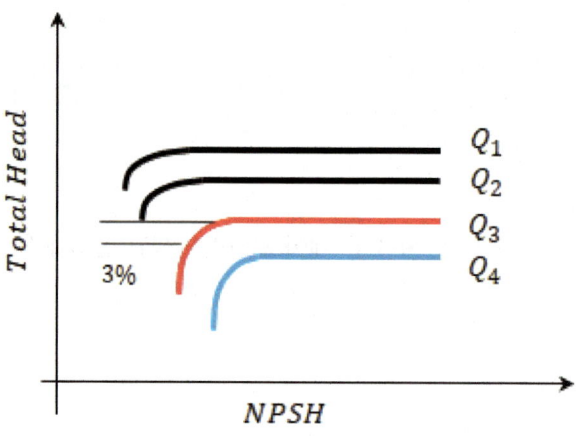

[그림 9.4.1] 3%의 헤드강하를 구하기 위한 4점 NPSHre의 결과

NPSHav의 여유값은 펌프 설계와 다른 인자들에 따라 변화되고, 정확한 여유값은 예측될 수 없다. 대부분의 적용분야에서, NPSHav가 상당한 NPSHre보다 크다. 그러나, NPSHav의 값이 NPSHre의 값과 유사한 경우에는 사용자들은 펌프제조업자에게 반드시 자문하여야 만 하고, 적절한 NPSHav의 여유값을 보장받아야 한다. 즉, 유체의 특성, 최대 그리고 정상 NPSHav의 값, 정격 운전유량들이 세심한 검토에서 고려되어야 하기 때문이다.

---

[76] 자세한 시험절차는 HI 규격 1988, 원심펌프 1.6을 참조하기 바란다.

9.5 NPSH 계산 예제

9.5.1 상온의 유체를 양수할 때

특정한 유량에서 $6\,m$의 흡입 양정을 갖는 시스템에서 유체를 수송하고자 할 때, 적용된 펌프의 NPSHre는 해당 유량에서 $3.6\,m$이다(공장 시험 자료). 이때 펌프가 유체를 양수할 수 있는 NPSHav는 식 (9.5.1)과 같이 $4.09\,m$이다. 여기서 마찰 손실은 무시($h_\ell = 0.24\,m$)했을 때, 20℃에서 물의 포화증기압은 $h_v = 0.24\,m$라고 적용하여도 식 (9.5.2)와 같이 1.3배인 NPSHre보다 적다. 즉 [그림 9.2.2]에서와 같이 이 시스템은 반드시 캐비테이션이 발생하는 등 흡입에 문제가 발생할 수 밖에 없다. 또한, 마찰까지 고려한다면 더더욱 안 된다. 그렇다면, 이를 해결할 수 있는 방안은 식 (9.5.3)과 같이 최소의 흡입 양정을 구하여 흡상 길이를 줄여주거나 더 좋은 펌프를 구매해야 한다.

최소의 흡입 양정은 식 (9.5.4)와 같이 최대 $5.41\,m$이내가 되어야 한다. 좋은 펌프를 구매하기에는 가격이 고가이거나, 대부분 주문 제작이므로 납기를 맞추지 못할 수 있으므로 현실상 불가능하다.

$$NPSH_{av} = 10.33 - 6.0 - 0 - 0.24 = 4.09\,m \tag{9.5.1}$$

$$4.09 < NPSH_{re} = 1.3 \times 3.6 = 4.68\,m \tag{9.5.2}$$

$$1.3 \times 3.6 = 10.33 - H_s - 0.24 \tag{9.5.3}$$

$$H_s = 10.33 - 0.24 - 1.3 \times 3.6 = 5.41\,m \tag{9.5.4}$$

9.7.2 고비중의 유체를 양수할 때

만약 유체가 황산(s=1.83)으로 변경되었다면, 이 예제에서 NPSHav인 흡입성능은 변할 수밖에 없다. 즉, NPSHav는 황산의 포화증기압과 마찰손실을 무시해도 식 (9.5.5)와 같이 $2.36\,[m]$가 되므로, 주어진 NPSHre인 $3.6\,[m]$를 도저히 만족시킬 수 없다. 보통, $330\,[℃]$에서 유황산은 물보다 높은 포화증기압을 갖고, 물의 경우는 $100\,[℃]$가 포화증기압이므로, 실내온노에서 황산에 대한 수증기압을 고려해도 만족시킬 수 없다. 이때 펌프가 수송할 수 있는 H_s(정적 높이)를 식 (9.5.6)과 같이 계산할 수 있다.

알기 쉽게 풀어 쓴 펌프이야기

$$NPSH_{av} = (10.33 - 6.0)/1.83 = 2.36\,[m] \qquad (9.5.5)$$

$$H_s \equiv (10.33/1.83) - 1.3 \times 3.6 = 0.96\,[m] \qquad (9.5.6)$$

따라서, 물을 $5.41\,[m]$만큼 흡입할 수 있는 펌프가 고비중의 황산의 경우 단지 $0.96\,[m]$만큼만 양수할 수밖에 없다는 것을 알아야 한다. 이럴 때는 [그림 9.5.1]과 같은 압상 시스템이나 탱크를 써서 해결해주어야 한다.

9.5.3 흡입 손실을 고려한 경우 압상시스템

앞 두 문제에서 적용한 문제에서 마찰 손실을 무시하였는데, 마찰 손실을 고려할 경우는 펌프에 의해 양수될 수 있는 유체의 정적높이를 더 감소시키게 된다. 즉, 이런 마찰 손실은 압력의 선형 감소뿐만 아니라 펌프 흡입에 대해 악영향을 끼친다. 만약에 원하는 NPSHav를 구하지 못할 때 [그림 9.2.1](a)의 흡상 시스템보다는 압상 시스템(c)를 사용하는 것도 하나의 대안이다.

[그림 9.5.1]과 같은 압상 시스템을 이용하여 유량이 $5.0\,[m^3/\min]$일 때 아래와 같이 NPSHav를 구하여 보자.

-. 펌프의 NPSHre은 정격유량에서 $4.5\,[m]$이다.
-. 펌프의 중심으로부터 $1.0\,[m]$ 높이에 탱크가 위치한다.
-. $2\,[m]$의 길이를 갖는 직관부에 90° 표준 엘보와 게이트 밸브를 갖는다.
-. 흡입배관의 지름은 $150\,[mm]$이다.
-. 유체는 상온의 물이라고 가정하자.
  ① 펌프의 NPSHav를 구하고,
  ② 유량 변화에 따라 NPSHav를 경향을 구해라.
  ③ 이 시스템이 압상이 아니라 흡상시스템일 때는 어떻게 변화는 지, 동시에 검토해라.

이 문제는 NPSHav를 구하는 문제이고, 압상이기 때문에 식 (9.2.2)으로부터 구하면 된다. 흡상 시스템일 때는 식 (9.2.1)로 구하는데 2개의 시스템의 차이는 흡입실양정을 각각 차감하는 것이다.

제 9 장 펌프 흡입조건과 NPSH

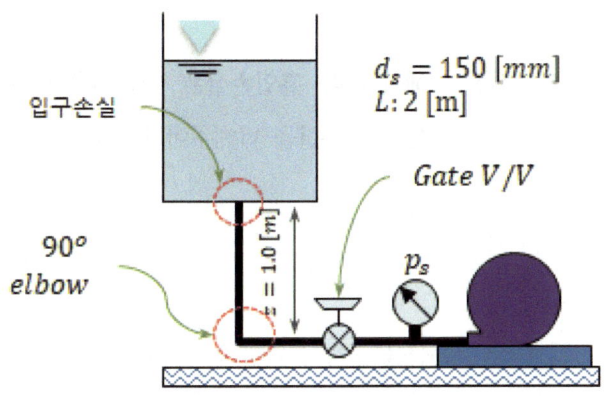

[그림 9.5.1] 흡입측에서 NPSHav의 계산을 위한 압상시스템

식 (9.2.2)의 4개 변수 중 모르는 것은 관로로부터 발생되는 손실인 h_ℓ이다. 탱크가 대기로 오픈 되었고 물이 채워져 있으므로, $H_a = 10.33\,[m]$, 펌프와 탱크의 높이차인 흡입실양정 $H_s = 1\,[m]$ 이며, 상온의 물의 포화증기압은 $0.24\,[m]$이므로 이 문제의 핵심은 주손실과 부손실을 구하는 것이다.

주손실을 구하는 부분에서 핵심은 정격유량이 $5.0\,[m^3/min]$일 때 유속을 구하고, 이에 따라, 구한 Re수로부터 마찰계수를 식 (6.3.4)와 같이 브라시우스 식으로부터 구하면 된다. 부손실은 입구 손실, 90도 표준 곡관, 완전 개방된 게이트밸브의 손실계수인 K를 구하여 [표 9.5.1]과 같이 $\sum K$를 계산하여야 한다.

[표 9.5.1] 시스템에서 계산된 손실계수 값

손실명칭	부손실 계수	비고
예리한 모서리를 갖는 입구	0.5	
$90°$ 표준 곡관	0.15	
완전 게이트 밸브	0.15	
합, $\sum K$	0.8	

NPSHav는 식 (9.2.2)를 이용하여 식 (9.5.7)과 같이 구하면 된다.

압상일 때 $\quad NPSHav = H_a + H_s - h_\ell - H_v = 10.33 + 1.0 - h_\ell - 0.24 \quad$ (9.5.7)

식 (9.5.7)에서 흡입손실을 구해야 한다. 흡입손실은 식 (6.3.3)을 이용하여 식 (9.5.8)과 같이 구해야 한다. 흡입에 관련된 주손실과 부손실을 더해주어야 한다.

$$h_\ell = h_L + h_{\ell m} = f\frac{L}{D}\frac{V^2}{2g} + \sum K\frac{V^2}{2g} = \left(f\frac{L}{D} + \sum K\right)\frac{V^2}{2g} \qquad (9.5.8)$$

흡입 직관 $2\,[m]$에 관한 주손실을 구하기 위하여 식 (9.5.9)와 같이 속도, 식 (9.5.10)과 같이 Re수를 구하고, 식 (6.3.4)로부터 마찰계수(f)를 구하여 식 (9.5.8)에 대입하면 아래의 [표 9.5.2]와 같이 계산할 수 있다. 즉 흡입손실은 속도의 함수이므로 [표 9.5.2]와 같이 계산해주어야 속도 변화에 따라 계산할 수 있다. 이때 액체는 상온의 물을 사용하였다고 가정하였다.

$$V = \frac{Q}{A} = \frac{Q}{0.0177\,[m^2]/60}\,[m/s] \qquad (9.5.9)$$

$$Re = \frac{\rho DV}{\mu} = \frac{998 \times 0.15 \times V}{0.001} \qquad (9.5.10)$$

$$f = \frac{0.3164}{Re^{0.25}} \qquad (6.3.4)$$

[표 9.5.2] 계산된 펌프특성

유량 $[m^3/min]$	유량 $[m^3/s]$	V	Re수	마찰 f	주손실 h_L	부손실 $h_{\ell,m}$	흡입 손실 h_ℓ	NPSHav 압상	NPSHav 흡상	NPSHre
0.00	0.000	0.00	0.00	0.00	0.00	0.00	0.00	11.09	9.09	0
1.00	0.017	0.94	140,960	0.016	0.010	0.036	0.046	11.044	9.044	0.18
2.00	0.033	1.88	281,921	0.014	0.034	0.145	0.179	10.911	8.911	0.72
3.00	0.050	2.82	422,881	0.012	0.065	0.326	0.391	10.699	8.699	1.62
4.00	0.067	3.77	563,842	0.012	0.116	0.579	0.695	10.395	8.395	2.88
5.00	0.083	4.71	704,802	0.011	0.166	0.905	1.071	10.019	8.019	4.50
6.00	0.100	5.65	845,763	0.010	0.217	1.303	1.52	9.57	7.57	6.48

[표 9.5.2]의 유량에 따른 흡입손실을 식 (9.5.7)에 대입을 하면, 본 문제와 같이 압상 시스템일 때 NPSHav를 구할 수 있다. 정격유량인 $5.0\,[m^3/min]$에서 $10.019\,[m]$로 주어진 NPSHre인 $4.50\,[m]$보다 훨씬 큼을 알 수 있다.

만약, 시스템을 압상에서 흡상 시스템으로 변경한다면, 이때 NPSHav의 [표 9.5.2]에서 참조해 볼 수 있다. 흡상 시스템의 NPSHav은 식 (9.5.1)로 구하는데, 2개의 시스템 차이는 흡입 실양정만 빼 준 것이다. 이때의 NPSHav은 정격유량에서 $8.019\,[m]$이고, 이는 주어진 NPSHre인 $4.50\,[m]$보다 훨씬 큼을 알 수 있다.

[그림 9.5.2]는 계산된 결과들을 동시에 나타낸 것이다. [표 9.5.2]와 [그림 9.5.2]에서 주어진 NPSHre은 펌프회사에서 주어진 데이터이므로 지금은 신경 쓰지 않아도 되지만 나중에 유사한 문제를 풀 때는 펌프회사에서 제시하는 카탈로그를 보고 판단해야 한다.

계산된 2개의 NPSHav를 보았을 때 [그림 9.5.2]를 보면 이 펌프 시스템은 어떤 흡입시스템을 갖더라도 흡입면으로 보았을 때 안정하다는 것을 의미한다. 즉, 상온의 물을 송수하는 시스템일 때 안정하다는 것을 의미한다. 다만, 온도가 높은 물 즉 물의 증기압이 높거나, 비중이 높은 유체를 송수할 때는 즉, 9.5.2절에서 다루었던 것과 같이 반드시 흡입성능을 계산해야 한다.

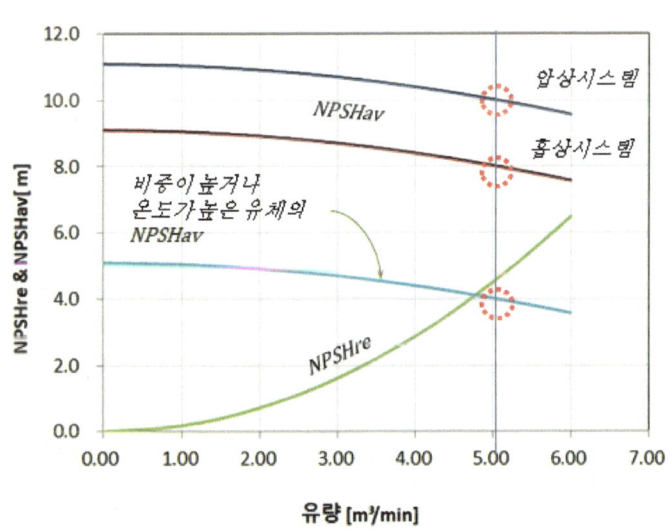

[그림 9.5.2] 구해진 흡상시스템과 압상시스템에서 NPSHav과 NPSHre와 비교한 것

만약, [그림 9.5.2]에서 추가로 나타낸 푸른색 NPSHav와 같이 계산되었을 경우 이 펌프를 사용해서는 안 된다. 따라서, 온도가 높은 물 즉 물의 증기압이 높거나, 비중이 높은 유체를 많이 사용되는 화학공장에서 대부분 탱크를 사용하는 [그림 9.2.1](c)와 같은 압상 시스템을 사용한다는 것을 보면 왜 그런지를 확인할 수 있다.

제 10 장 캐비테이션

> ▶ 캐비테이션은 펌프 성능과 수명에 중대한 영향을 미치는 현상이다.
> ▶ 캐비테이션의 정의, 발생 원인, 영향, 그리고 방지 방법, 또한 흡입비속도와 NPSH의 중요성, 그리고 재순환 현상에 대해서도 다룬다.

10.1 정의

캐비테이션(Cavitation)은 유체 내 증기 방울의 생성과 붕괴 현상이 결합한 과정을 의미한다. 이런 버블(Bubble)의 형성은 시스템 내 액체의 압력이 액체의 포화증기압보다 낮은 곳에서 발생하고, 버블의 붕괴 또는 파열은 [그림 10.1.1]과 같이 시스템의 압력이 액체의 포화증기압으로 증가하는 곳에서 발생하는 현상이다.

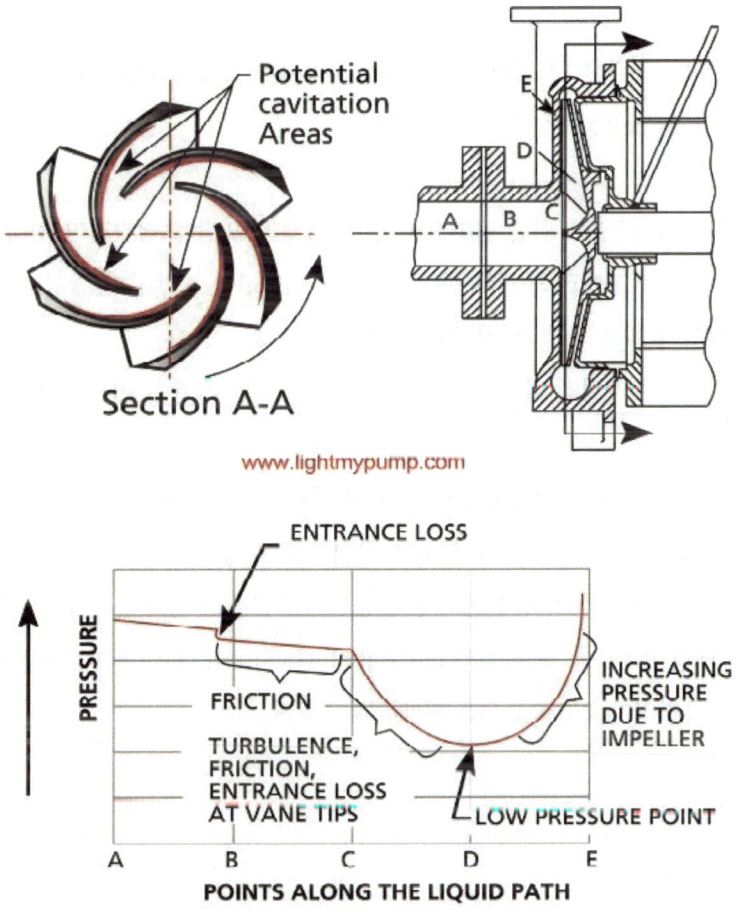

[그림 10.1.1] 임의 유량에서 일반적인 펌프에서 단면에 따라 발생되는 압력강하 곡선

[그림 10.1.1]은 유동 조건이 고정되었을 때 일반적인 펌프의 흡입구에서 임펠러 가압 측까지의 압력강하 선도를 나타내고 있다. B점에서부터 D점까지의 압력강하가 포화증기압보다 낮으면 안 된다. 이런 캐비테이션의 발생 과정은 단순 한순간 발생하는 현상이 아니라 아래와 같이 일련 적(Series)으로 이루어지는 연속현상이다.

◎ 버블형성 단계(Bubble Formation Phase)
 -. 작동 유체가 증기로 바뀔 때, 유량은 감소되고, 임펠러 통로(Impeller Passages)에 부분적으로 가벼운 증기(Lighter Vapors)로 채워지면서, 증기가 팽창되는 단계(B-D구간)
◎ 버블 붕괴 단계(Bubble Collapse Phase)
 -. 임펠러 가압쪽에서 증가된 압력으로 생성된 버블이 파열되는 현상이다.
   (D-E구간)
 -. 이때 배관에 귀를 대고 들으며 "쐐하는" 유체가 흐르는 연속적인 소리보다는 "착착착"과 같은 기포가 파열되는 주기적인 소음이 들린다.

이런 일련의 과정은 [그림 10.1.2]와 [그림 10.1.3]과 같이 소음/진동과 함께 기계적으로 불평형(Mechanical Imbalance)과 손상을 발생시킨다.

 -. 베인 표면의 기포 파열로 인한 충격으로 인해 임펠러 표면에 점진적인 침식(Erosion), 임펠러 재질을 조각화 그리고 최종적으로 구멍(Punching)이 발생된다.
 -. 버블의 파열의 결과로 소음과 진동이 발생한다.
 -. 초기에는 가벼운 주기적인 파열음이 들리다가, 심해지면 자갈이 펌핑될 때의 소리와 같은 소음이 발생한다.
 -. 초기에는 진동과 축 편심(Shaft Deflection) 등과 같은 현상으로 [그림 10.1.3]과 같이 양정, 동력 및 효율의 $3\,[\%]$ 이상의 감소가 급격하게 발생한다.
 -. 이런 현상은 최종적으로 추력 평행의 손실(Loss of Thrust Balance)과 추력 베어링(Thrust Bearing), 패킹 또는 실 누수 그리고 축 등의 파괴(Breakage) 등이 발생된다.
 -. 최종적으로 운전정지(Shut-down) 된다.

[그림 10.1.2] 캐비테이션이 발생한 사례[77]

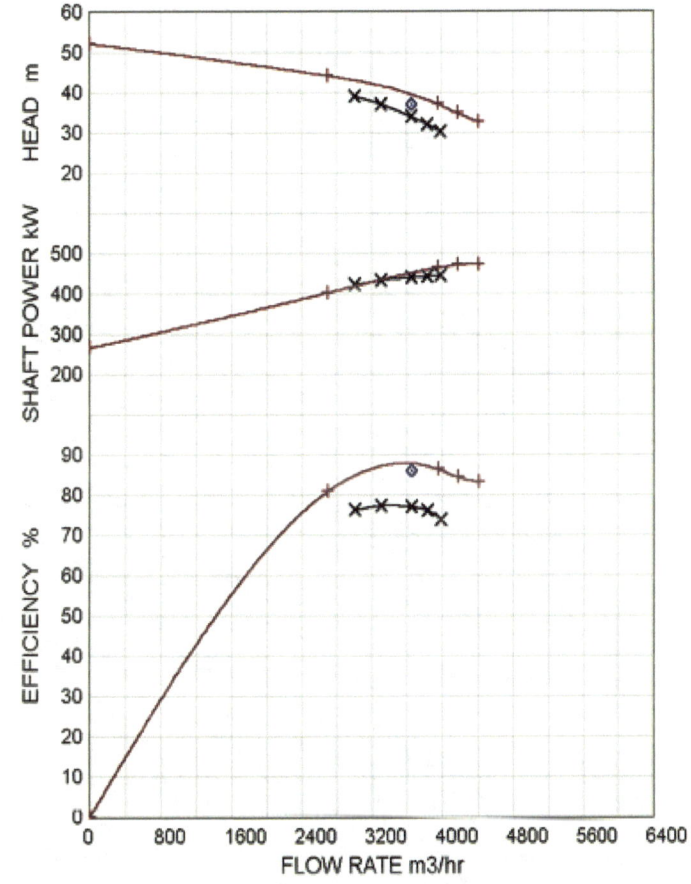

[그림 10.1.3] 캐비테이션이 발생한 성능곡선

이런 현상은 선박의 프로펠러와 다른 바이패스 오리피스와 스로틀 밸브와 같은 유압 시스템에서 많이 발생한다. 캐비테이션은 국부적인 속도증가로 인하여 압력강하가 많이 발생하는 부품에서 유체 포화증기압보다 낮게 나타나지는 현상이기 때문이다. 설계 시 캐비테이션의 발생을 체크하기 위하여 식 (9.2.1)과 식 (9.2.2)를 이용한다. 이 식에서 유체의 온도에 따른 수증기압을 반드시 고

---

[77] Cavitation damage on an impeller of a Robot BW5000 pump (image provided by my pump friend Bart Duijvelaar).

려해야 한다. 9.7절에서 상온상태 물의 포화수증기압은 0.24[m]이지만, 온도가 높은 유체에서는 [그림 10.1.4]와 [그림 10.1.5]와 같이 이 값이 커지게 되므로 매우 중요한 인자가 된다. 즉, 유체 온도가 높거나 압력이 낮아지면서 유체가 기화될 수 있기 때문이다.

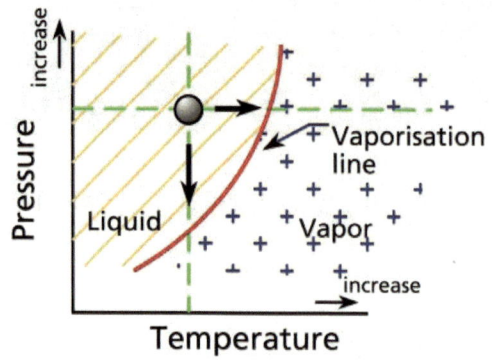

[그림 10.1.4] 유체와 증기의 압력 경계선

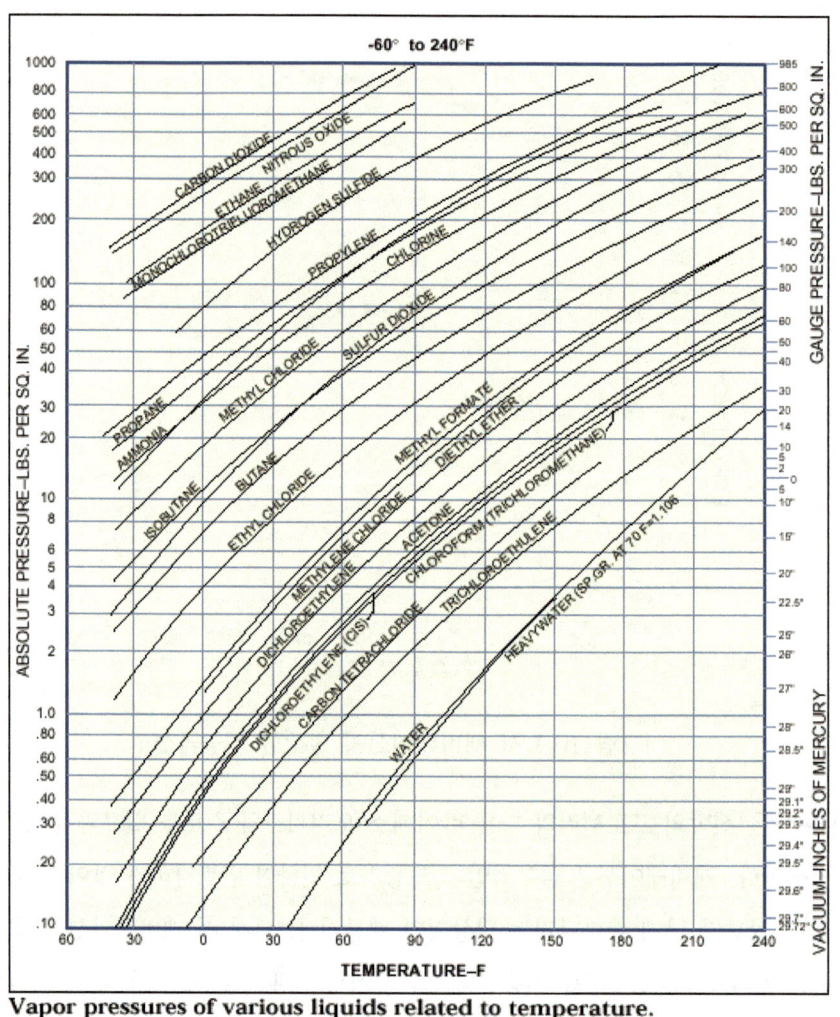

[그림 10.1.5] 온도에 따른 다양한 액체의 증기압

제 10 장 캐비테이션

10.2 흡입비속도(Suction Specific Speed)

펌프 설계시 흡입비속도(S_s)의 개념은 반드시 펌프설계자에 의하여 고려해야 한다. 펌프를 적용하는 엔지니어 그리고, 시스템 설계자는 펌프의 넓은 유량범위에 걸쳐 캐비테이션에서 자유스러워질 수 있도록, 높은 신뢰성과 능력을 갖추어야 한다.

시스템 설계자는 NPSHav와 설계 유량을 대입함으로써 아래와 같은 식으로 흡입비속도를 계산하여야만 한다. 펌프의 회전수 n은 일반적으로 양정과 시스템에서 필요한 압력에 의하여 결정되어 진다.

유지보수가 적은 펌프 시스템의 경우, 설계자와 대부분 사용자들은 S_s의 값을 $10,000 \sim 12,000$ 보다 아래 값을 채택한다. 그러나, 위에서 언급한 것 같이, 펌프의 비속도는 시스템의 조건 즉, 설계유량, 양정, NPSHav 의하여 많이 변할 수 있음을 언급하였다.

$$S_s = \frac{n\sqrt{Q}}{NPSH_{re}^{0.75}} \qquad (10.2.1)$$

여기서, N : 펌프의 회전수

Q : 최대 효율점에서 유량 (gpm)

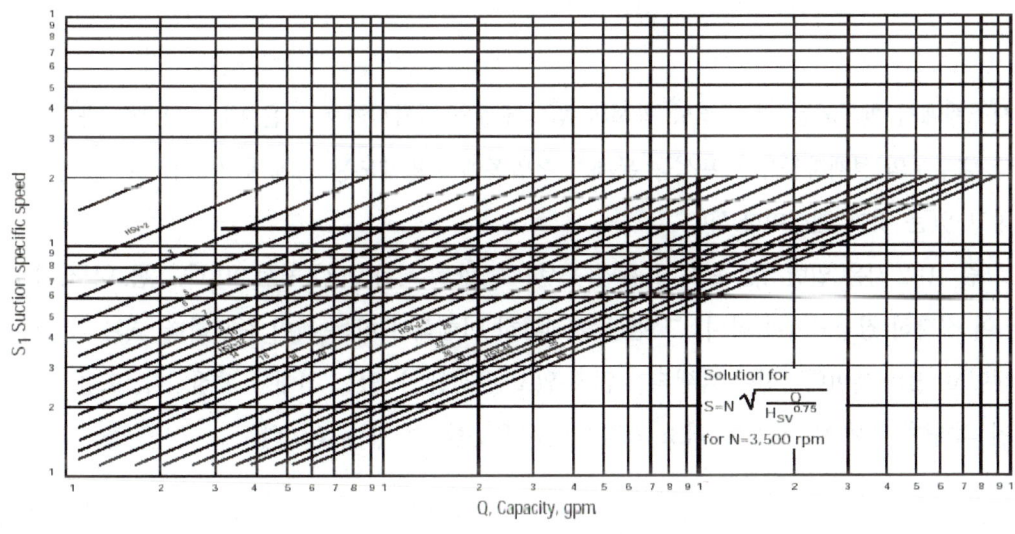

[그림 10.2.1] 펌프의 회전수가 3,500rpm으로 회전할 때 다양한 NPSHre에 따른 흡입비속도(Ss)대 유량(gpm) 곡선 (단단 펌프, 양흡펌프에서 유량의 1/2를 사용할 때, 최대 임펠러 지름일 때 최대효율(BEP)에서 Hsv=NPSHre)

[그림 10.2.1]과 [그림 10.2.2]는 펌프의 회전수가 3,500과 1750rpm일 때 NPSHre의 변화를 유량(gpm)대 S_s의 그림으로 나타낸 것이다. 시스템의 흡입비속도, S_s를 설계하기 위하여 [그림 10.2.1]과 [그림 10.2.2]의 곡선을 이용한다면 3,500rpm 펌프에서 20ft의 NPSHav가 필요한 시스템의 경우, 만약, 최대 S_s가 12,000로 유지된다면 최대유량은 1,000gpm으로 제한되어 진다.

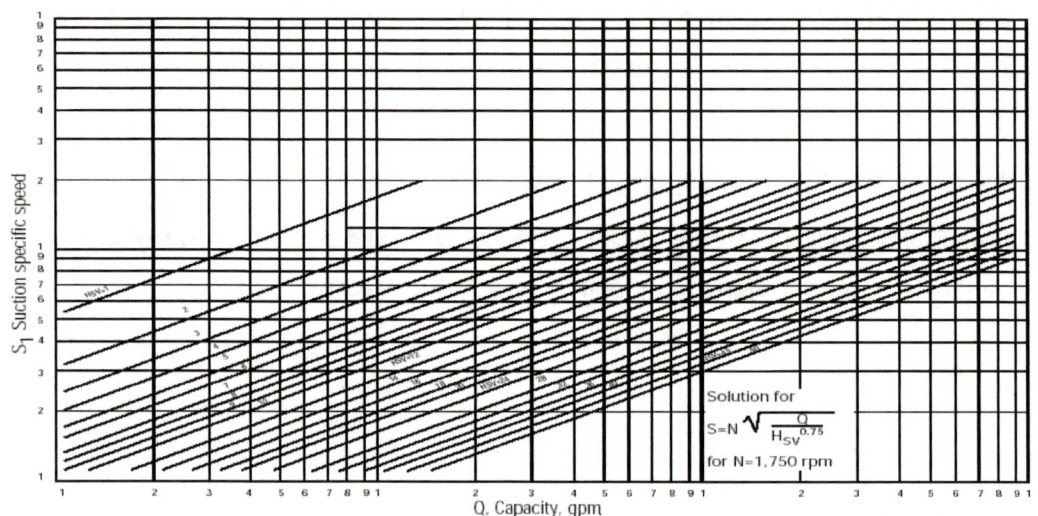

[그림 10.2.2] 펌프의 회전수가 1,750rpm으로 회전할 때 다양한 NPSHre에 따른 흡입비속도(Ss)대 유량(gpm)곡선(단단 펌프, 양흡펌프에서 유량의 1/2를 사용할 때), 최대 임펠러 지름일 때 최대효율(BEP)에서 Hsv=NPSHre)

시스템에서 발생되는 관로 저항 곡선과 펌프특성을 일치시키는 것은 매우 필요한 과제이다. 아직도 대부분의 설계자들은 펌프성능 문제가 흡입쪽에서 발생되는 문제에 기인한다는 것을 잘 알지 못하고 있는 것이 현실이다.[78]

[그림 10.2.3]은 일반적인 펌프의 흡입(곡선4)과 관로 저항 곡선(곡선2)이다. 펌프선정시 A, B, C점이 정확히 결정되어야 하며, 그 점들을 정확히 이해해야 하는 것이 중요하다. A는 일반적인 운전점이고, B는 캐비테이션이 발생되지 않지 않고 운전할 수 있는 최대 유량점이다. 또한, 흡입비속도에 의하여 결정되는 C점은 최소 안정적으로 운전할 수 있는 점이다.

---

78) 9.3.2절에서 다룸

제 10 장 캐비테이션

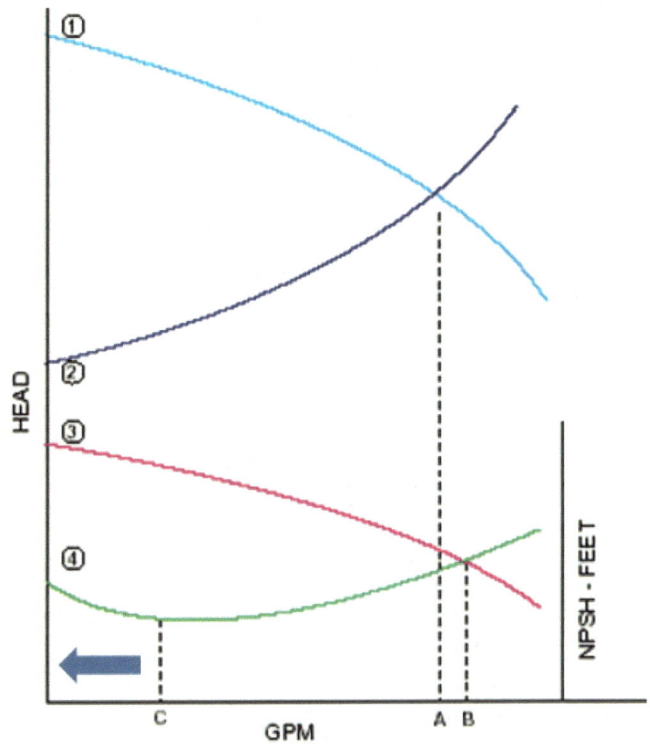

[그림 10.2.3] 흡입과 토출압력의 일반적인 그래프

곡선 1 : 펌프의 양정-유량 성능곡선,
곡선 2 : 관로저항곡선,
곡선 3 : NPSHav의 흡입시스템 곡선,
곡선 4 : 펌프의 NPSHre 곡선

일반적인 규칙에 따라 흡입비속도가 커짐에 따라 C점이 왼쪽으로 움직이므로 최소 안정적인 유량범위가 커지게 되어있다. 만약 펌프가 항상 최적의 효율점(A점)에서 운전되고 있다면 S_s값은 문제를 발생하지 않는다. 즉, 잘 선정되었다는 것을 의미한다. 그러나, 펌프는 항상 감소된 유량점에서 운전이 될 수 있기 때문에 S_s값의 선택은 주의 깊은 고려사항이 되어야만 한다.

10.3 어느 정도의 NPSH라면 충분한가?

사용자들에게 NPSH가 얼마큼 중요한가에 대한 인식은 얼마만큼 펌프 운전을 만족스럽게 할 수 있는 거를 나타낸다. 보통 전문가들은 NPSH를 펌프의 판매자들이 언급하는 것보다 훨씬 강조하는데 그럼 과연 얼마 정도의 NPSH라면 충분할까?

펌프 판매자들이 언급하곤 하는 필요유효흡입양정(NPSHre)는 보통 HI 규격을 근거로 하여 표현한다. 이것은 펌프의 흡입측 상에서 유체의 전체 에너지양을 표현하여 나타낸 것이다.

주어진 유량과 속도에서 흡입에너지의 값이 적은 펌프의 경우(NPSHre값이 적을 때)에는 이때 생성되는 토출 압력은 [그림 9.4.1]과 [그림 10.3.1]과 같이 정상적인 차동헤드에서 3%의 감소를 나타낸다. 이런 현상은 펌프에 의하여 유체가 흡입된 압력 상태보다도 펌프가 훨씬 더 빠르게 유체를 이송하기 때문에, 전체 펌프 성능에 악영향(캐비테이션)을 미치게 된다.

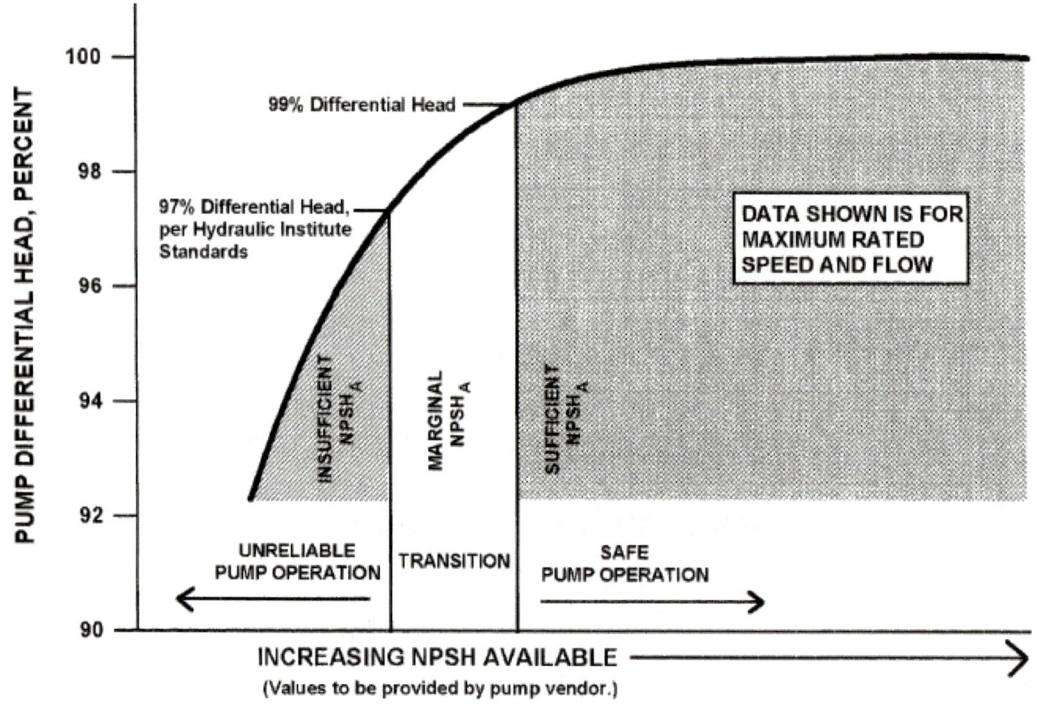

[그림 10.3.1] 펌프의 양정과 NPSHav의 관계

사용 유체의 온도가 끓는 점(boiling point)에 접근하였다면 캐비테이션 문제는 더 많이 발생한다. 이에 따른 진동(일반적으로 그 펌프내 임의의 기계적 주파수와 연관되지 않은 경우)는 베어링과 실의 수명을 짧게 하며, 심지어는 [그림 10.1.2]와 같이 임펠러와 케이싱의 손상을 반복적으로 발생시킨다.

NPSH의 충분한 값을 보장받는 것은 9장에서 언급하였듯이 시스템의 안정된 운전을 위해 절대적으로 필요하므로, 구매 과정시 전체 설치비용, 효율과 유지비용과 같은 다른 기준들보다 이에 대한 평가와 판단이 우선되어야 한다.

▶ 저유량 / 저회전속도 / 저마력의 경우(저에너지 상태의 펌핑시스템)
  -. 이 시스템내 캐비테이션과 같은 현상이 발생하더라도, 그 발생된 에너지의 양은 펌프에 손상을 주기 위해서는 너무 적다.
  -. 이들 화학적 반응으로 발생한 탄화수소(Hydrocarbons)은 캐비테이션 발생시 많은 에너지를 소산시키지 못하기 때문이다.

▶ 대유량 / 고회전속도 / 대마력의 경우(고에너지 상태의 펌핑시스템)
  -. 고에너지를 갖는 기계([그림 10.3.1]의 임계값을 갖는 펌프)는 항상 NPSHav가 NPSHre를 초과하기 위하여, 안전율을 고려하도록, 펌프 사용자들에게 강하게 요구하여야만 한다.
  -. [그림 10.3.1]을 통하여 펌프 운전을 신뢰성 있게 하는 데 필요한 여유폭을 결정해야 한다.

많은 펌프 제조자는 최대유량과 회전속도의 모든 범위에서 그들의 판매하는 각각의 모델에 대한 HI 코드에서 정의된 NPSH의 개념을 정확히 산정하기 위하여 공장시험을 근거로 하여 [그림 10.3.1]과 같은 개략도를 제시하고 있다.

[그림 10.3.1]에서 보듯이 NPSH가 감소함에 따라 펌프의 성능 감쇠가 비율적으로 분명하게 줄어들고 있다. 즉, [그림 10.3.1]은 만약 펌프가 NPSHav의 한계 양 아래에서 만족스럽게 운전이 되게 하려면 이때 유체에 부가할 에너지양과 이에 따른 성능 감쇠 비율을 나타내고 있다.

[그림 10.3.1]은 구매시 사용자들에게 공식적으로 제공되는 자료가 아니므로 [그림 10.3.1]과 같은 추가적인 정보를 원할 때는 사용자들은 펌프 판매자에게 반드시 요구하여야 한다. [그림 10.3.1]에서는 임의의 설치하에서 최대 유량과 회전속도에 따른 펌프 운전들을 아래와 같이 3가지 영역으로 실명하고 있다.
  -. NPSHav가 충분하지 못할 때(HI에서 제시된 NPSHre 보다 아래인 경우)는 신뢰성이 없는 펌프운전이 된다.
  -. 임계 NPSHav의 영역(중간영역)은 펌프의 운전이 안정적이거나 혹은 불안정적인 영역을 갖는 천이영역을 나타낸다. 낮은 에너지 펌프의 경우 일 경우에는, 이 영역에서 안정적인 펌프 운전일 될 것이다. 임계서비스 또는 높은 에너지를 갖는 기계일 경우, 시스템이 충분히 안정적이기 위하여 NPSHav를 차동양정의 99%를 유지하거나 또는 그 보다 높은 값을 유지되도록 운전되어야 한다. 또한, 신뢰성있는 운전영역이 되도록 하기 위하여 펌프 입구의 형상 변경으로 NPSH의 양을 단순하게 몇 피트 증가시키는 것이 반드시 필요하다.
  -. NPSHav가 충분히 클 경우에는 어떤 펌프일 경우에도 안전하게 운전이 된다.

새롭게 설치하는 경우와 펌프와 시스템이 이미 설치된 경우 NPSH 산정에 대한 예를 아래와 같이 검토하였다.

1) 새로운 설비를 설치하는 경우
   -. 사용자들은 시스템의 NPSHav 계산을 수월하기 위하여 수많은 관련 이론과 상업적인 소프트웨어를 통하여 시스템내에서 NPSHav을 계산하여 차동양정 99% 또는 그 이상이 되는 펌프를 선택하여야 한다.
   -. NPSHav가 NPSHre보다 0에서 10ft(약 1m)까지 큰 경우, 펌프 구매자들은 최대회전수와 유량에서 펌프 운전에 관한 [그림 10.3.1]과 유사한 그래프를 제공받을 수 있도록 제조자들에게 요구하여야 한다.
   -. NPSHav가 NPSHre보다 적다면 펌프 판매자와 접촉을 하여, 내부의 장치를 변화시켜 흡입성능을 향상시킬수 있는지를 확인하여야 한다.
   -. 펌프사용자는 NPSHav값을 향상시킬수 있도록 노력하여야 된다.[79]

2) 기존 시설인 경우
   -. 기존에 설치된 펌프의 운전 상태 즉, 흡입 압력, 온도, 유량, 유동특성을 파악하여 9.5.3절의 예제와 같이 NPSHav를 계산하여야 한다.
   -. 제공받은 NPSHre와 비교하여 안정성을 검토한다.
   -. 몇가지 하드웨어의 조절(Adjustment; 인듀서 추가 등)과 NPSHav를 증가시킬 수 있는 인자들로부터 신뢰성운전을 보장해야 한다.[80]
   -. 만약, 해결이 되지 않으면 펌프를 교체해야 한다.

---

[79] NPSHav를 증가시킬 수 있는 인자들은 9장에서 다루었다.
[80] 인듀서는 11장에서 다시 설명한다.

10.4 재순환현상

펌프내 캐비테이션 현상과 유사하게 [그림 10.4.1]과 같은 재순환현상(Recirculation)이 발생하지만, 원인은 캐비테이션과 다르다. 이런 재순환현상은 BEP 유동과 비교하여 낮은 영역과 높은 영역에서, 유체가 흡입 및 배출 시 역방향으로 재순환하거나 이동하기 시작하면서 발생하는 현상이다.

이런 재순환현상에 의하여 베인 깃면에 발생된 기포영역은 [그림 10.4.1]와 [그림 10.4.2](a)와 같이 2가지로 구분된다.

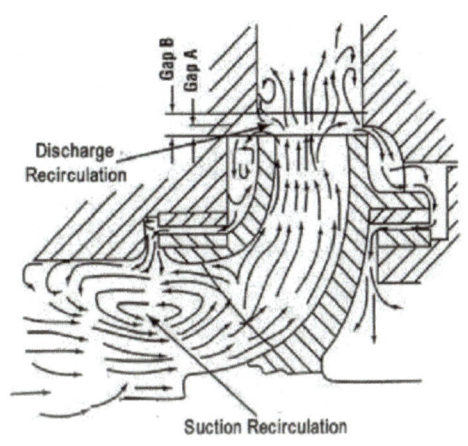

[그림 10.4.1] 재순환현상의 유동개념

▶ Suction Recirculation
- 깃 앞면(정압이 발생하기 시작하는 [그림 10.1.1]의 D영역)에서 흡입쪽에서 발생

▶ Discharge Recirculation
- 정압이 증가되는 [그림 10.1.1]의 깃 앞면의 E영역(토출쪽)에서 발생
- 배출 베인 팁에서 나타나는 손상으로 배출 재순환 구역의 펌프 운전과 연관됨
- [그림 10.4.2](b)은 토출 재순환현상 때문에 발생된 침식현상이다.

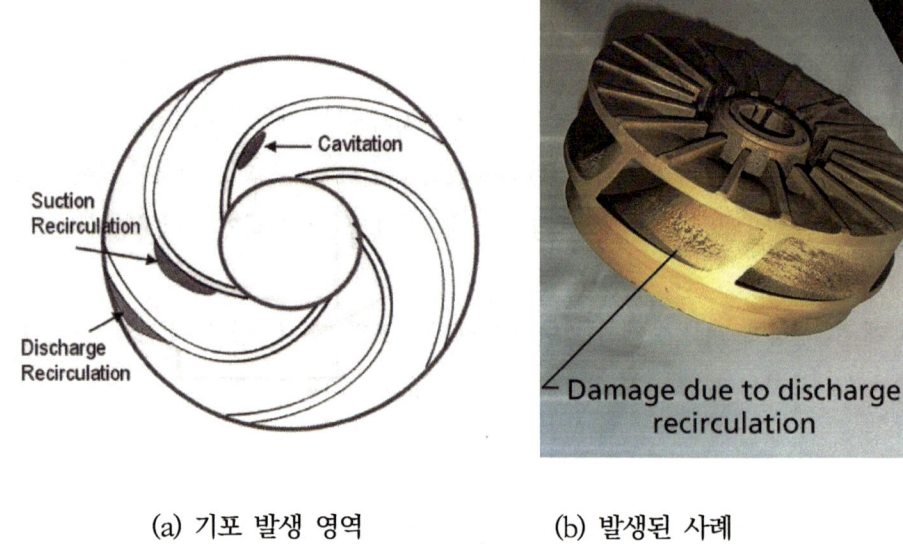

(a) 기포 발생 영역　　　　　　(b) 발생된 사례

[그림 10.4.2] 재순환현상

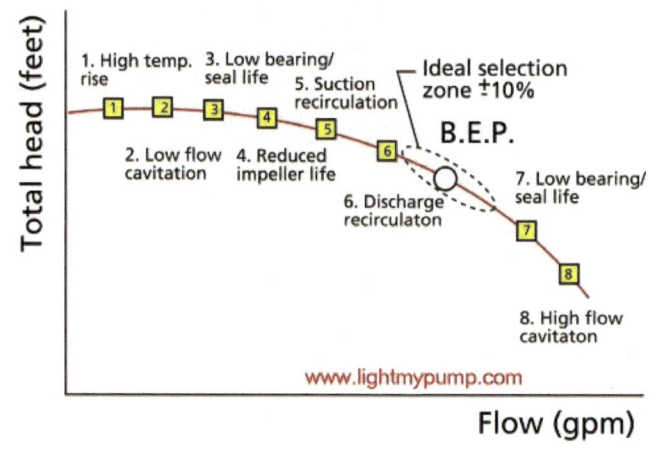

[그림 10.4.3] 펌프의 유량범위에서 나타날 수 있는 제현상들

그러나, 캐비테이션에 의한 기포는 [그림 10.4.2](a)에서 볼 수 있지만, 흡입 및 토출 재순환과 확연히 다른 영역에서 발생하고 있음을 알 수 있다. 캐비테이션에 의한 기포영역은 [그림 10.1.1]의 C영역에서 부압이 발생할 때 생성되는 깃 뒷면에서 발생되기 때문이다.

따라서, 진동과 소음이 발생하여 유지보수 할 때, 이런 상황을 명확히 구분하고, 왜 재순환현상이 발생했는지 파악해야 한다.

[그림 10.4.3]과 같은 펌프 특성 곡선위에 나타낸 8가지 제현상 중 재순환현상은 5, 6영역인데, 이 영역은 대부분 펌프의 운전범위임을 알 수 있다.

그렇다면, 왜 대부분의 운전범위에서 재순환현상이 발생할까? 대부분 재순환현상의 원인은 다음과 같이 4가지로 구분할 수 있는데, ①, ②항은 설계 및 설치시 필터링되어야 될 내용이다. 결국, 사용자에 의하여 ③, ④항과 같이 운전될 때 재순환현상이 발생할 수 밖에 없다.

① 잘못 설계된 배관이나 과도한 굴곡, 좁은 지름 등
② 본래 설계상 재순환이 발생할 수 있는 구조를 갖는 특정 유형의 펌프
③ 유량이 필요량에 비해 과도할 때, 과잉된 유체가 다시 펌프로 유입됨
④ 펌프 또는 시스템의 압력이 너무 낮은 경우, 유체가 정상적으로 흐르지 않고 다시 돌아감

재순환 현상을 해결하기 위해서는 시스템 전체를 점검하고, 다음과 같은 원인을 정확히 파악한 후 정기적인 점검과 유지보수를 수행하는 것이 중요하다

-. 필요한 유량에 맞게 펌프를 조절하거나, 성능이 적절한 펌프로 교체
-. 시스템에 압력강하를 방지하기 위해 밸브나 추가 장비 사용
-. 배관의 지름 수정 및 필요시 직선배관으로 수정하여 흐름 저항을 감소

제 11 장 흡수정과 보텍스

> ▶ 흡수정 설계를 잘못하여 발생하는 공기유입은 펌프의 성능저하에 막대한 영향을 미친다.
> ▶ 이에 대한 설계는 펌프장을 설계 전에 반드시 검토(수리모형실험)을 해야 하므로 이에 대한 절차를 자세히 다루었다.

11.1 흡수정에서의 유동현상

일반적으로 흡수정은 펌프의 흡입시 유동교란이 없이 취수장에서 물을 직접(directly) 유입되게 설계되어야만 한다. 그러나 만약 흡수정의 크기 또는 형태가 적절하지 못할 때 [그림 11.1.1]과 같이 공기가 빨려 들어가는 현상이 발생되게 된다. 일반적으로 이러한 현상은 보텍스, 와(渦), 소용돌이라고 하지만 정확히 표현할 수 있는 명칭은 보텍스이다. [그림 11.1.1]은 공기유입 보텍스(Air Entraining Vortex)와 수중 보텍스(Submerged Vortex)를 보여준 것으로 대표적으로 두가지 보텍스가 많이 발생된다.

(가) 공기유입 보텍스   (나) 수중 보텍스

[그림 2.1.1] 흡수정내 발생되는 공기유입 보텍스와 수중 보텍스

이런 현상이 점차 발달하여 펌프 흡입구로 공기가 빨려 들어간다면, 펌프 운전에 심각한 영향을 미치게 된다. 따라서 흡수정의 크기와 형태는 보텍스 뿐만 아니라 그 펌프장의 기능, 위치 조건과 운전상태를 고려하여 결정되어야 한다.

11.2 보텍스의 종류

흡수정에서 발생될 수 있는 보텍스 현상은 [그림 11.2.1]과 같이 5가지로 나누어 볼 수 있다.[81]

a. 패임 보텍스(Dmple vortex) :
   단순하게 공기흡입은 발생하지 않으며 수면에서 움푹 패임 현상이 있는 경우
b. 단속 보텍스(Intermittent air entraining vortex)
   수면에서 패임현상이 증가하여 공기의 흡입이 간헐적으로 발생되는 경우
c. 연속 보텍스(Continuous air entraining vortex)
   - 공기가 연속적으로 유입되어 펌프의 성능에 영향을 미치는 경우
   - 수위와 벨마우스와의 떨어진 거리를 임계 몰수(Critical Submergence)라 한다.
   - 몰수 깊이가 적을 때는 많은 공기의 양이 연속적으로 빨려 들어가게 되고 펌프의 성능을 저하시킨다.
d. 동심 보텍스(Coaxial vortex)
   물의 수위가 감소함에 따라 발생되는 연속 공기흡입 보텍스로서 보텍스의 중심이 벨마우스의 높이와 일치하는 경우를 의미한다.
e. 수중 보텍스(Submerged vortex)
   이 보텍스는 벨마우스의 몰수 깊이와는 직접적인 관계는 없다. 이런 보텍스는 진공 콘(vapor cone)의 발생과 함께 흡수정의 측면 또는 밑면으로부터 발생되어 발달되곤 한다.

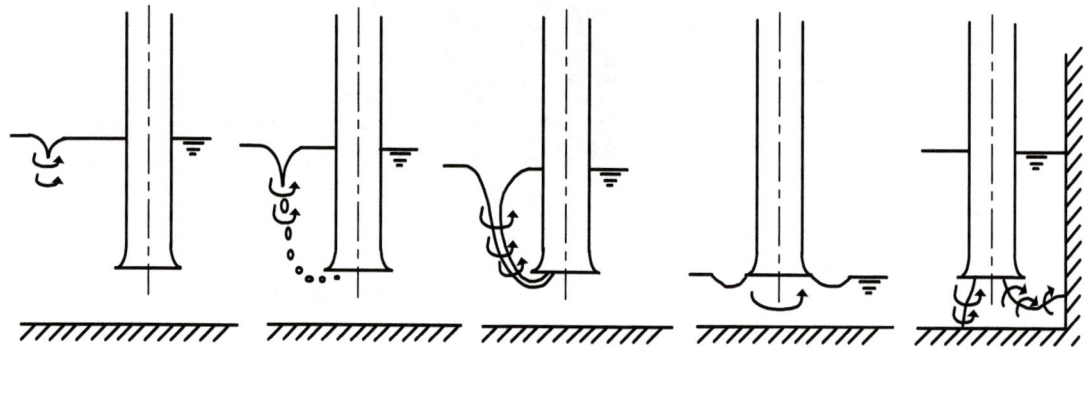

   (a) 패임보텍스   (b) 단속보텍스   (c) 연속보텍스   (d) 동심보텍스   (e) 수중보텍스

[그림 11.2.1] 보텍스의 형태

---

81) 11.7절에 나타낸 보텍스 판단기준을 이해하는 도움이 되는 기본적인 정의이다.

11.3 보텍스의 영향

적절하지 못한 형태와 잘못된 크기는 흡수정에서 보텍스와 수위에 난류성분을 발생시키며, 아래와 같은 악영향을 미치게 된다.

　가. 진동과 소음 유발([그림 11.3.1])
　나. 임펠러 침식과 베어링의 마모([그림 11.3.2])
　다. 공기흡입으로 인한 펌프성능저하 및 펌프의 트러블(trouble) 발생 ([그림 11.3.3])
　라. 임펠러 입구부분에서 비정상 소용돌이 유동 생성은 토출량의 감소와 부족한 토출량을 유지하려고 하는 원인으로 모터 과부하 발생
　마. 공기의 유입은 흡입관내에서 진동, 서징현상 그리고 수충격의 원인이 송수공급설비의 중단을 초래

[그림 11.3.1] 공기유입으로 인하여 발생된 진동

[그림 11.3.2] 임펠러 깃면에 발생한 공기유입에 따른 침식현상

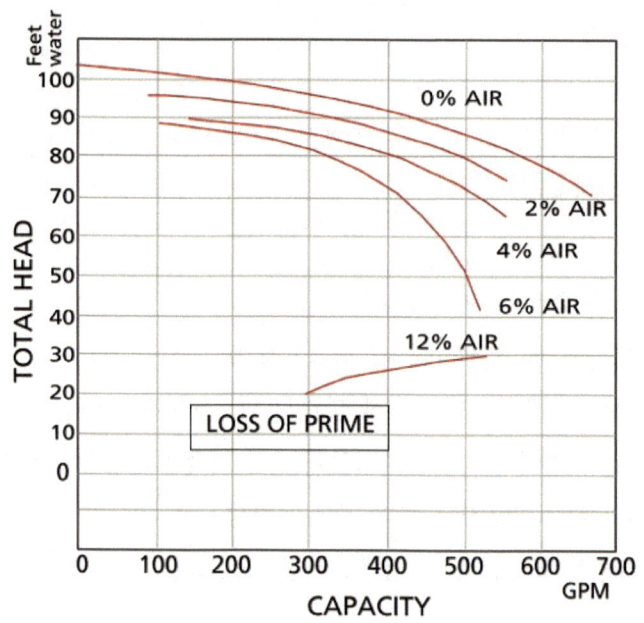

[그림 11.3.3] 공기유입에 따른 저하된 펌프 성능

11.4 보텍스의 발생원인

[그림 11.4.1]과 같이 PIV 방법이나 [그림 11.4.2]와 같이 컴퓨터시뮬레이션 방법들에 의하여 밝혀진 원인은 흡수정의 형태로 인한 유동교란 및 난류성분 발생이다. 펌프의 접근유량(Pump Approach Flow)의 유속 증가, 불균일 유동(Non-Uniform Flow)과 편류유동(Drift Flow)의 증가로 인해 발생한다고 알려져 있다.

흡수정 형태와 유동의 불균형이 발생된 원인은, 짧은 공사 일정으로 펌프성능을 고려하지 않고 토목 및 건축공사를 먼저 한 후 펌프설치하기 때문이다. 즉, 설계 당시 펌프의 특성을 충분히 고려하지 않은 상태에서 위치 조건만 반영된 설계로 인하여 유동이 불안정하게 되고 소용돌이 현상이 발생되는 펌프장이 종종 생기게 된다.

최근에는 [그림 11.4.3]과 같이 펌프의 흡입 중 유동교란 없이 취수장에서 원수가 직접 흡수정에 유입되게 적절하게 설계(흡수정의 적절한 폭, 바닥과의 간격, 측벽과의 간격, 형태, 흡수정 바닥의 기울기, 펌프 자체의 크기와 형태, 흡수정 수위 등)한 후 이를 토목 및 건축 관련 설계자, 감리와 회의 후 결정하고, 추가적으로 수리모형실험을 수행하여 검증한 후 진행하는 것이 일반적인 공사 프로세스가 되었다.

제 11 장 흡수정과 보텍스

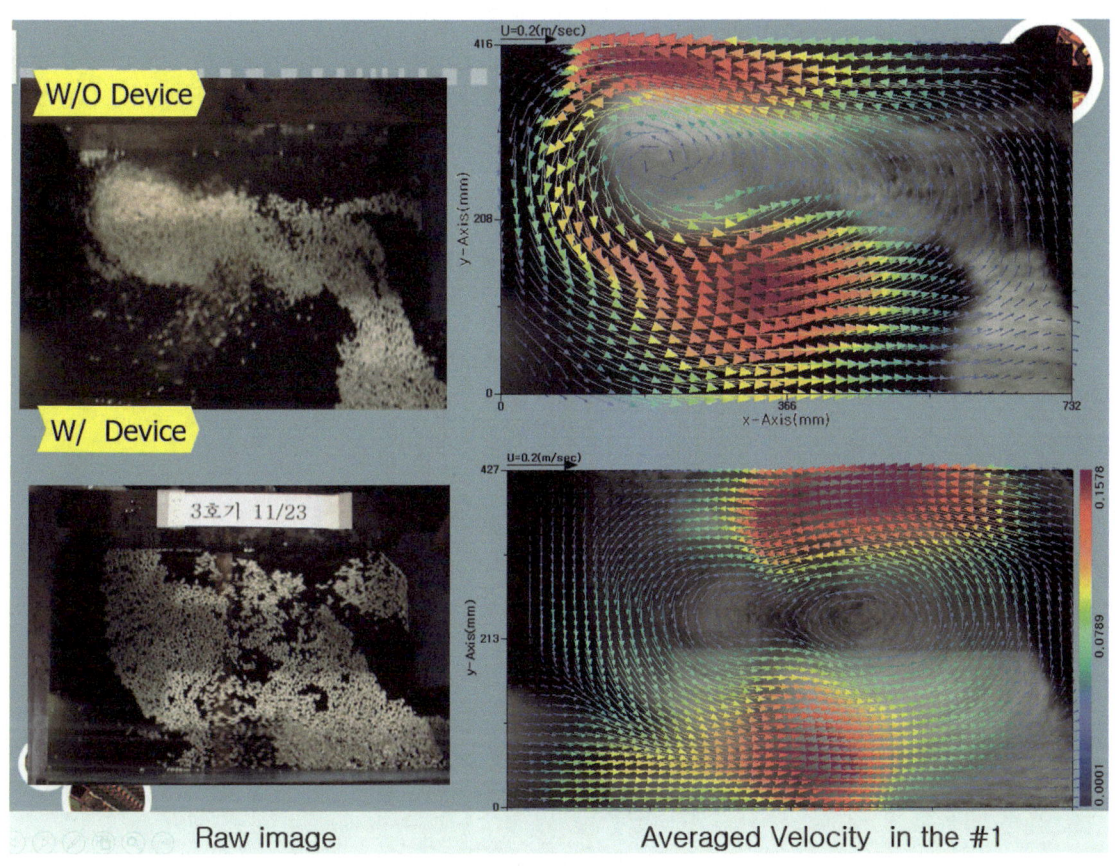

[그림 11.4.1] PIV 방법을 통한 공기흡입 보텍스 발생의 예측

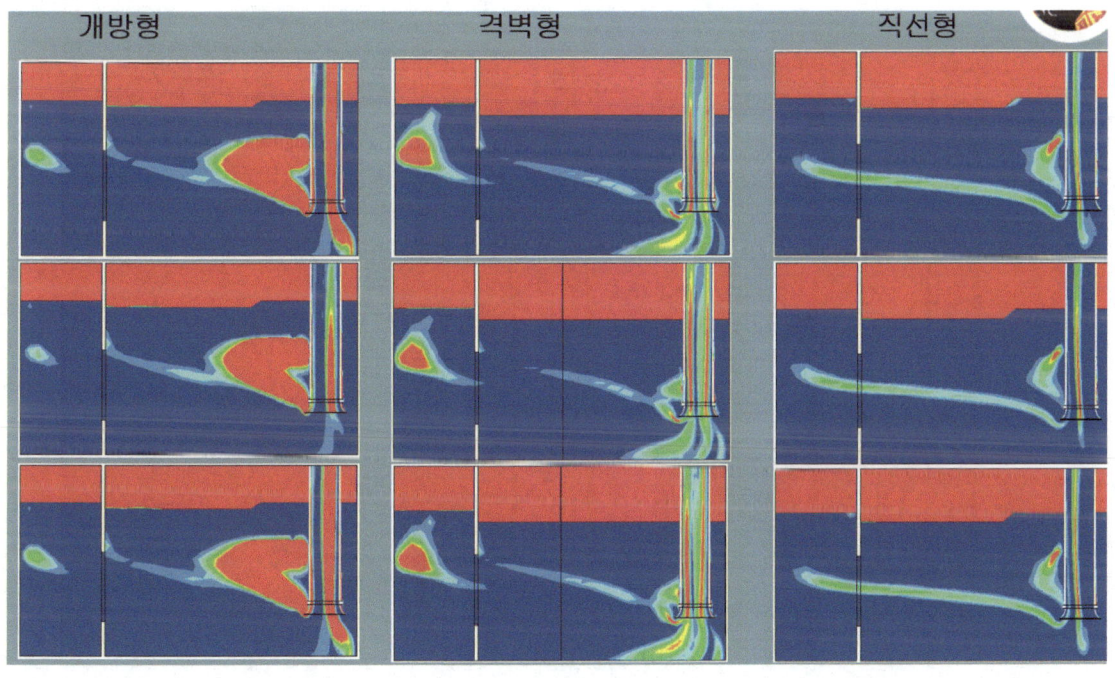

[그림 11.4.2] CFD를 통한 공기흡입 보텍스 발생의 예측

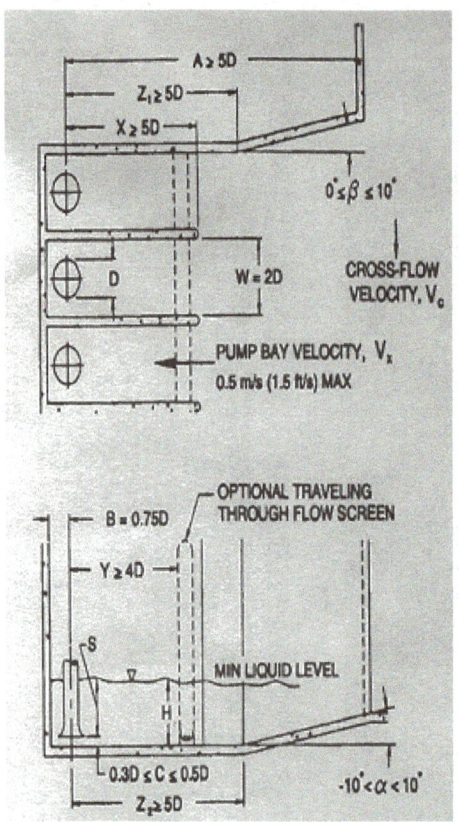

(a) ANSI/HI 9.8-1998 code

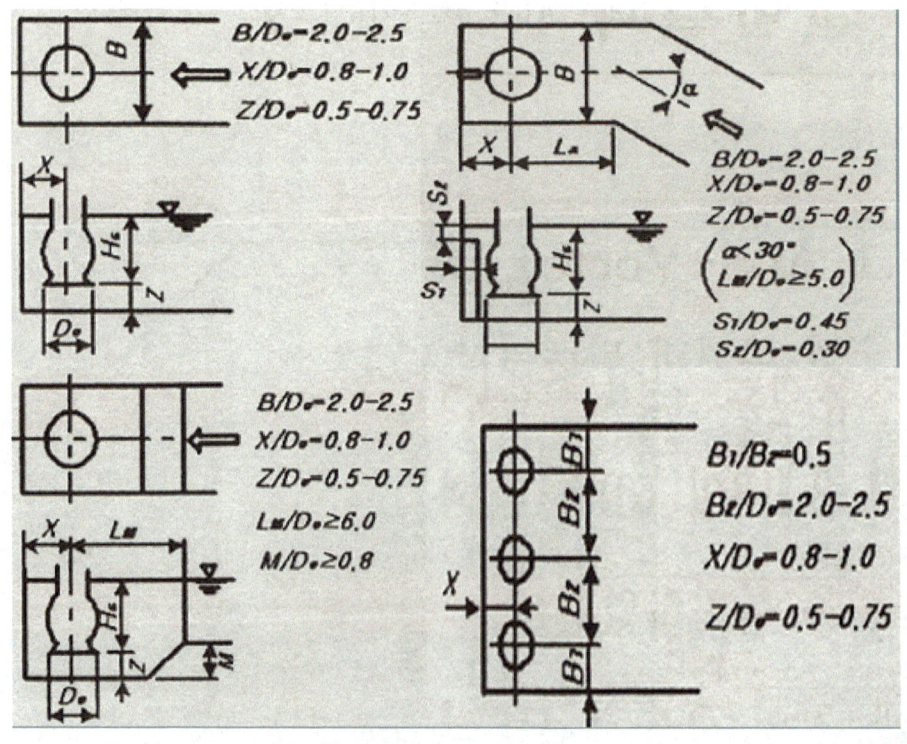

(b) TSJ/JSME 코드

[그림 11.4.3] 흡수정 관련 코드

제 11 장 흡수정과 보텍스

HI규격과 TSJ 등과 코드에서 모든 경우가 일반적인 가이드를 추천하고 있어, 모든 펌프장의 흡수정 형태와 크기, 흡입조건이 같을 수가 없어 정확한 설계조건을 판단하기는 어렵다.

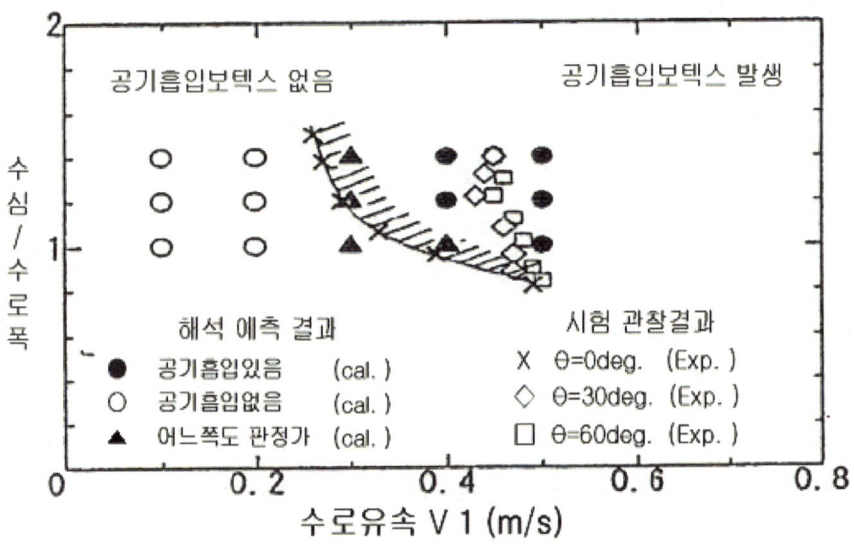

[그림 11.4.4] 공기흡입 보텍스 발생의 예측과 실측의 결과(일본터보기계학회 자료)

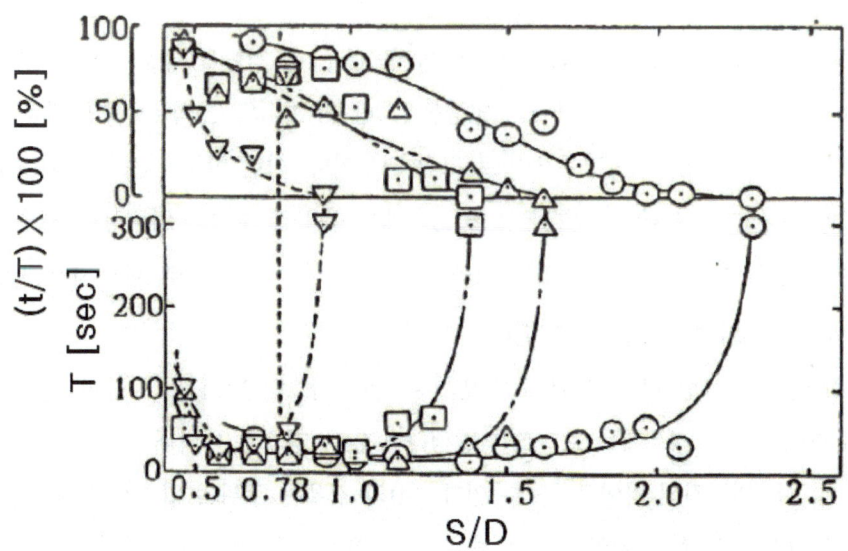

[그림 11.4.5] 흡입수조에 발생하는 수중 보텍스에 대한 발생주기와 지속시간의 관계(일본터보기계학회 자료)
(t : 공기흡입 보텍스 생성주기, T : 수중 보텍스 생성주기 S : 수위, D : 흡입배관 지름)

따라서, 일본터보기계학회에서는 보텍스의 발생원인을 [그림 11.4.4] 및 [그림 11.4.5]와 같이 흡수정 형태에 따른 유동구조에 따라 무차원화하였다. [그림 11.4.4]는 수로 유속에 따른 수심과 수로 폭에 따라 공기흡입 보텍스의 발생여부를 컴퓨터 시뮬레이션과 수리모형시험으로 계산한 결과이다.

[그림 11.4.4]에서 보듯이 흡수정에 접근하는 유속이 적을 경우나 수심의 깊이(임계몰수)가 수로 폭보다 큰 경우에는 공기흡입 보텍스가 발생하지 않음을 알 수 있다. 즉, 대부분 펌프장을 살펴보면 20~30년 이후의 수요량 예측으로 인하여 대부분 펌프가 과대 설계되어 있어서 수요량에 맞은 적정운전을 하지 못하고, 이에 수로 유속이 크다는 것이 보텍스 발생원인이 된다.

또한, [그림 11.4.4]에서 제시된 사선은 유속에 따른 수심의 높이 한계를 나타내고 있다. 이 범위를 초과한다는 것은 설계된 흡수정내 유동장이 불안정하다는 의미와 같다.

[그림 11.4.5]에서는 유량의 범위를 $0.8, 1, 2, 1.6$ 그리고 $2.0 m^3/\min$일 때의 흡입 배관과 수위의 상관관계에 따른 수중 보텍스의 발생주기와 지속시간에 대하여 살펴보았다. 유량과 상관없이 S/D가 0.78인 경우가 가장 최적이 되며, 그 값보다 적거나 큰 경우에는 수중 보텍스의 발생한다는 것을 의미한다.

[그림 11.4.4] 및 [그림 11.4.5]에서 보듯이 이런 불안정한 소용돌이 유동장은 흡입관 주위의 압력장과 연관하여 살펴보아야 한다. 안정적인 유동장인 경우에는 [그림 11.4.6](가)와 같이 표면의 대기압보다 수심(h)만큼 높은 압력장($P_1 = \gamma h$)을 가지면서 펌프에서 흡입압(진공압)으로 흡입을 하여도 높은 압력 분포장이 어느 정도의 방어막(fence) 역할을 해줌에 따라 안정된 압력장을 형성하게 된다. 초기 공기흡입 보텍스의 발생은 [그림 11.2.4]의 (a)와 (b)의 형태의 패임 보텍스와 단속 보텍스를 반복하게 되는 경우가 바로 그런 경우이다. 이런 현상이 지속이 되어 [그림 11.4.6](b)와 같이 소용돌이 유동장이 발생되었을 경우에는 흡입관 주위의 압력장이 표면보다 낮아짐에 따라 순차적인 압력장을 형성하게 됨에 따라 $P_a > P_1 > P_s$가 되므로, 에너지 보존법칙에 의하여 수면에 있는 공기가 빨려 들어가게 된다.

이런 현상은 [그림 11.4.7]에서도 확인할 수 있다. [그림 11.4.7]의 (a)의 경우는 보텍스가 발생된 경우이고, (b)의 경우에는 보텍스가 발생하지 않은 경우를 나타내고 있다. 이 보텍스의 유무에 따른 원인은 압력장의 차이로 볼 수 있다. (a)의 경우는 주위의 압력장과 대기압의 비가 같은 경우이지만 (b)의 경우는 대기압보다 큰 경우를 의미한다. 즉, 보텍스의 발생은 [그림 11.4.8]과 같이 불안정한 유동장에 의한 압력강하가 그 원인으로 볼 수 있다.

제 11 장 흡수정과 보텍스

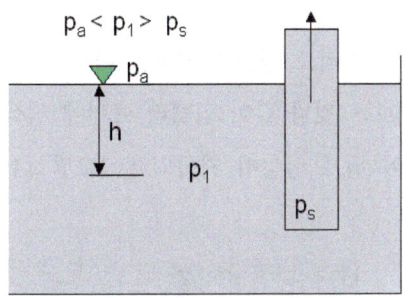 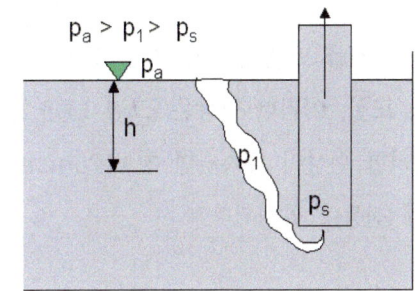

(a) 안정적인 유동장　　　　　　(b) 소용돌이가 발생된 유동장

[그림 11.4.6] 흡입배관 주위의 압력분포 도식도

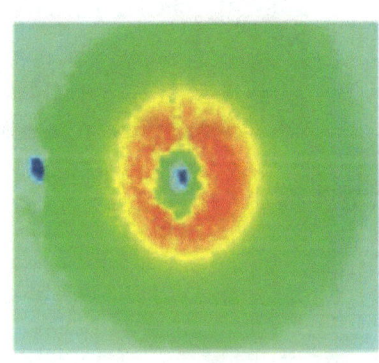 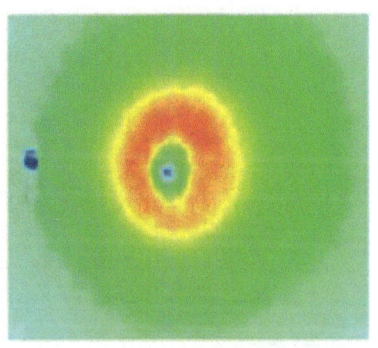

(a) $p_1/p_a = 1$(캐비티 발생)　　(b) $p_1/p_a = 3$(캐비티 없음)

[그림 11.4.7] 저면에서 측정된 압력분포

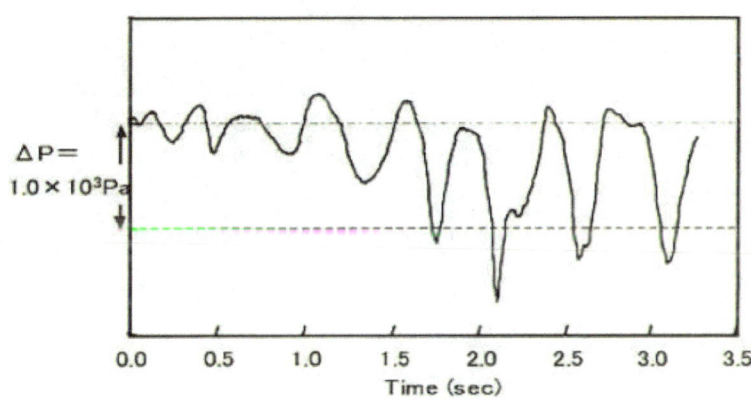

[그림 11.4.8] 보텍스 발생부근의 시간에 따른 압력변화

197

펌프 흡입에 공기가 유입되면 [그림 11.3.3]과 같이 펌프 성능이 상당히 저하된다. Goulds의 [그림 11.3.3]을 보면 유체에 부피 기준으로 2%의 공기라도 성능에 영향을 미칠 수 있음을 보여주고 있다. 또한, 이러한 현상은 [그림 11.3.2]에서 보는 것과 같이 임펠러 표면에 침식이 발생하게 되고 이러한 현상이 계속되면 천공(Punching)되어 펌프 성능이 저하되고, [그림 11.3.1]과 같이 펌프장에 진동이 발생된다.

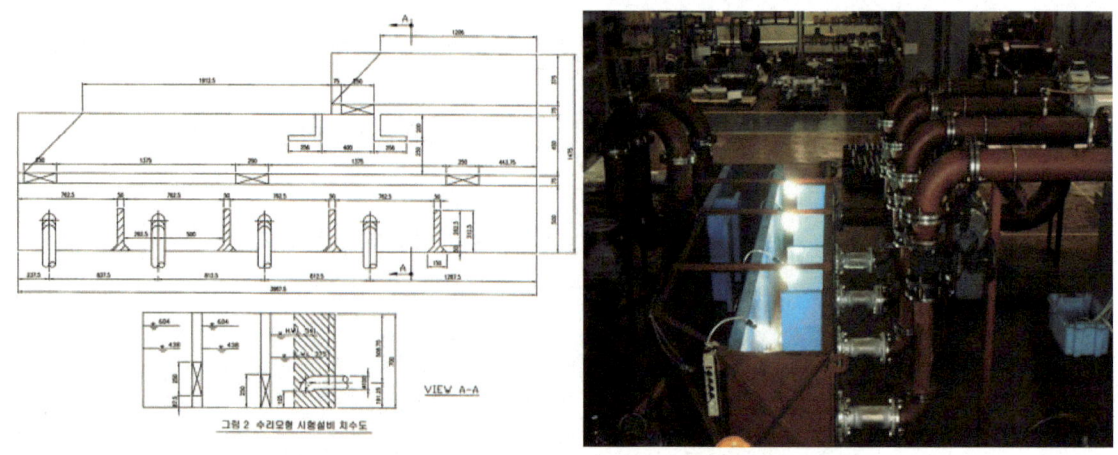

(a) 취수장 관련 실험

(b) 냉각탑 관련 실험

[그림 11.5.1] 수리모형실험을 한 예

11.5 수리모형실험

11.5.1 목적

펌프장의 안정성과 흡수정의 건전성을 확보하기 위하여 [그림 11.5.1]과 같이 수리 모형실험을 해야 한다. 즉 펌프 수조내의 각종 보텍스(공기 흡입 보텍스, 수중 보텍스)의 발생 여부를 확인하고 동시에 시험결과 보텍스(Vortex) 및 스월(Swirl)현상 등의 문제가 발생할 때 이에 대한 방지대책(Anti-Vortex Device)을 수립 및 시행하여 문제를 해결하는 데 있다.

이런 수리모형실험을 위하여 적용할 기준은 아래와 같은 규격 중 ANSI/HI 9.8을 주로 사용하고, 보조적으로 JSME/TSJ 및 한국표준협회 단체기준을 적용하게 된다.

- ▶ ANSI/HI 9.8 Pump Intake Design
- ▶ JSME S 004-1984(일본기계학회 기준, 펌프흡입수조의 모형시험법)
- ▶ TSJ S 002 (일본 기계학회 기준, 펌프흡입수조의 모형시험법)
- ▶ 한국표준협회 단체기준 : 펌프 흡수정 설계기준

11.5.2 상사조건

수리모형실험은 모형실험이기 때문에 기하학적 상사, 운동학적 상사, 역학적 상사에 맞게 수행되어야 한다.

(1) 기하학적 상사 (Geometric Scale)

-. 모델수조 설비는 제작하는 데 있어 고려할 상사는 ANSI/HI 코드에 의하면 식 (11.5.1)과 같이 프라우드 수(Froude No.)에 의한 기하학적 상사이다.

$$Fr = Fr_m / Fr_p = 1 \tag{11.5.1}$$

-. ANSI/HI 코드에 의하면 프라우드 수에 의하여 기하적 상사비를 결정할 때 어떠한 특별한 형상의 축소비를 언급하지 않고 있다. 다만, 무차원수의 결과가 반드시 이러한 최소값에 부합하여야 한다.

-. 따라서, ANSI코드에 의거 유동의 형태를 관찰하고 정확한 측정값을 얻을 수 있는 실용적인 측면에 의거, 관찰이 가능하여야 하므로, 너무 적게 축소하면 안 된다. 너무 크게 만들면 제작비용이 많이 들기 때문에, 경험적으로 기하학적 비율을 보통 코드를 근거로 결정하며, 최소 $1/8 \sim 1/10$로 하여 흡입관 모형의 지름을 계산하고, 이에 따라 모형을 구축한다.

(2) 역학적 상사

-. 보텍스 발생을 관찰하기 위하여 펌프 흡입구를 모델링할 때, 흡입구 근처에서 유동장을 재생하는 것이 중요하기 때문에 ANSI/HI규격에서는 3가지의 역학적 상사를 일치하도록 요구하고 있다.

▶ 프라우드 수 ($Fr = u/gL$) - 중력이 미치는 영향
▶ 레이놀즈 수($Re = uD/\nu$) - 점성 효과가 미치는 영향
▶ 웨버 수($We = u^2 D/(\sigma/\rho)$) - 표면장력이 미치는 영향

-. 3가지의 무차원수를 동시에 만족시킬 수는 없기에 프라우드 상사 기준으로 산출된 속도를 기준으로 모형에서 Re 및 We수의 값이 각각 6×10^4 및 240보다 크면, 보텍스에서 점성력 및 표면장력의 영향은 무시할 수 있다고 ANSI/HI규격에 제시되어 있다. [표 11.5.1]은 Re 및 We수의 값을 검토한 예이다.

[표 11.5.1] 프라우드 상사를 기준으로 계산된 Re수와 We수를 결정한 예

	Main	Aux.	단위
모델유량	0.8960	0.0896	$m^3/\min$
	0.015	0.0015	m^3/s
흡입지름	1.8	0.6	m
모형지름	0.18	0.06	m
단면적	0.025	0.0028	m^2
속도	0.587	0.528	m/s
Re	1.06E+05	3.17E+04	
We	8.16E+03	2.20E+03	

- . 이를 계산해보면 [표 11.5.1]과 같이 Re 및 We 수의 값이 충분히 크기 때문에 점성효과와 표면장력을 충분히 무시할 수 있다. 다만, 보조 펌프의 경우 Re 수가 6×10^4 보다 적은데, 이는 중간유속상사를 고려하면 충분히 만족시킬 수 있으므로 이를 무시해도 괜찮다.
- . 코드에서는 시험모형에서 보텍스에 관한 효과가 없을지라도, 프라우드 상사유동의 1.5배에서 자유표면 흡입 보텍스에 대한 시험을 수행하도록 권장하고 있다. 즉 이러한 절차에 의하여 (강한) 보텍스의 예측이 가능해지기 때문이다. 이러한 상사를 중간유속상사라고 한다. 프라우드 상사와 중간유속상사와 관련된 유량과 속도의 수식은 식 (11.5.2)에서 식 (11.5.5)와 같이 정리할 수 있다. 이때, 기하학적 상사비는 $1/10$으로 하였다.

▶ 프라우드 상사 유속 :

$$Q_m = Q_p \times \left(\frac{L_m}{L_p}\right)^{2.5} = \left(\frac{1}{10}\right)^{2.5} \times Q_p \tag{11.5.2}$$

$$V_m = V_p \times \left(\frac{L_m}{L_p}\right)^{0.5} = \left(\frac{1}{10}\right)^{0.5} \times V_p \tag{11.5.3}$$

▶ 중간유속 :

$$Q_m = Q_p \times \left(\frac{L_m}{L_p}\right)^{2.2} = \left(\frac{1}{10}\right)^{2.2} \times Q_p \tag{11.5.4}$$

$$V_m = V_p \times \left(\frac{L_m}{L_p}\right)^{0.2} = \left(\frac{1}{10}\right)^{0.2} \times V_p \tag{11.5.5}$$

11.5.3 실험방법[82]

(1) 보텍스 발생 여부 촬영

- . [그림 11.5.2]와 [그림 11.5.3]에서 보듯이 왼쪽으로부터 오른쪽으로 있는 4대 펌프에 카메라를 설치한다.
- . 최근에는 고성능 캠코더보다는 휴대폰을 이용하여 사용하는 것이 편하다.
- . 설치 위치가 구조상 어렵다면 발주처와 상의하여 위치를 결정하면 된다.
- . 수위를 설정한 후에 10분간 유체의 흐름상태 및 모형펌프 부근의 보텍스 발생 유무를 확인하고, 보텍스 발생 여부를 [그림 11.7.1]과 같은 발생기준으로 판정한다.
- . 실험의 객관성을 위한 녹화된 영상을 첨부자료에 첨부하여야 한다.

---

[82] 여기서 언급된 실험방법은 주어진 조건에 따라 달라지므로 단지 참조용으로 사용하면 된다.

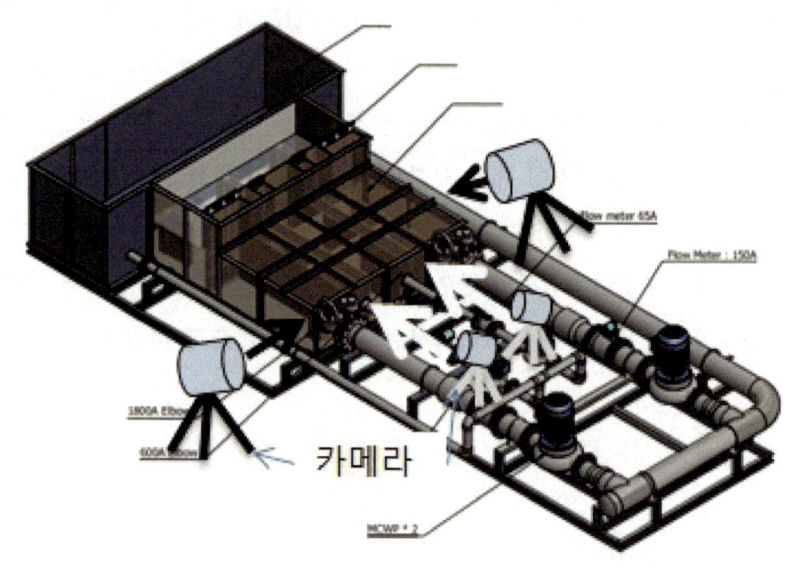

[그림 11.5.2] 보텍스 발생 여부 관찰시 카메라의 위치

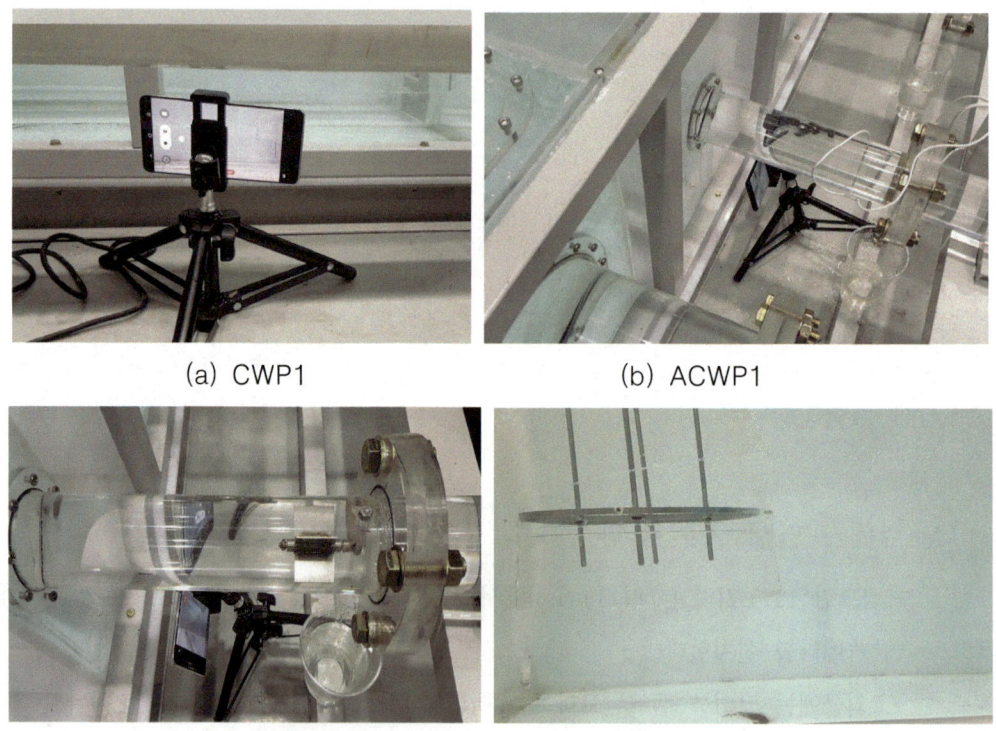

(a) CWP1 (b) ACWP1

(c) ACWP2 (d) CWP2

[그림 11.15.3] 펌프 흡입구에서 보텍스여부를 촬영하기 위한 위치

(2) 회전성분 측정

-. [그림 11.5.4]와 같이 본 실험대상 흡입관에 스월미터를 설치해야 한다. [그림 11.5.4](a)와 같은 입축펌프이고 (b)의 경우는 양흡입 횡축펌프이다. 단, 횡축펌프는 HI코드에서처럼 수직으로 설치할 수 없고, 수평관에 4D를 띄어 설치하였다. 설치 위치는 발주처와 회의를 통하여 결정하면 된다.

-. 스월 회전성분의 판단을 위하여 동영상을 촬영하고, 이를 별첨으로 제출해야 한다.

(a) 입축펌프

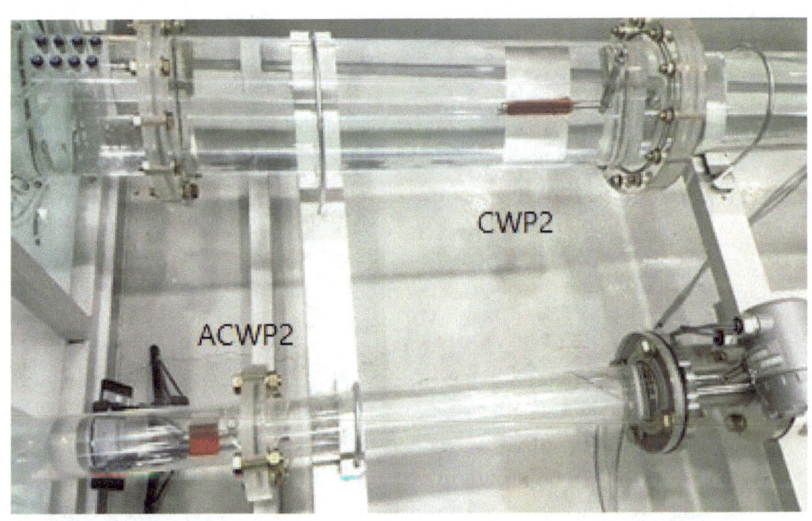

(b) 횡축펌프

[그림 11.5.4] 배관라인에서 스월 미터가 설치된 위치

(3) 벨마우스 목내 속도분포

-. 펌프의 벨마우스 목부분 유속측정은 [그림 11.5.5](a)와 같이 피토관를 사용하여 유속을 측정하였다.

-. 피토관에서 측정된 정압과 차압은 [그림 11.5.5](b)와 같은 차압계를 통하여 차압을 구하게 된다. 이 차압은 식 (11.5.6)과 같이 속도를 계산한다.

$$V = \sqrt{2g \Delta h} \tag{11.5.6}$$

-. 데이터를 컴퓨터를 통하여 계측하고, 보고서에 첨부해야 한다.

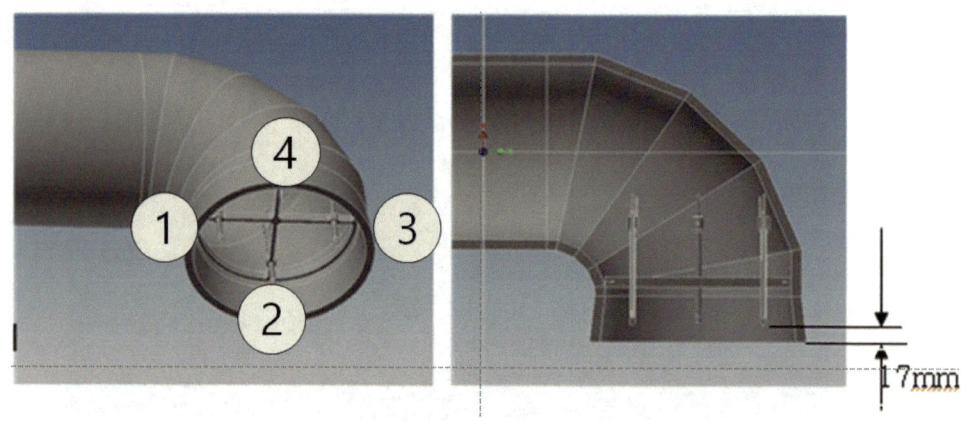

(a) 관로에 설치된 유속분포측정용 피토관

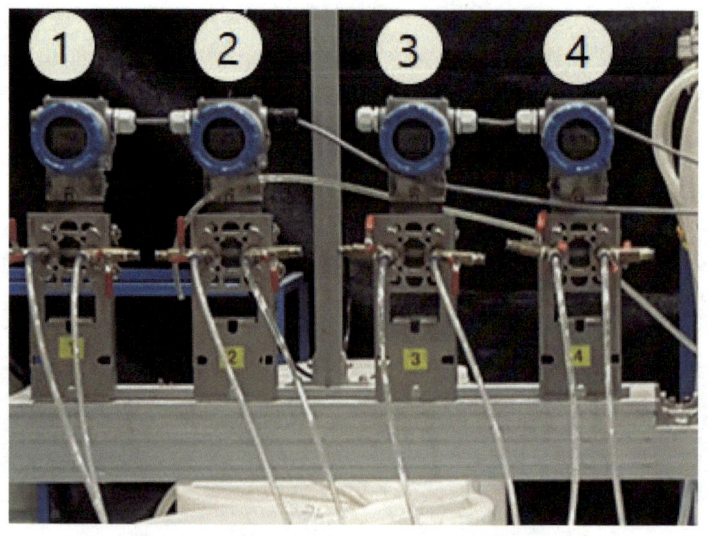

(b) 피토관에서 측정된 압력을 측정할 수 있는 차압계

[그림 11.5.5] 관로에 설치된 유속분포측정용 피토관과 차압계

(4) 접근유속분포

-. 펌프로 접근되는 유속을 측정하기 위하여 [그림 11.5.6]과 같이 설정해야 한다.
-. [그림 11.5.6]에서 보듯이 2차원유속계를 이용하여 결정된 위치에서 접근 유속을 측정하여야 한다. 보통 트래버스 시스템을 사용하여 위치를 자동변화하여 측정한다. 다만, 이는 실험조건에 따라 설치할 수 없을 수 있어 발주처와 상의해야 한다.

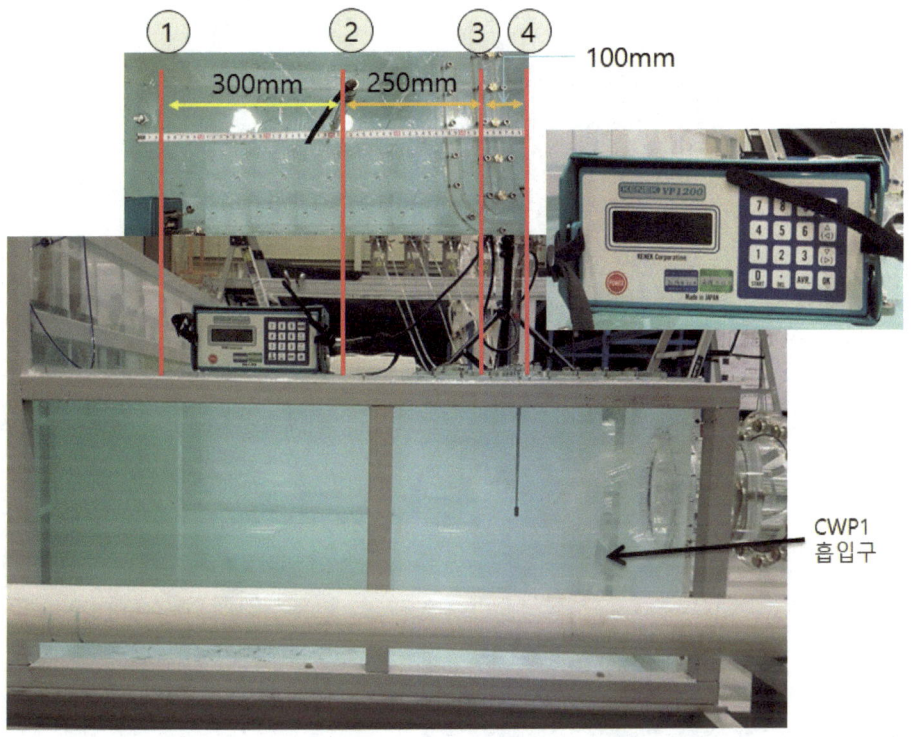

[그림 11.5.6] 접근유속을 측정하기 위한 2차원 유속계와 디지털마노미터

(5) 염료분사 실험

-. [그림 11.5.7](a)와 같이 염료분사를 위하여 염료 통을 설치하였고, 각 유동장마다 염료를 이용한 가시화를 [그림 11.5.7](b)와 같이 수행하였다.
-. 염료 분사 가시화는 각 실험에서 측정된 동영상에서 확인하면 된다.
-. 염료를 너무 많이 투입하면 수조가 염료에 의하여 탁도 증가로 실험을 할 수 없게 되어 너무 많은 양을 주입하면 안 된다.

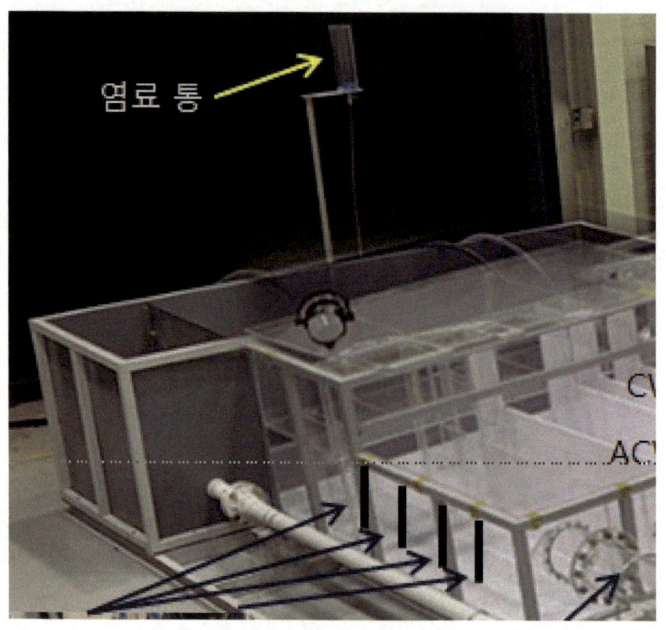

(a) 염료 시험을 위한 염료통

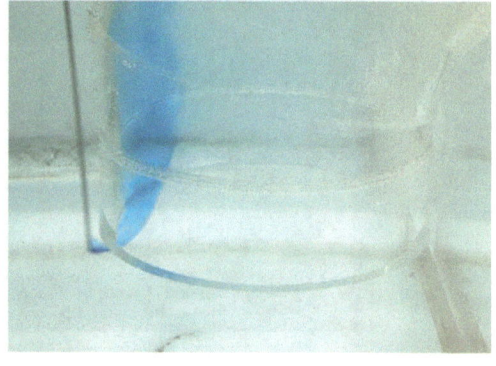

(b) 염료분사를 이용한 가시화 결과

[그림 11.5.7] 염료분사를 이용한 가시화 결과

11.6 보텍스 방지 기구

11.6.1 플레이트(배플 형태)

11.5절과 같이 실험을 통하여 보텍스가 발생되었을 경우, [그림 11.6.1]과 같은 보텍스 방지 기구(Anti-Vortex Device)을 설치하여 보텍스 형성을 방지해야 한다. 가장 보편적으로 사용되는 형태인 플레이트(베플) 즉, 막대기와 같이 생긴 보조장치로 발생된 보텍스의 코어중심을 깨트릴 수 있어 효과적으로 사용된다.

제 11 장 흡수정과 보텍스

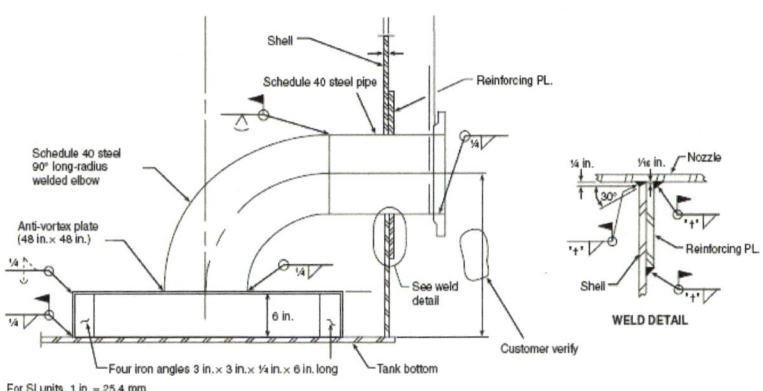
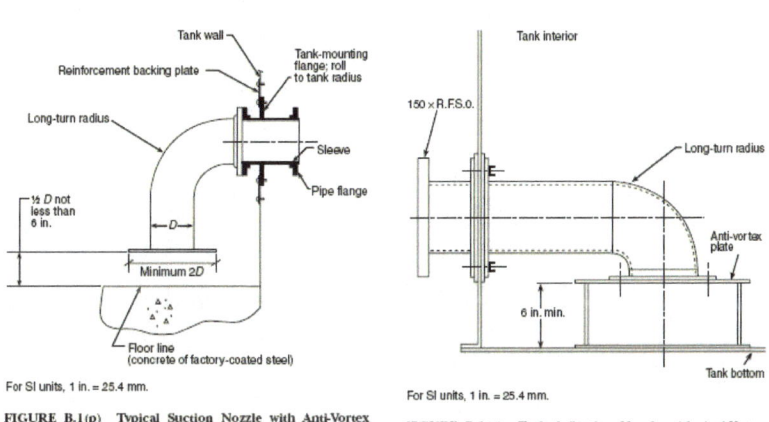

(a) NFPA 22, 개인 방화용 물탱크 표준 2008년판.

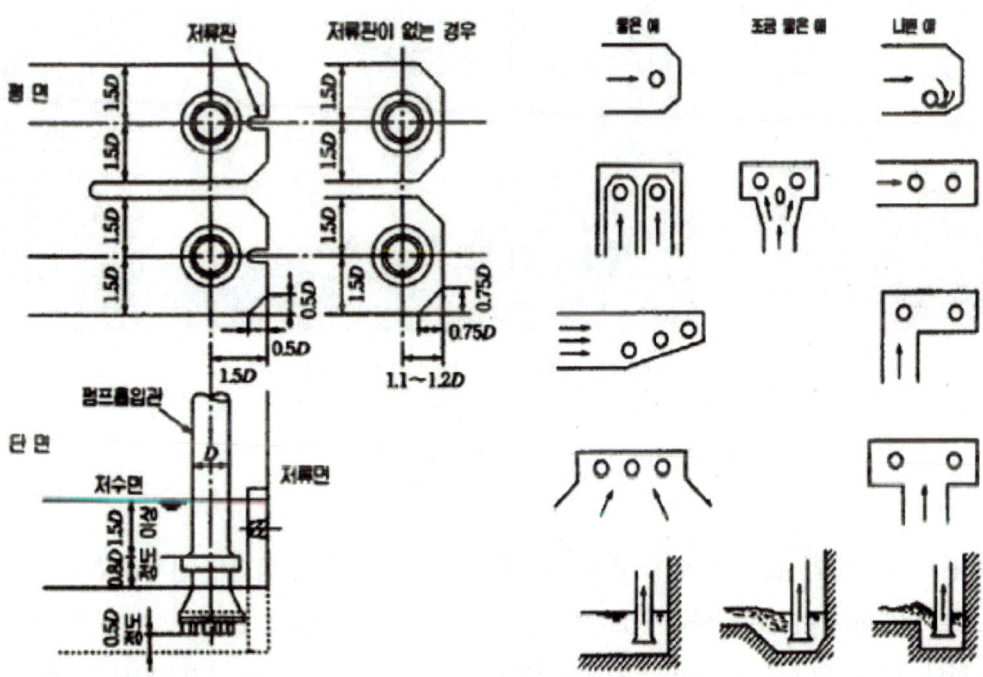

(b) 상수도 시설기준

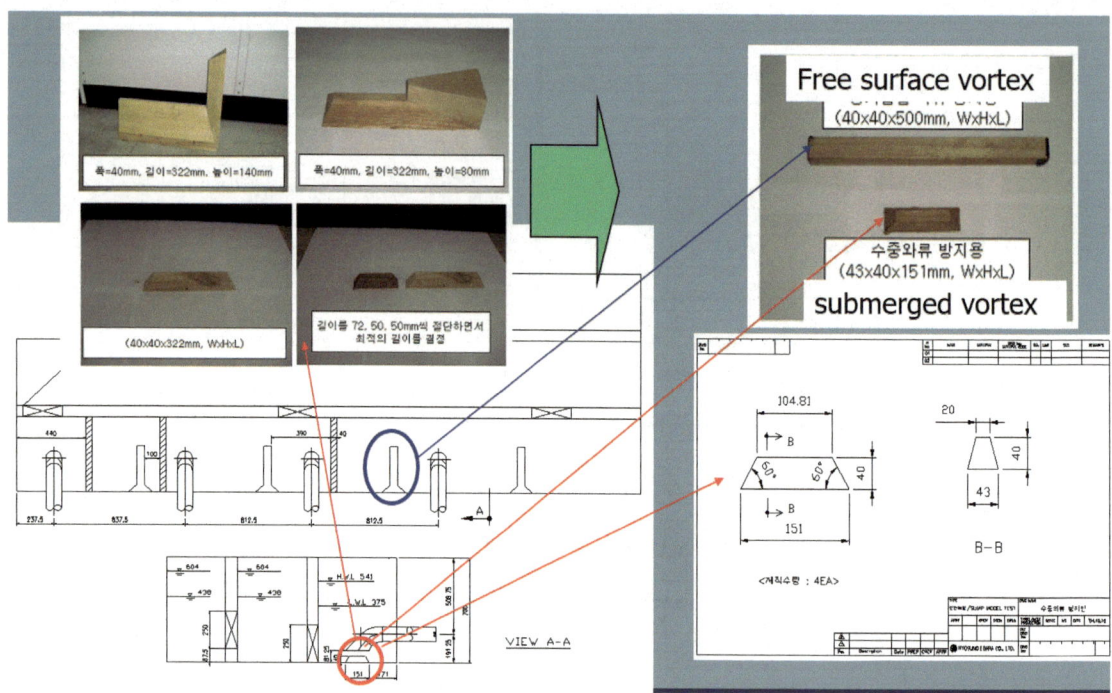

(c) 실제로 사용된 안티-보텍스 장치

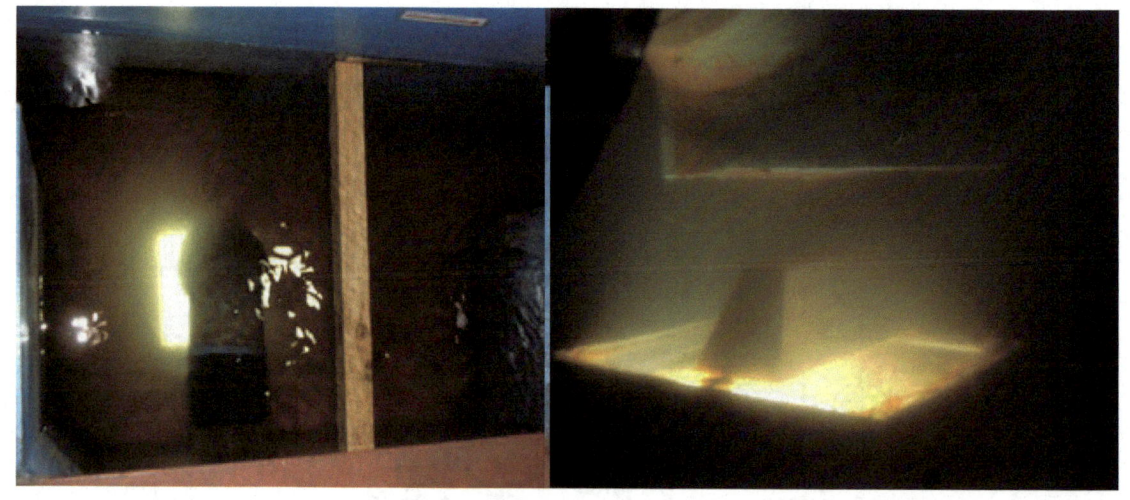

(c) 실제로 사용된 안티-보텍스 장치

[그림 11.6.1] 안티-보텍스 장치

[그림 11.6.1](a)와 (b)와 같이 각 규격마다 제공하고 있는 데 이 방법은 설치된 흡수정 규격이 다르므로 정확한 답이 없다. 따라서 [그림 11.6.1](c)와 같이 시행착오법으로 실험을 통하여 결정해야 한다. [그림 11.6.1](d)는 실제 시행착오법으로 최종적으로 결정된 공기유입보텍스와 수중보텍스가 발생했을 때 사용된 장치이다.

11.6.2 인듀서

인듀서(Inducer)는 [그림 11.6.2]와 같이 임펠러 베인 입구의 압력을 높이고 고형물 함량이 높은 점성 유체 또는 유체를 펌핑하는 데 도움이 되는 일반적으로 나사 모양의 임펠러 눈에 부착된 장치이다. NPSHre을 줄이는 데에도 사용할 수 있다

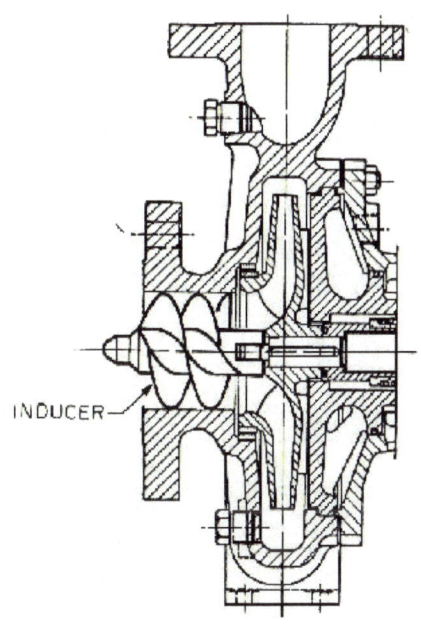

[그림 11.6.2] 인듀서 (source: The Pump Handbook from McGrawHill).

11.6.3 흡입 가이드와 흡입 스플리터

펌프의 구조에 의하여 어쩔 수 없이 [그림 11.6.3]과 같이 헬리컬 유동이 유입될 때 [그림 11.6.4]와 같이 흡입 가이드와 흡입 스플리터를 설치할 수도 있다.

흡입 가이드는 펌프 바로 앞에 90도 곡관이 있는 펌프 앞의 흐름을 직선화하는 데 도움이 되는 장치이고, 흡입 스플리터는 특정 펌프에 설치되는 펌프 흡입구를 가로지르는 금속 리브를 의미한다. 이 설치 목적은 유체가 임펠러 눈으로 들어갈 때 유선이 최대한 평행하도록 대규모 소용돌이를 제거하기 위함이다. [그림 11.6.4](b)와 (c)는 이를 적용한 예이다. 또한 [그림 11.6.5]와 같이 버킷 스트레이너를 사용할 수도 있다. 다만, 이러한 장치를 설치할 시 펌프에 유입되는 입력이 저하돼서는 안 된다. 즉 구조가 너무 조밀하게 설치하면 정류 효과는 증가하지만, 압력손실이 발생해 펌프의 흡입능력이 저하될 수 있기 때문이다.

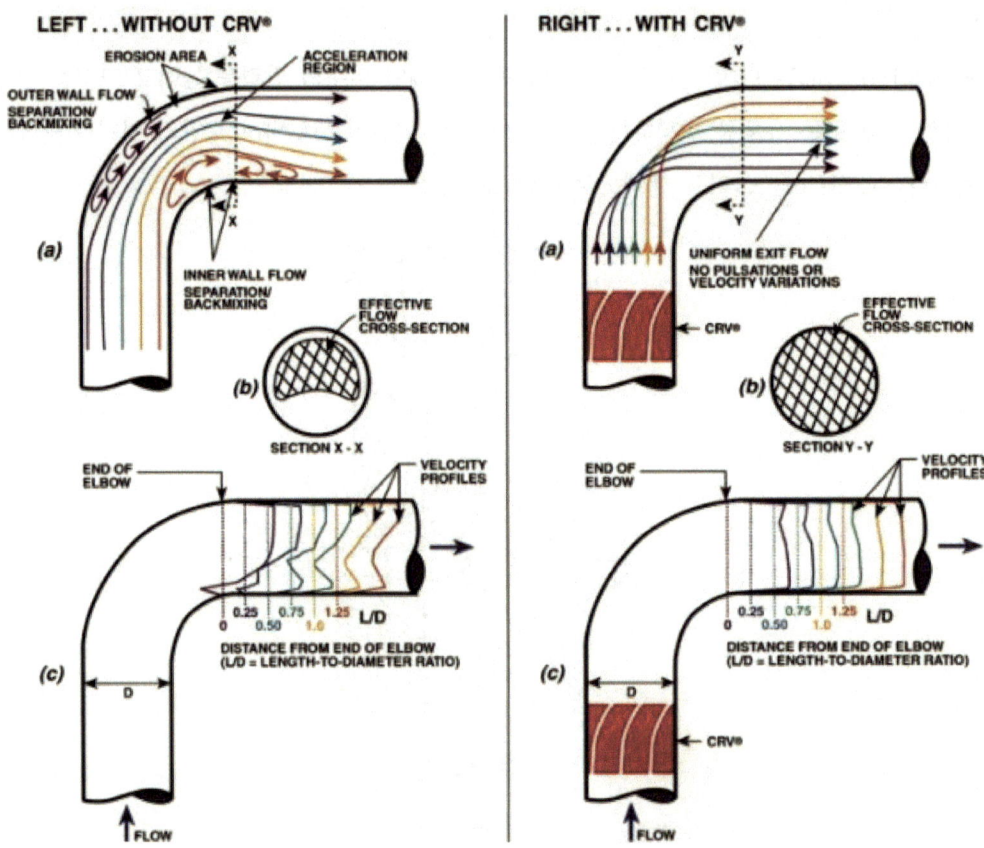

(a) 곡관에서 발생하는 헬리컬 유동과 이차 유동[83]

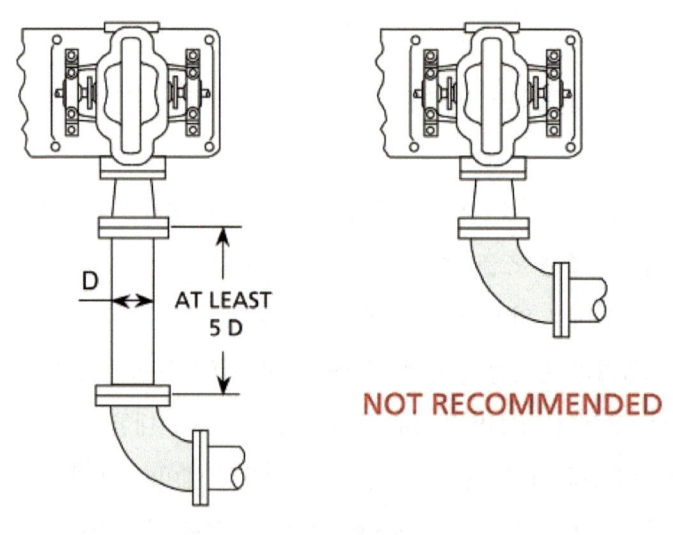

(a) 일반적인 배관 설치 방법

[그림 11.6.3] 곡관에서 발생하는 헬리컬 유동과 일반적인 배관 설치 방법

---

[83] http://www.chengfluid.com/flow_conditioner/crv%C2%AE_flow_conditioner

제 11 장 흡수정과 보텍스

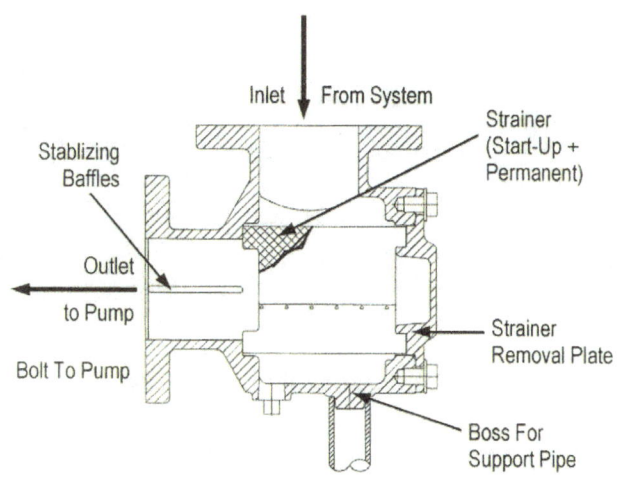

(a) 흡입 가이드[84]

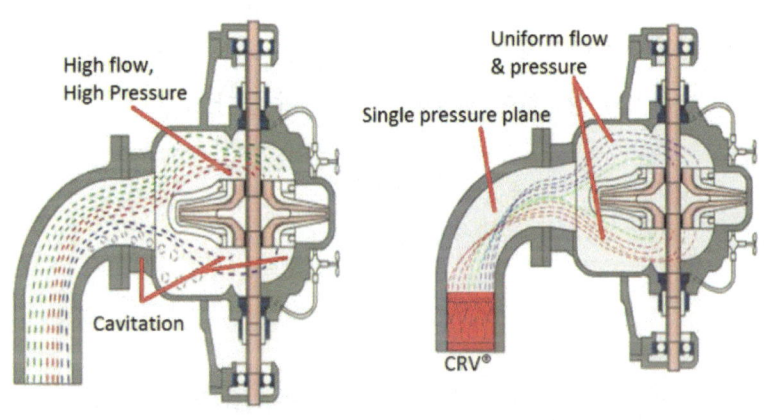

(b) 유동안정화 장치인 CRV를 설치한 경우와 설치하지 않은 경우 펌프내 현상

(c) CRV[85]

[그림 11.6.4] 유동안정화 장치인 흡입가이드와 CRV의 형태

---

84) http://www.armstrongpumps.com
85) The other type of suction guide is the Cheng vane system

211

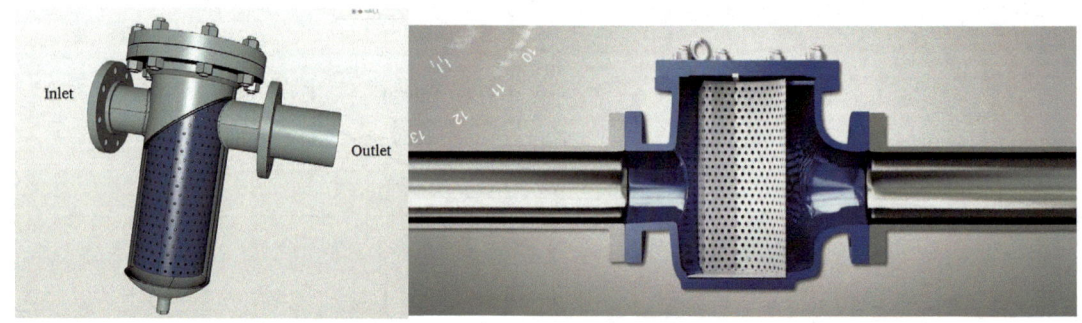

[그림 11.6.5] 버킷 스트레이너

11.7 실험절차서

수리 모형시험의 절차는 아래의 순서에 따라 수행된다. 이 절차는 수리모형실험에 대한 한가지 예이므로 반드시 발주처와 상의하여 결정하고 수행해야 한다.

11.7.1 실험절차

STEP : 1

1) 설치된 순환 펌프를 이용하여 시험 수조내 수위를 맞춘다.
2) 진공펌프를 이용하여 시험배관 내 AIR를 제거한다.
3) 순환 펌프를 기동하여 시험 수위를 재확인한 후 부족할 시 보충하여 수위를 맞춘다.
4) 시험용 인버터를 이용하여 시험 유량을 셋팅한다.
5) 현 상태에서 10분[86]간 유체의 흐름상태 및 모형펌프 부근의 보텍스 발생 유무를 확인한다.
6) 상기 5번의 시험을 최소 10회 이상 관찰하여 보텍스발생 여부를 결정한다.
7) 사진 및 동영상 촬영하여 유동 상태에 대한 근거자료로 제시한다.

STEP : 2

1) 상기 STEP 1. 6번의 시험절차에서 보텍스가 발생할 경우에는 최적의 보텍스 방지장치를 도출하여 수정시험을 보텍스가 발생하지 않을 때까지 반복 수행한다.

---

[86] 모델의 10분은 원형에서는 거의 1시간에 해당된다.

STEP : 3 : 접근 유속 분포의 측정

1) 유로의 유량을 조정한 후 PUMP의 앞쪽에서 측정한다.
2) 속도 분포는 각각의 시험상태에서 여러 POINT(발주처와 상의)를 측정하며 측정 POINT는 발주자와 상의하여 결정한다.
3) 얻어진 DATA는 DATA ACQUISITION SYSTEM을 통하여 수치로 읽어진다.
4) 접근유속은 모든 경우에 수행하는 것이 아니라 대표적인 유동장에 국한하여 측정한다.

STEP : 4 : SWIRL 측정

1) 벨마우스에 제작된 스월미터의 움직임을 동영상을 10분간 측정한다.
2) 병렬운전일 때 스월의 발생은 제각기 다름으로 동영상을 촬영하기 위하여 카메라를 설치하고, 육안(동영상 참조)으로도 관찰이 가능하다.
3) 벨마우스내 발생된 스월의 각도를 측정하기 위하여 회전수를 측정하여 이로부터 스월각도를 구한다.

STEP : 5

1) 상기 수리모형 시험결과에 대한 자료를 사진으로 촬영하여 기록으로 남긴다.
   주) 병렬운전의 경우 시험절차를 정하고 각각의 Case별로 동일한 순서에 의하여 시험을 반복하여 수행한다.

11.7.2 보텍스의 판정기준

1) 각 보텍스 현상에 대한 판정은 [표 11.7.1]과 [그림 11.7.1]에 의거 상사성 조건에 따라 결정한다.
2) 상사성의 조건은 11.5절에 명시되어 있다. 또한, 각각의 보텍스 현상 판정은 각각의 조건에 대하여 10분간 관측된 DATA를 기준으로 한다.
3) 보텍스의 발생 유무에 대한 판단기준은 [표 11.7.1]과 [그림 11.7.1]에 따라 육안(동영상 참조)으로 판정한다. 각각의 시험 CASE에 대하여 육안으로 [표 11.7.1]에 예시된 보텍스 형상이 발생 유무를 관찰 및 판단하고, 보텍스 방지장치의 설치를 결정한다.

[표 11.7.1] 판정기준　　　　　　　　　　　(○ : 합격,　　X : 불합격)

VORTEX의 분류	판　정	속　도
(1) 흡수면 보텍스 　- 표면수축 [TYPE 1-a & b] 　- 공기 흡입보텍스 　　(Air-Entraining Vortex) 　　[TYPE Ⅱ] 　- 공기 흡입보텍스 　　(Air-Entraining Vortex) 　　[TYPE Ⅲ]	○ X X	중간 유속 (Medium Velocity)
(2) 수중보텍스 　(Submerged Vortex) 　[TYPE Ⅳ]	X	유속 일치 (Equal Velocity)
(3) 수면상태 　(The Condition of 　　Water surface)	주목할만한 휘돌림 (WHIRLING FLOW)이 없어야 한다	Froude수 (Froude Number)

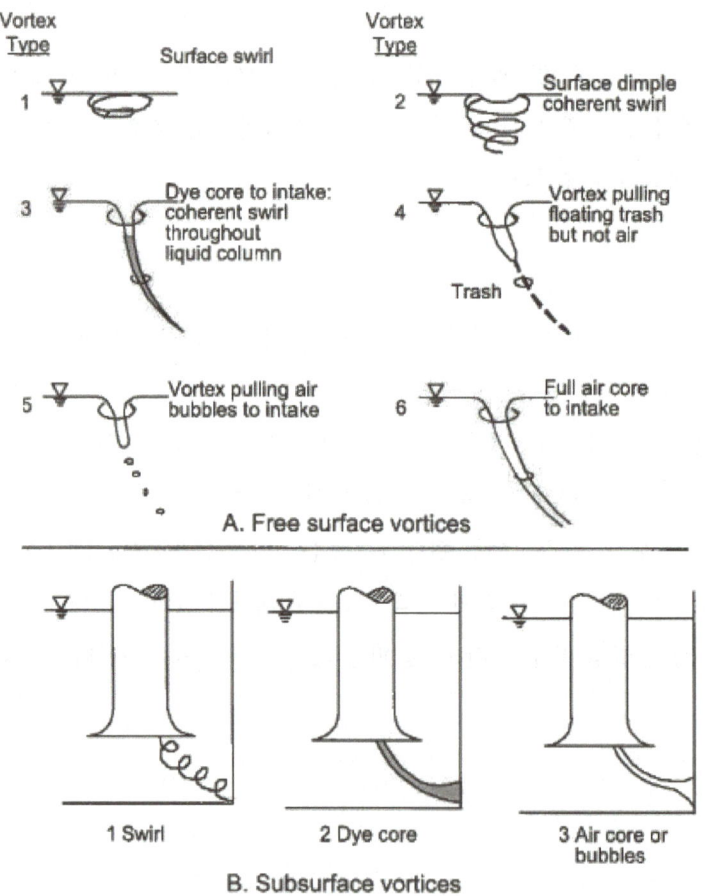

Figure 9.8.4.5a — Classification of free surface and subsurface vortices

[그림 11.7.1] ANSI/HI코드에서 제시하고 있는 보텍스 발생과 판정기준

11.7.3 보고서 작성

각종 Data는 최종 보고서로 작성시 첨부로 제출하여야 한다. 최종 보고서에 포함되는 항목은 다음과 같다.

    1) 시험결과
    2) 최종 보텍스 방지장치 형상 및 치수(보텍스 발생시)
    3) 각각의 시험 Case에 대한 Flow Pattern 스케치
    4) 사진
    5) 각 실험의 동영상 및 정리된 30분 이내의 동영상

제 12 장 수격 현상

> ▶ 수격현상은 배관설계에서 반드시 알아야 하는 제현상 중 하나이다.
> ▶ 본 교재에서 이에 대한 해석방법을 좀 더 자세히 설명하였다.

12.1 정의

펌프의 수격 현상(Water Hammer)이란 [그림 12.1.1]과 같은 관로 내의 급격한 유속변화로 관 내의 압력이 급상승 또는 급강하 함으로써 [그림 12.1.2]와 같이 정상 관내 압력의 수배 또는 수십 배에 달하는 이상 압력이 형성되어 관의 파열, 펌프 또는 밸브의 손상을 초래하는 현상을 말한다.

일반적으로 수격압이 발생하는 원인으로는 가동 중인 펌프가 정전이나 고장 등으로 갑자기 동력의 소실과 그 외에도 밸브의 급조작, 펌프의 급정지 또는 급가동조작, 관로내에 다량의 공기가 존재할 때 펌프를 가동하면 공기가 압축됨으로써 발생한다.

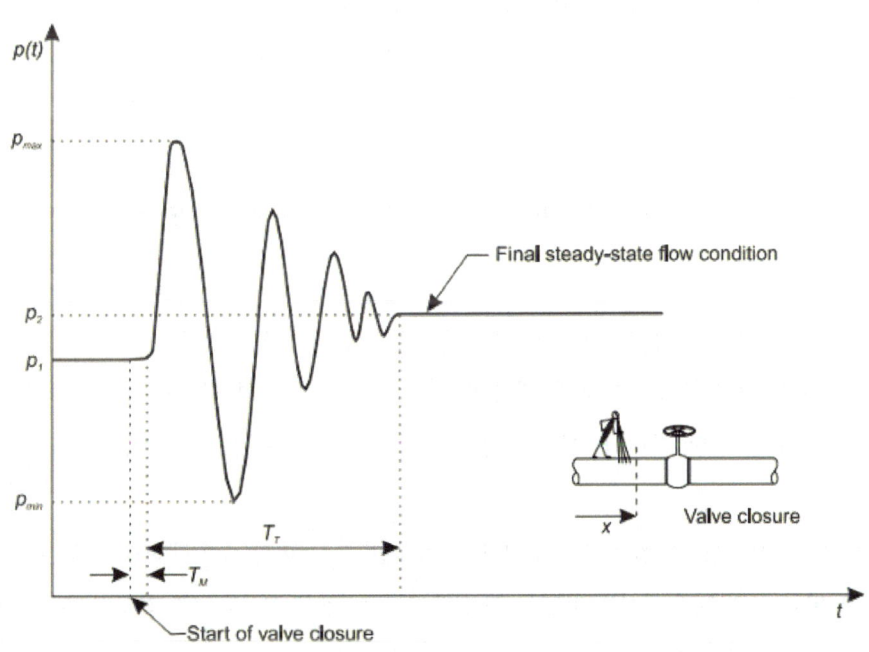

[그림 12.1.1] 급격한 밸브차단으로 인한 압력상승된 현상

[그림 12.1.2] 수충격 현상으로 인한 사고사례[87]

상수도에서 대구경 장거리 관로로 원수 및 정수를 공급하는 수도시설물이 점차 대형화됨에 따라 수격 현상이 더 심각한 문제화가 되고 있으며, 수충격에 의한 사고로 펌프 설비 및 관로에 막대한 손실을 일으킬 뿐만 아니라, 단수로 인한 주민의 급수 불편을 초래하는 사례가 종종 일어나고 있다.

따라서, 펌프 시스템 설계시 프로그램을 이용한 수격 현상 수치해석을 통해 수충격 작용을 완화해주기 위한 조압수조 에어챔버 또는 체크밸브 등의 종류 및 시방을 결정하여야 하며, 이의 수충격 완화설비의 효율적인 운영 및 유지관리를 위해 전문인력 및 기술력 등을 확보하는 것이 필요하다.

---

87) Addis Ababa Institute of Technology, Water Hammering Theory

12.2 관련 이론

12.2.1 개념

수격 현상과 같은 수리학적 과도 상태를 평가하려면, 시간 간격(T_m)에서 수행된 유량 제어 작업의 결과인 함수 $V(x,t)$ 및 $p(x,t)$의 값이 시간 간격 T_m에 보다 느리게(완폐) 변화도록 결정해야 한다. 이런 변화 중 일시적인 압력이 지나치게 높으면 설계된 배관의 압력 등급보다 커지게 되어, 배관이나 조인트 파열 등의 움직임으로 인해 고장이 발생하고, 과도한 음압으로 인해 배관라인이 붕괴된다.

과도상태에 의한 잠재적인 영향에 대해 시스템을 평가하려면, 먼저 [그림 12.2.1]과 같은 시스템의 실양정에서 헤드($H_{\max}$와 $H_{\min}$)의 값을 결정해야 한다. 이러한 헤드값은 $p_{\max}$ 및 $p_{\min}$으로 표시되는 과도 압력파의 최소 및 최대 압력이다.

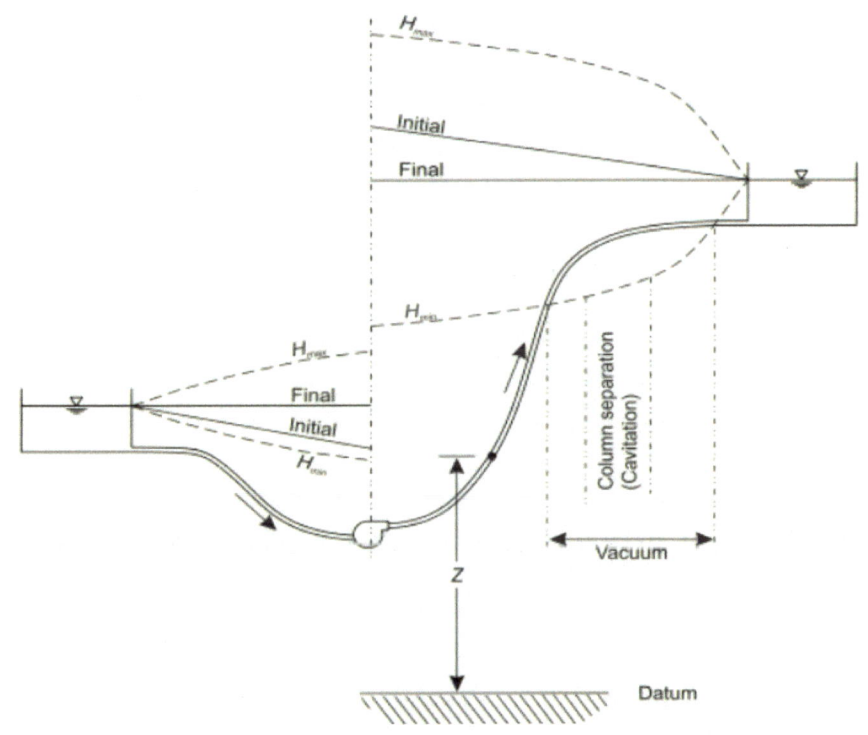

[그림 12.2.1] 수격현상을 설명하기 위한 선택된 시스템

수격현상에서 관심이 있는 변수인 $V(x,t)$ 및 $p(x,t)$은 연속방정식과 운동량방정식으로부터 구할 수 있다. 이를 계산하기 위하면 배관을 Rigid(강체)와 Elastic(탄성) 모델을 가정함에 따라 적용된 식이 달라진다.

12.2.2 Rigid model

배관을 강체로 해석할 시 배관이 변형되지 않는다는 조건과 비압축성 유동(Incompressibe Flow)이고, 유체전달모드(Liquid Travel Mode)는 질량 진동(Mass Oscillation)로 가정해야 한다. 즉, 유량제어작업은 오직 관성력과 마찰력에 의한 영향받는다는 것이다. 그렇다면 과도상태의 압력 상승은 1차원 오일러 방정식인 식 (12.2.1)로부터 유도할 수 있다.

$$\frac{dp}{\rho} + VdV + gdz = 0 \qquad (12.2.1)$$

식 (12.2.1)의 s인 유선의 함수로 표현하면 수정된 1차원 오일러 방정식인 식 (12.2.2)을 얻을 수 있다.

$$\frac{dp}{\rho} + \frac{ds}{dt}dV + gdz = 0 \qquad (12.2.2)$$

식 (12.2.2) 양변에 ds과 g로 나누어주면 식 (12.2.3)과 같다.

$$\frac{1}{\gamma}\frac{dp}{ds} + \frac{1}{g}\frac{dV}{dt} + \frac{dz}{ds} = 0 \qquad (12.2.3)$$

식 (12.2.3)을 유한한 검사체적내 자유물체도로부터 운동량방정식에 적용하면 식 (12.2.4)와 같아진다.

$$-\frac{1}{\gamma}\frac{dp}{ds} - \frac{dz}{ds} - \frac{4}{\gamma}\frac{\tau}{d} = \frac{1}{g}\frac{dV}{dt} \qquad (12.2.4)$$

시스템의 지름을 배관 지름으로 확장하면 벽면전단응력(τ_o)인 항이 표현된 식 (12.2.5)로 정리 가능하다.

$$-\frac{1}{\gamma}\frac{dp}{ds} - \frac{dz}{ds} - \frac{4}{\gamma}\frac{\tau_o}{d} = \frac{1}{g}\frac{dV}{dt} \qquad (12.2.5)$$

벽면전단응력을 Fanning 손실로 표현하면 식 (12.2.6)과 같다.

$$-\frac{1}{\gamma}\frac{dp}{ds}-\frac{dz}{ds}-\frac{f}{d}\frac{V^2}{2g}=\frac{1}{g}\frac{dV}{dt} \qquad (12.2.6)$$

수충격 해석을 하기 위하여 밸브로 개폐하는 [그림 12.2.2]와 같은 시스템에 식 (12.2.6)에 적용해보자.

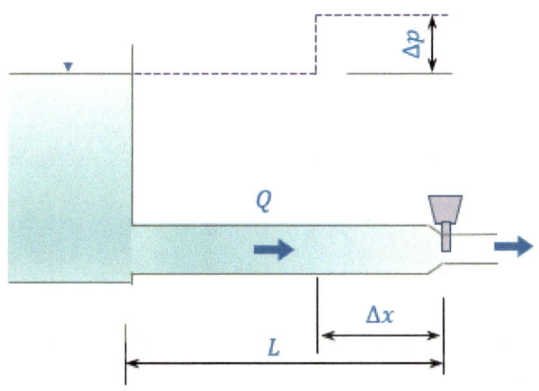

[그림 12.2.2] 수격현상을 설명하기 위한 선택된 간단한 시스템

[그림 12.2.2]에서 밸브가 폐쇄되면, 배관내 압력은 $H_o(p_1/\gamma)$가 될 것이고, 밸브가 갑자기 개방되면 압력은 초기에 0으로 변하고 식 (12.2.6)은 식 (12,2,7)과 같이 1점과 2점 사이의 값을 적분하여 구할 수 있다.

$$-\int \frac{1}{\gamma}\frac{dp}{ds}ds - \int \frac{dz}{ds}ds - \int \frac{f}{d}\frac{V^2}{2g}ds = \int \frac{1}{g}\frac{dV}{dt}ds \qquad (12.2.7)$$

[그림 12.2.2]의 배관은 수평이기 때문에 dz/ds항은 0이 되고, 식 (12.2.8)과 같이 오직 속도인 V의 함수가 된다.

$$\frac{p_1}{\gamma}-\frac{p_2}{\gamma}-\frac{fL}{2gd}V^2=\frac{L}{g}\frac{dV}{dt} \qquad (12.2.8)$$

▶ 밸브가 갑자기 개방된 경우

상부 수조의 압력 헤드($H_o(p_1/\gamma)$)가 일정하고, 2점에서 압력은 개방되었기 때문에 0이 되므로, 식 (12.2.8)은 식 (12.2.9)와 같이 변화된다.

$$H_o - \frac{fL}{2gd}V^2 = \frac{L}{g}\frac{dV}{dt} \qquad (12.2.9)$$

이 식을 식 (12.2.10)과 같이 변수분리하여 계산하면, 식 (12.2.11)와 같이 시간(t)를 구할 수 있다.

$$\int dt = \frac{L}{g}\int \frac{dV}{H_o - (fL/2dg)V^2} \qquad (12.2.10)$$

$$t = \sqrt{\frac{Ld}{2gfH_o}} \ln\left[\frac{\sqrt{2gH_od/fL} + V}{\sqrt{2gH_od/fL} - V}\right] \qquad (12.2.11)$$

식 (12.2.12)와 같이 초기 속도(V_o)항으로 정리된 하겐-프와쇠이 공식을 식 (12.2.11)에 대입하면 식 (12.2.13)과 같이 간단히 정리할 수 있다.

$$H_o = h_L = f\frac{L}{d}\frac{V_o^2}{2g}, \quad V_o = \sqrt{\frac{2gH_od}{fL}} \qquad (12.2.12)$$

$$t = \frac{LV_o}{2gH_o}\ln\left[\frac{V_o + V}{V_o - V}\right] \qquad (12.2.13)$$

해석에서는 식 (12.2.13)을 이용하면 시간에 따른 속도변화를 살펴볼 수 있다. 결과적으로 $t \to \infty$가 되는 정상유동에서는, $V \to V_o$가 된다. 보통, $V \to V_o$보다는 $V = 0.99V_o$가 될 때 본질적인 정상유동이라고 가정한 식 (12.2.14)을 해석에서는 많이 사용한다.

$$t_{99} = 2.65\frac{LV_o}{gH_o} \qquad (12.2.14)$$

식 (12.2.14)는 밸브가 갑자기 개방된 경우에 유속이 최종 유속(평형)과 거의 같아지는 데 걸리는 시간을 의미한다.

제 12 장 수격 현상

▶ 밸브가 갑자기 폐쇄된 경우

2점에서 밸브가 갑자기 폐쇄되면 p_2가 0이 되지 않으므로, 식 (12.2.8)은 식 (12.2.15)와 같이 된다.

$$H_o - \frac{p_2}{\gamma} - \frac{fL}{2gd}V^2 = \frac{L}{g}\frac{dV}{dt} \qquad (12.2.15)$$

해석을 쉽게 하려면, 식 (12.2.15)내에 있는 p_2항을 식 (12.2.16)의 밸브의 부손실로 치환하여, 식 (12.2.17)과 같이 정리할 수 있다.

$$\frac{p_2}{\gamma} = K_L \frac{V^2}{2g} \qquad (12.2.16)$$

$$H_o - \left(K_L + \frac{fL}{d}\right)\frac{V^2}{2g} = \frac{L}{g}\frac{dV}{dt} \qquad (12.2.17)$$

식 (12.2.18)과 같은 유한차분법으로 식 (12.2.17)을 식 (12.2.19)와 같이 정리할 수 있다.

$$\frac{dV}{dt} \cong \frac{V(t+\Delta t) - V(t)}{dt} \qquad (12.2.18)$$

$$V(t+\Delta t) = V(t) + \frac{g\Delta t}{L}\left[H_o - \left(\overline{K_L} + f\frac{L}{d}\right)\right]\left(\frac{V(t)+V(t+\Delta t)}{2}\right)^2 \qquad (12.2.19)$$

식 (12.2.16)의 K_L은 밸브손실계수이기 때문에, 밸브 종류에 따라 다르고 밸브개도에 함수가 되지만, 이는 시간과 속도의 함수는 아니다.[88] 그러나, 시간에 따라 밸브 폐쇄 정도가 다르기 때문에, 식 (12.2.20)과 같이 평균값을 적용해야 한다.

$$\overline{K_L} = \frac{K_L(t) + K_L(t+\Delta t)}{2} \qquad (12.2.20)$$

밸브폐쇄시간이 빨라질수록 식 (12.2.18)의 dV/dt는 상당히 커지므로(무한대가 된다.) 이 때는 강체해석보다는 탄성해석으로 해석해야 한다.

배관의 주손실과 식 (12.2.16)의 부손실을 고려하면 식 (12.2.21)과 같이 손실계수를 정리할

---
[88] 유체역학의 부손실을 공부하기 바란다.

수 있고, 이를 식 (12.2.8)에 대입하면 식 (12.2.22)와 같다.

$$f' = f\frac{d}{L} + \overline{K_L} \tag{12.2.21}$$

$$\frac{p_1}{\gamma} - \frac{p_2}{\gamma} - \left(f\frac{L}{d} + \overline{K_L}\right)\frac{V^2}{2g} = \frac{L}{g}\frac{dV}{dt} \tag{12.2.22}$$

여기서, 주손실과 부손실을 반영하기 위해 전통적인 등가 길이 방법을 사용하지 않는 것이 중요하다. 왜냐하면, 배관 길이를 추가하고 그에 따른 유체 질량의 증가로 인해 시스템의 실제 동적 동작이 왜곡되기 때문이다.

▶ 유체의 압축과 파동속도

과도적인 압력상승에 의한 파동속도(전파속도, a)를 구하기 위하여 먼저 식 (12.2.23)과 같이 유체의 체적탄성계수(E_v)를 이용한다.

$$E_v = -\frac{dp}{d\forall/\forall} = \frac{dp}{d\rho/\rho} \tag{12.2.23}$$

여기서 E_v : 체적탄성계수 (M/LT^2)

dp : 상승된 정압량 (M/LT^2)

$d\forall/\forall$: 초기체적에 따른 유체체적의 변화량

$d\rho/\rho$: 초기체적에 따른 유체밀도의 변화량

예를 들어, 대기압상태 1ℓ의 물($\rho = 1000 kg/m^3$)이 $20 bar$상태에 있을 때 체적이 $0.9 cm^3$으로 감소했을 때 체적탄성계수(E_v)는 식 (12.2.24)와 같이 구할 수 있다.

$$E_v = -\frac{20}{-0.0009} = 2.2 \times 10^4 = 2.2 \times 10^9 Pa = 2.2 GPa \tag{12.2.24}$$

탄성배관내 비압축성유체의 파동속도(a)는 식 (12.2.25)와 같이 구할 수 있다. 여기서, 유체에 따른 전파속도는 상온에서 물, 공기와 1%의 공기가 있는 물의 경우 각각 $1,438\,[m/s]$, $340\,[m/s]$, $125\,[m/s]$이다.

제 12 장 수격 현상

$$a = \sqrt{\frac{E_v}{\rho}} = \sqrt{\frac{dp}{d\rho}} \qquad (12.2.25)$$

[그림 12.2.2]에서 밸브가 갑자기 닫히면 물의 속도가 갑자기 0이 되고 결과적으로 밸브의 압력 수두는 식 (12.2.8)인 $\triangle H(t)$만큼 갑자기 증가된다. 증가된($\triangle H(t)$) 양은 초기에 속도 V로 흐르는 유체 운동량을 0으로 변경시키는 데 필요한 압력 헤드의 양이다. 이 증가된 양은 시스템 상류(이 일시적인 현상은 하류와 상류에서 발생하지만)로 식 (12.2.26)과 같은 속도로 유동이 진행될 것이다.

$$\triangle x = at \qquad (12.2.26)$$

$\triangle H(t)$만큼 배관이 늘어나고, 적용된 유체의 체적팽창계수인 식 (12.2.24)에 따라 유체밀도가 증가한다. 이는 배관재질과 크기, 유체탄성(압축성)에 따라 달라진다. 여기서, 강체해석시 배관은 변화하지 않는다고 가정했다. 보통, 강체해석시 최대 압력 변동과 유속의 변화인 식 (12.2.27)과 같은 Joukowsky의 압력 서지 공식을 사용하여 구할 수 있다.

$$\Delta p = \rho a \Delta V \qquad (12.2.27)$$

여기서 ρ ; 유체의 밀도

a ; 전파속도(음속), ΔV : 배관내 유속변화

※ 예제 1

[그림 12.2.2]와 같이 상부 수조의 아래 $100 ft$밑에 길이가 $10,000 ft$인 수평 $24''$지름의 배관이 있고, 배관 끝에 밸브가 설치되어 있다. 이때, 배관의 마찰계수(f)는 0.018이고, 가속 과정 동안 일정하게 유지되는 것으로 가정한다. 밸브가 갑자기 열리면, 속도가 최종값의 99%에 도달하는 데 걸리는 시간을 계산하라. 이때 손실을 무시하사.

$$h_L = 100 ft = f \frac{L}{d} \frac{V_o^2}{2g} = 0.018 \frac{10,000 ft}{2 in/12} \frac{V_o^2}{2 \times 32.2}$$

$$V_o = 8.46 \, ft/s$$

$$t_{99} = 2.65 \frac{LV_o}{gH_o} = 2.65 \frac{10,000 \times 8.46}{32.2 \times 100} = 70s$$

※ 예제 2

[그림 12.2.10]과 같이 $10ft/s$의 속도로 수평 배관을 통해 고수조에서 저수조로 물이 흐른다. 예정된 정지 계획에서는 밸브폐쇄를 요구하며, 이로 인해 속도가 $100s$내에 0으로 선형적으로 감소하게 될 것이다. 밸브는 $6,440ft$ 길이의 배관라인 중앙에 위치한다. 이때 시스템에서 발생하는 최대 및 최소 압력을 추정하고 해당 위치를 찾아 발생하는 시간을 계산하라.

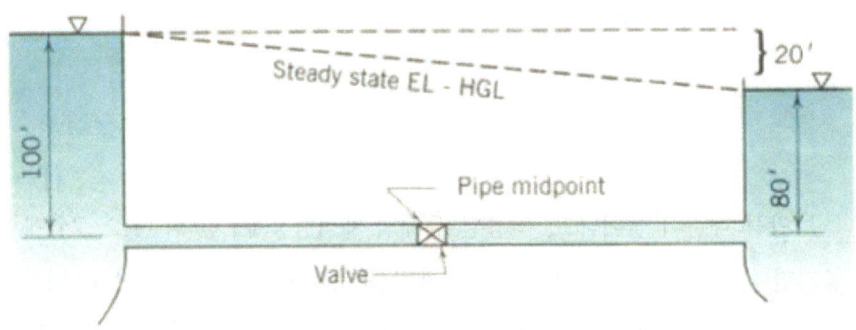

[그림 12.2.10] 예제 2를 풀기 위한 시스템 개략도

$$\frac{dV}{dt} = \frac{-10ft/s}{100s} = -0.10ft/s^2$$

밸브 왼쪽(상류쪽인 고수조)을 먼저 계산하자.

$$H_o - \frac{p_2}{\gamma} - \frac{fL}{2gd}V^2 = \frac{L}{g}\frac{dV}{dt} \tag{12.2.15}$$

$$100ft - \frac{p_2}{\gamma} - \frac{f \times 3220ft}{2 \times 32.2d}V^2 = \frac{3,220}{32.2}(-0.1ft/s)$$

$$\frac{p_2}{\gamma} = 110ft + \frac{f \times 3220ft}{2 \times 32.2d}V^2$$

여기서 밸브가 폐쇄되었으니 $V=0$이 되어, 마찰계수와 배관 지름을 몰라도 밸브가 폐쇄가

된 $t=100s$에 최대 압력은 다음의 식과 같이 구할 수 있다.

$$\left(\frac{p_2}{\gamma}\right)_{\max} = 110 ft$$

이때 최소압력은 밸브가 폐쇄를 시작하기 전인 정상상태일 때 발생하므로, 고수조와 저수조의 높이 차이가 된다.

$$\left(\frac{p_2}{\gamma}\right)_{\min} = \frac{100+80}{2} = 90 ft$$

밸브 오른쪽(하류쪽, 저수조)을 계산하자.

$$\frac{p_3}{\gamma} - \frac{p_4}{\gamma} - \frac{fL}{2gd}V^2 = \frac{L}{g}\frac{dV}{dt} \tag{12.2.15}$$

$$\frac{p_3}{\gamma} - 80ft - \frac{fL}{2gd}V^2 = \frac{3,220}{32.2}(-0.1ft/s)$$

$$\frac{p_3}{\gamma} = 70ft + \frac{fL}{2gd}V^2$$

일정한 흐름 조건에서 밸브 바로 아래 흐름의 압력 수두는 고수조의 최저압력인 $90ft$이 최대 압력이 된다.

여기서, 최소 압력은 밸브가 움직이기 시작하는 순간 압력 수두는 저수조의 높이인 $80ft$로 떨어지고, 밸브가 완전히 닫히면 $70ft$로 줄어든다. 즉 밸브가 완전히 폐쇄되었으니, $V=0$가 되고, 마찰계수와 배관 지름을 몰라도 밸브가 폐쇄된 $t=100s$에 최저압력을 구할 수 있다.

$$\left(\frac{p_3}{\gamma}\right)_{\max} = 90 ft$$

$$\left(\frac{p_3}{\gamma}\right)_{\min} = 70 ft$$

► 싸이클 타임주기

식 (12.2.27)내 유속변화(ΔV)에 해당하는 전체압력변동은 시스템과 유체의 탄성 특성과 시스템 기하학적 구조에 의해 결정되는 파동 속도(a)로 상류로 전파된다는 뜻이다. 이런 파동속도는 싸이클 타임주기(Operating Time, T_M)가 일정하다면, 운전시간내에 일정한 값을 갖는다. 즉, 식 (12.2.28)과 같이 싸이클 타임주기에 따라 속도가 변화하는데 [표 12.2.1]과 같이 4가지의 형태로 구분된다.

$$T_M = 2\frac{L}{a} \qquad (12.2.28)$$

[표 12.2.1] 운전시간에 따른 유량제어작업의 분류

싸이클 타임주기	유량제어작업 구분
$T_M = 0$	Instantaneous
$T_M \leq 2L/a$	Rapid (급속 폐쇄)
$T_M > 2L/a$	Gradual
$T_M \gg 2L/a$	Slow (완속 폐쇄)

이를 좀 더 설명하기 위하여 아래와 같이 싸이클 타임주기내에 발생하는 비정상유동 현상을 시간에 따라 6단계로 나누어 살펴보았다.

1) $0 < t \leq L/a$초

- 싸이클 타임주기가 L/a보다 적은 초기에는, [그림 12.2.3](b)와 같이 파동속도(파면)이 상부 수조로 이동하고, 속도(a)로 이동하는 파동은 L/a초 이내에 상부 수조로 도달한다.
- [그림 12.2.3](b)와 같이 밸브가 완전히 폐쇄되면, 배관내 흐르는 물은 정지($V=0$)하기 시작하지만, 상류에서 유출되는 물은 아직 밸브의 폐쇄여부를 "인식"하지 못하므로, 계속 유출된다.
- 최종적으로 모든 곳에서 [그림 12.2.3](c)와 같이 속도는 0이 되면서 유체는 압축되게 된다.
- 이때, 발생된 압축에너지는 그림 12.2.3](c)와 같이 밸브 끝단에서 초기 헤드보다 증가시킨다.

-. 모든 배관내 속도가 0이 될 때, 증가한 압력에너지는 [그림 12.2.3](c)와 같이 $H+\Delta H$이 된다.

-. [그림 12.2.3](c)와 같이 배관은 늘어나게 되지만, 사실 강체해석에서는 배관이 Rigid하므로, 팽창되지 않고 증가 에너지는 좀 더 압력에너지로 변화가 된다.

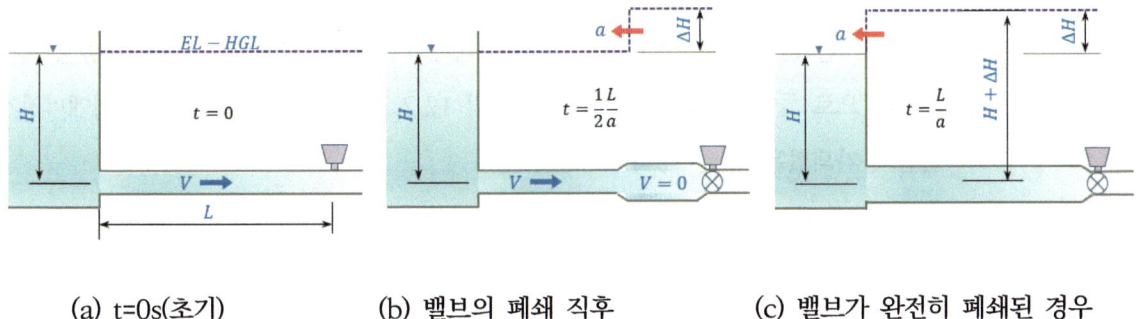

(a) t=0s(초기)　　　(b) 밸브의 폐쇄 직후　　　(c) 밸브가 완전히 폐쇄된 경우

[그림 12.2.3] 싸이클 타임주기에 따른 전파속도에 변화($T_M = 0 \sim L/a$)

2) $\dfrac{L}{a} < t \leq \dfrac{3}{2}\dfrac{L}{a}$ 초

-. [그림 12.2.3](c)에서 시간이 $\dfrac{3}{2}L/a$초까지는 상부 수조의 압력헤드는 단지 H이고, 밸브 쪽의 에너지가 높아진다.

-. 압축된 유체는 [그림 12.2.4]와 같이 다시 상부 수조 쪽으로 역방향 흐름이 발생하기 시작한다.

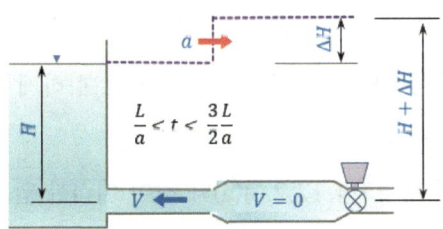

[그림 12.2.4] 싸이클 타임주기에 따른 전파속도에 변화($t = \dfrac{L}{a} \sim \dfrac{3}{2}\dfrac{L}{a}$)

3) $\dfrac{3}{2}\dfrac{L}{a} < t \leq 2\dfrac{L}{a}$ 초

-. [그림 12.2.4]와 같이 발생된 역방향 흐름의 속도는 초기 정상속도(마찰을 무시한 결과)와 크기가 같으며, 역류 소스는 압축된 유체로 늘어난 배관 벽에 미리 저장된 에너지 때문임을 알 수 있다.

-. 이 과정이 [그림 12.2.5]와 같이 $2L/a$초까지 계속되고, 이 시간이 지나면서, 배관 전체의 압력이 정상으로 돌아오는 과정을 갖지만, [그림 12.2.2](a)와 달리 밸브측의 압력에너지가 ΔH만큼 증가되었음 알 수 있다.

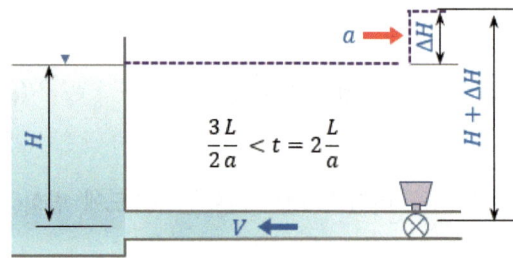

[그림 12.2.5] 싸이클 타임주기에 따른 전파속도에 변화($t = \dfrac{3}{2}L/a \sim 2L/a$)

4) $2\dfrac{L}{a} < t \leq 3\dfrac{L}{a}$ 초

-. 시간이 $2L/a$이 되면, 밸브가 폐쇄되었기에 상부 수조로부터의 흐름을 공급하는 유체 공급원이 없지만, 밸브 측에서 에너지보존법칙에 의거, 발생된 상승 압력에너지인 ΔH의 감소와 역류속도를 0으로 만들기 위해 [그림 12.2.6](a)와 같이 ΔH가 감소되어야 만 한다.

-. 이 에너지때문에 파동속도(a)는 다시 상부 수조로 향하게 되고, 물의 역류는 [그림 12.2.6](a)와 같이 계속된다.

-. 시간이 점차 지나면서, [그림 12.2.6](a)와 같이 이러한 압력감소로 인해 배관의 수축 및 유체는 팽창되고, [그림 12.2.6](b)와 같이 시간이 $3L/a$초가 되면, 배관 내 유속은 모든 곳에서 0이 된다.

-. 시간이 $3L/a$이 되면, 결론적으로 [그림 12.2.6](b)와 같이 배관 내 압력 헤드는 상부 수조의 압력 에너지보다 ΔH만큼 낮아진다.

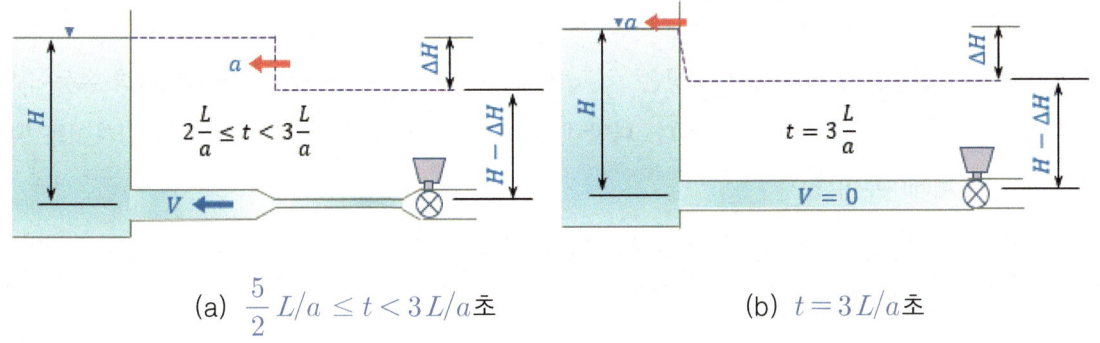

(a) $\frac{5}{2}L/a \leq t < 3L/a$초 (b) $t = 3L/a$초

[그림 12.2.6] 싸이클 타임주기에 따른 전파속도에 변화($\frac{5}{2}\frac{L}{a} < t \leq 3\frac{L}{a}$)

5) $3\frac{L}{a} < t \leq \frac{7}{2}\frac{L}{a}$초

- 시간이 $3L/a$초가 되었을 때, 상부 수조의 압력에너지가 배관내 압력보다 ΔH만큼 크므로, 에너지보존법칙에 의거 [그림 12.2.7]과 같이 밸브 측으로 다시 유동과 파동 속도 모두 원래의 동일한 방향으로 흐르기 시작한다.

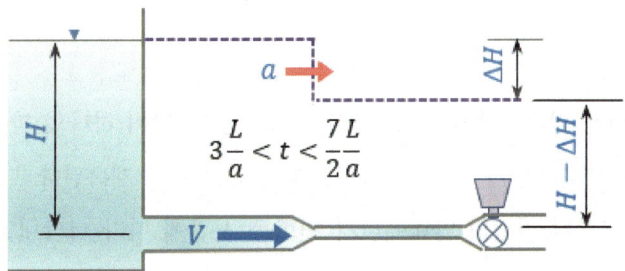

[그림 12.2.7] 싸이클 타임주기에 따른 전파속도에 변화($3\frac{L}{a} < t \leq \frac{7}{2}\frac{L}{a}$)

6) $t = 4L/a$ 초

-. [그림 12.2.7]과 같은 현상은 $4L/a$초가 될 때까지 진행되면, 완전히 원래의 유동이 [그림 12.2.3](a)와 같이 같아진다. 다만 [그림 12.2.3](a)와 [그림 12.2.7](a)와의 차이는 밸브의 폐쇄여부이다.

-. 즉, 시간이 $4L/a$초일때는 [그림 12.2.7](a)와 같이 폐쇄되었기 때문에 속도가 0이 되기 위하여 다시 (b)와 같이 압력이 상승하게 된다.

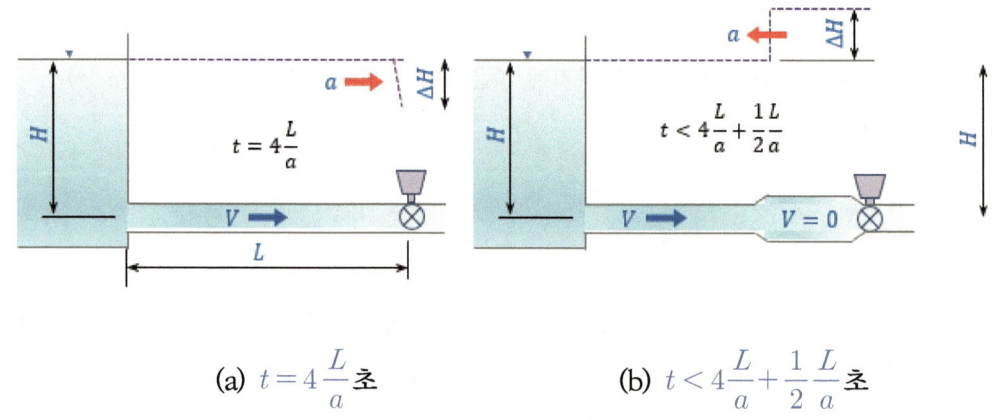

(a) $t = 4\dfrac{L}{a}$ 초   (b) $t < 4\dfrac{L}{a} + \dfrac{1}{2}\dfrac{L}{a}$ 초

[그림 12.2.8] 싸이클 타임주기에 따른 전파속도에 변화($t = 4L/a$)

▶ 반복되는 압력증감과 수격현상의 관계

경과 시간에 따른 압력증감의 변화는 [그림 12.2.9]와 같이 하나의 파동주기를 구성하게 되고, 시간이 지남에 따라 이러한 현상은 줄어들지 않고 반복이 계속된다. 이를 설명하기 위하여 [그림 12.2.9]에 3가지 지점의 압력에너지 변화를 시간에 따라 나타내었다.

- 밸브 측 부근([그림 12.2.9](a))

    -. [그림 12.2.3]에서 [그림 12.2.8]와 같이 밸브 개폐에 의한 반복되는 압력상승과 감소를 나타내고 있다.

    -. 이런 현상은 12.3절에 다룰 수충격 저감장치가 없다면, 주어진 T_M이 지나도 계속 반복된다.

    -. 이때 발생한 $\triangle H$의 양은 시스템에 의해서 결정되는 변수이다.

    -. 결국, 밸브가 있는 펌프 시스템에 작용하는 반복된 압력을 줄이도록 설계하여야 한다.

    -. 만약 [그림 12.2.9](a)와 같이 압력헤드가 싸이클 타임주기내에서 반복될 때, [그림 12.1.1]과 같이 에너지가 증가하게 된다면, 수격현상이 발생 될 수밖에 없다.

제 12 장 수격 현상

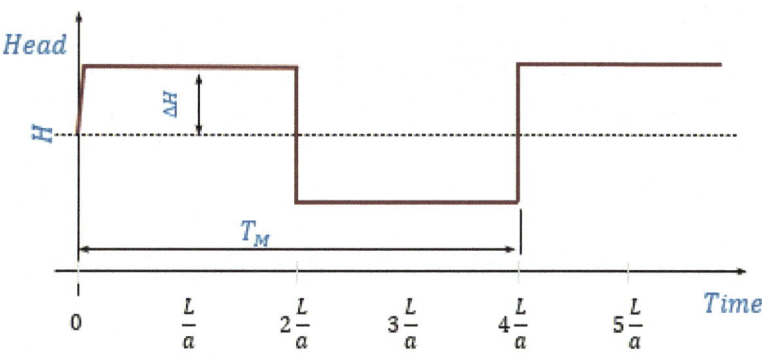

(a) 밸브 측

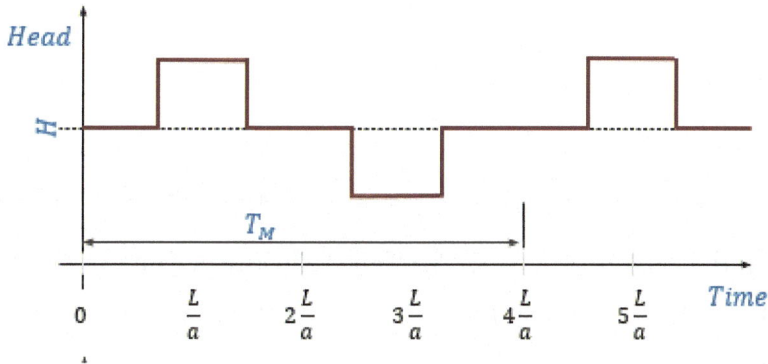

(b) 중간 지점

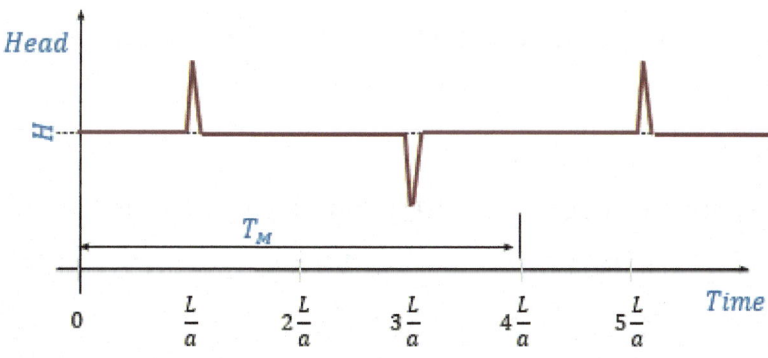

(c) 상부 수조근처 배관

[그림 12.2.9] 3가지 지점에서 시간에 따른 반복되는 압력헤드 변화[89]

---

89) Seoul National University, 강의자료

- 중간 지점
    - -. [그림 12.2.9](b)에서 보듯이 파동은 폐쇄된 밸브에서 이동하기에 충분한 시간이 발생할 때까지 압력은 증가하지 않고 있음을 알 수 있다.
    - -. 이는 배관길이가 길기 때문에 때문에 $T_M = 2\dfrac{L}{a}$이 크기 때문에 압력이 증가하지 않은 것이다. 만약, 길이가 짧다면, 배관중간의 압력도 (a)와 유사해질 것이다.

- 상부 수조 근처 배관지점
    - -. [그림 12.2.9](c))와 일단 압력 헤드가 증가하더라도 다시 원래 압력에너지로 돌아오는 현상인 "완화(Relief)" 되도록 충분하게 관로가 길다는 것을 알 수 있다.

실제로, 상부수조에서 "완화"될 필요한 시간보다 짧은 폐쇄시간은 수충력이 발생하게 되는 중요한 평가인자가 된다. 따라서, 이 $2L/a$를 **임계폐쇄 시간**(Critical Time of Closure)이라 한다. 따라서, 고압이 발생하는 것을 방지하려면, $2L/a$초보다 훨씬 더 큰 시간에 밸브(완폐, 적으면 급폐)를 닫아야 한다.

과도적인 유동을 발생하는 밸브 폐쇄는 $2L/a$초의 시간에 걸쳐 발생하므로, 강체 이론을 사용하여 해석하고, L/a초의 시간간격보다 적다면 탄성이론으로 해석을 해야 한다. 따라서, 수격현상을 방지하기 위하여 장치를 설치할 때 완폐 및 급폐 상황인지를 판단해야 한다.

▶ 수격현상 해석 예를 통한 검토[90]

[그림 12.2.10]과 같이 고도 $690\,m$에 펌프장이 설치되어 있다. 펌프는 $700\,m$ 수위의 저수조에서 압상하는 양흡입펌프로 $N = 880\,rpm$, 축동력이 $L_s = 1,000\,kW$이다. 지름과 길이가 각각 $D = 800\,mm$과 $L = 2,500\,mm$인 송출 배관을 통하여 고도 $765\,m$ 높이의 고수조로 $Q = 1\,m^3/s$의 유량을 송출한다. 배관에는 에어챔버와 체크밸브가 있다. 이때 물의 파동속도는 $a = 980\,m/s$이고, 펌프와 모터의 연합관성은 약 $150\,kg \cdot m^2$으로 가정하자.

---

[90] 이 문제는 프로그램을 통하여 수격현상을 해석한 것으로, 단순 이해 정도로만 생각하자.

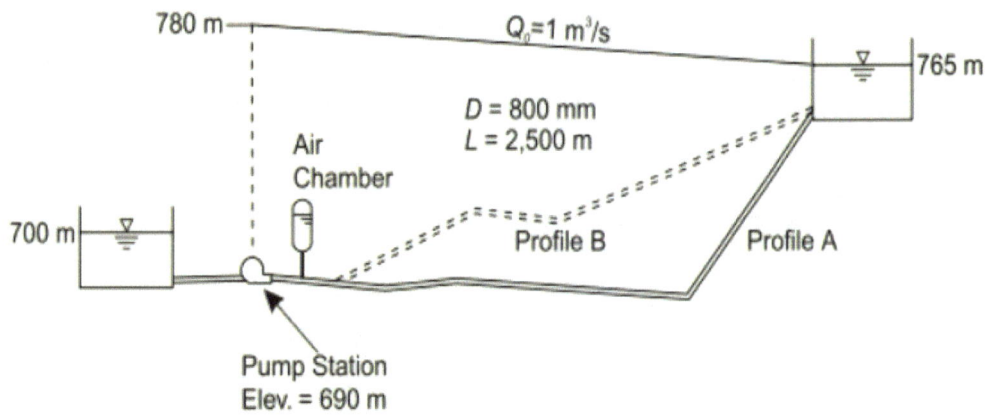

[그림 12.2.10] 수충격 해석을 위한 시스템

이를 설명하기 위하여 해석된 결과로부터 설명하자.

- [그림 12.2.11](a)에서 보듯이 펌프는 10초에서 기동된 후, 약 4초후 회전속도인 $N=880rpm$에 도달함을 알 수 있다.
- 펌프가 기동하는 동안 펌프 토출 쪽에 체크밸브가 개방되어 물이 송출되면서 밸브가 폐쇄됨에 따라 [그림 12.2.11](b)에서 보는 것와 같이 점차적으로 감속됨을 알 수 있다.
- 그리고 약 80초에 펌프는 전력중단으로 인하여 완전 shutdown됨을 알 수 있다.
- 이런 사고는 [그림 12.2.11](a)와 [그림 12.2.11](b)에서 보듯이 속도와 유량이 갑작스런 drop-off를 나타내고 있다.
- 이런 shutdown은 비상상태(수격현상)를 의미한다.
- [그림 12.2.11](c)와 같은 비정상 해석결과를 보면 10초에서 80초까지는 정상적으로 운전이 되고 80초이후에는 [그림 12.2.9](c)와 같이 주기적인 압력상승이 발생함을 알 수 있다.
- 이 시스템은 주기적인 압력변화만 발생하고 급격한 압력상승이 발생하지 않았기 때문에 수충격에 대한 설계는 잘 되었다고 판단할 수 있다.
- 이때 임계폐쇄 시간을 구해보면 $T_M = 2 \times 2500/980 \cong 5.1s$로 [그림 12.2.9] (b)에서 보면 결과 $5.1s$보다 큰 약 $6s$ 즉 $85.1s$를 지난 시간에 닫힌 완폐시스템임을 알 수 있다.

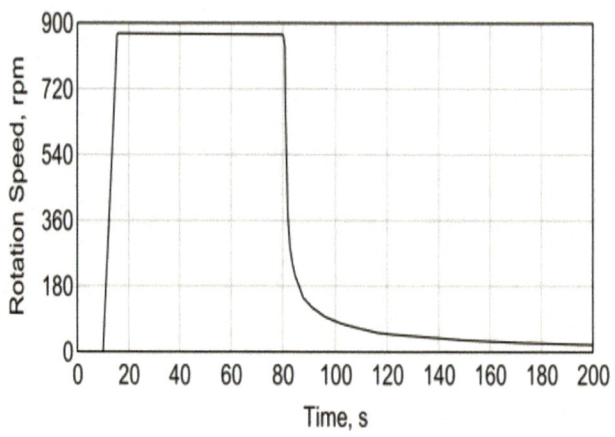

(a) 시간에 따른 회전수 변화

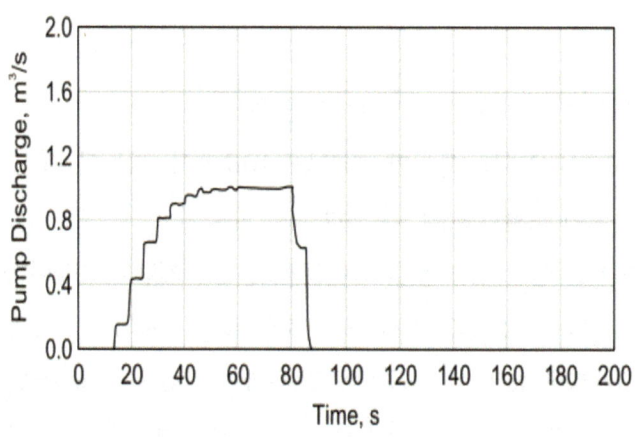

(b) 시간에 따른 유량 변화

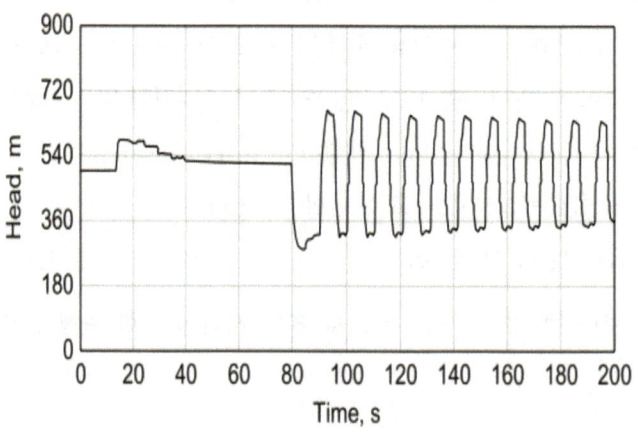

(c) 시간에 따른 압력 변화

[그림 12.2.11] 해석결과

12.2.3 Elastic model

다음과 같은 경우에 탄성체 모델 해석이 필요하다.

- -. 계획이든 아니든 밸브 셋팅의 변화가 발생하였을 경우
- -. 펌프의 기동과 정지가 될 경우
- -. 펌프(터빈)의 동력변화가 있는 경우
- -. 고수조 등 탱크 수위변화가 있는 경우
- -. 밸브같은 부속품의 변형으로 진동이 발생할 경우
- -. 불안정한 펌프(팬)의 운전될 때
- -. 속도가 갑자기 변하고 배관라인이 상대적으로 긴 경우

탄성모델 관련 방정식을 유도하기 위하여, 배관을 [그림 12.2.12]와 같은 검사체적으로 설정하고, 강체관이 조금 부풀었다고 가정하였다.

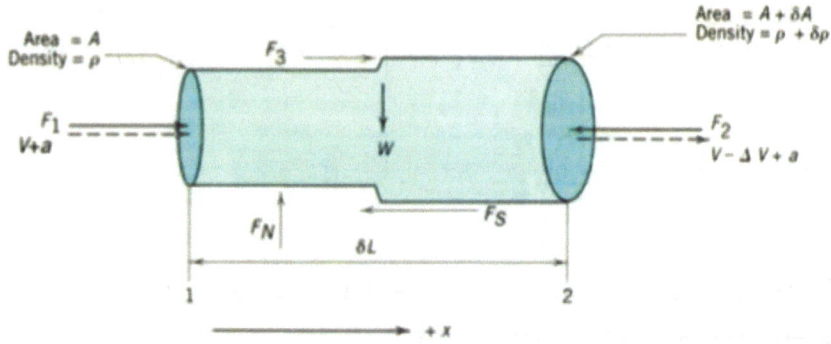

[그림 12.2.12] 탄성모델을 해석하기 위한 검사체적1

식 (12.2.28)과 식 (12.2.28-1)과 같은 충격량-운동량 방정식과 질량보존의 원리를 이용하자.

$$\sum F_{ext} = \left(\sum \rho QV\right)_{out} - \left(\sum \rho QV\right)_{in} \qquad (12.2.28)$$

$$\sum F_{ext} = \dot{m}(V_{out} - V_{in}) \qquad (12.2.28\text{-}1)$$

[그림 12.2.12]의 검사체적에 식 (12.2.29)를 대입하면 식 (12.2.30)과 같은 식을 유도할 수 있다.

$$F_1 - F_2 = \dot{m}[(V - \triangle V + a) - (V + a)] = \dot{m}(-\triangle V) \qquad (12.2.29)$$

여기서, $\dot{m} = \rho(V+a)A$

$\triangle V$: 감소된 속도

[그림 12.2.12]의 검사체적 양끝단에 작용한 압력에 의한 힘을 적용하면 식 (12.2.29)는 식 (12.2.30)과 같이 유도된다.

$$pA - (p + \triangle p)(A + \delta A) = \rho A(V+a)(-\triangle V) \qquad (12.2.30)$$

(12.2.30)에서 $\triangle p = \gamma \triangle H$이고 δA가 매우 적다면 식 (12.2.30)은 식 (12.2.31)과 같이 정리된다.

$$-\gamma A \triangle H = \rho A(V+a)(-\triangle V) \Rightarrow \therefore \triangle H = \frac{1}{g}\triangle V(V+a) \qquad (12.2.31)$$

식 (12.2.31)의 괄호 안에 있는 전파속도(a)를 밖으로 빼면 식 (12.2.32)와 같이 유도할 수 있다.

$$\triangle H = \frac{a}{g}\triangle V\left(1 + \frac{V}{a}\right) \qquad (12.2.32)$$

대부분은 식 (12.2.32)의 V/a의 값은 파동속도가 물의 속도보다 커서 거의 V/a가 0.01보다 적기 때문에 이를 무시할 수 있고, 이를 정리하면 식 (12.2.33)과 같다.

$$\triangle H = \frac{a}{g}\triangle V \qquad (12.2.33)$$

이 식은 강관인 경우의 최대압력변동인 식 (12.2.27)과 동일하게 유도됨을 알 수 있다.

$$\Delta p = \rho a \Delta v \qquad (12.2.27)$$

제 12 장 수격 현상

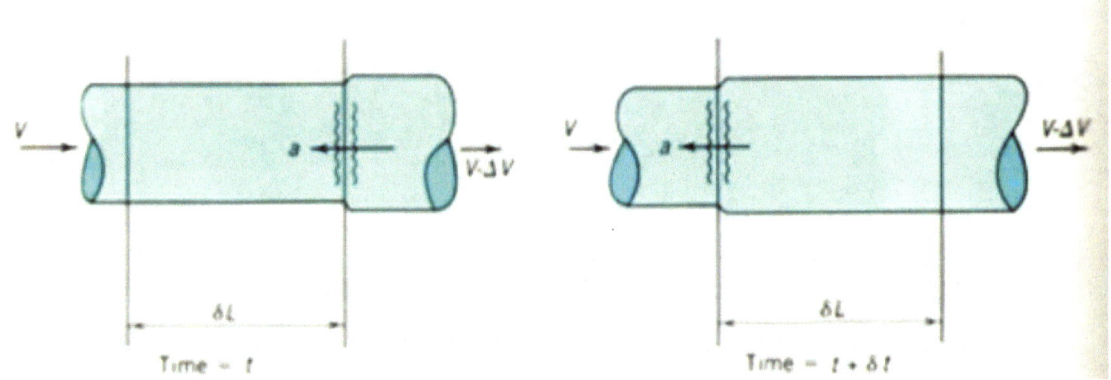

[그림 12.2.13] 탄성모델을 해석하기 위한 검사체적2

[그림 12.2.13]과 같이 짧은 시간(δt)에 축적된 유체량(δM)으로 인하여 배관을 이용하여 팽창되었다고 가정하자. [그림 12.2.13]과 같은 검사체적에 연속방정식을 이용하여, 축적된 유체량(δM)을 식 (12.2.34)와 같이 구할 수 있다. 식 (12.2.34)를 유도할 때 고차항(High Order Term)은 무시하였다.

$$\delta M = VA\rho\delta t - (V - \triangle V)(\rho + \triangle \rho)(A + \triangle A)\delta t = A\rho\triangle V\delta t \qquad (12.2.34)$$

짧은 시간(δt)에 파동속도(a)만큼 움직였을 때 거리인 δL로 식 (12.2.34)을 정리하면 식 (12.2.35)와 같이 구할 수 있다.

$$\delta M = A\rho\triangle V\frac{\delta L}{a} \qquad (12.2.35)$$

즉, 식 (12.2.35)의 여분의 양을 저장하기 위해 배관을 약간 압축하거나 약간 늘려 길이인 δL에 축적하게 됨을 의미한다.

파동이 통과하는 동안 압력이 증가했기 때문에 단면에 있는 유체 체적은 더 높은 밀도로 약간 압축된다. 이 관계를 설명하는 방정식은 식 (12.2.23)과 같이 체적탄성계수와 같다.

$$E_v = -\frac{dp}{d\forall/\forall} = \frac{dp}{d\rho/\rho} \qquad (12.2.23)$$

식 (12.2.23)을 [그림 12.2.13]의 δL과 연관시키기 위하여 변경하면 식 (12.2.36)과 같다

$$d\forall = -dp\frac{\forall}{E_v} = -dp\frac{\delta LA}{E_v} \tag{12.2.36}$$

식 (12.2.36)은 증가된 압력으로 인해 배관이 늘어나므로 유입되는 유체의 순 질량을 저장할 수 있는 공간이 더 많아진다는 것을 의미한다. 이때 체적변화는 식 (12.2.37)과 같이 원주 방향(Circumferentially, ϵ_1)과 세로 방향(Longitu- dinally, ϵ_2)으로 늘어 난다.

$$d\forall = \frac{\pi d^2}{4}\delta L(\triangle\epsilon_1 + \triangle\epsilon_2) \tag{12.2.37}$$

만약, 배관의 세로방향으로 늘어나는 것을 제한한다면 식 (12.2.38)과 같이 유도할 수 있다.

$$d\forall = \frac{\pi d^2}{4}\delta L\left(\frac{1-v^2}{E_p}\right)\left(\frac{dpd}{e_p}\right) \tag{12.2.38}$$

여기서, e_p : 배관 두께

v : 프와송비

E_p : Young의 탄성계수

연속방정식을 식 (12.2.34)가 아닌 식 (12.2.39)와 같은 체적변화의 개념인 다른 형태로 정리할 필요가 있다.

$$\delta M = (\rho + \delta\rho)(A\delta L + \delta\forall) - \rho A\delta L \tag{12.2.39}$$

식 (12.2.35)의 질량 변화와 식 (12.2.38)의 체적변화를 통해 탄성체의 파동속도는 식 (12.2.40)과 같이 단순화할 수 있다.

$$a = \sqrt{\frac{E_v/\rho}{1+\frac{E_v}{E_p}\frac{d}{e_p}(1-v^2)}} \tag{12.2.40}$$

식 (12.2.40)는 탄성관일 때 유도된 파동 속도이다. 만약, 기포형태로 부유되는 소량의 공기는 E_v를 크게 감소시킨다. 그러나, 설계시 자유 공기가 없는 더 큰 보수적 E_v값이 가장 심각한 수충력을 예측하기 때문에, 공기가 없는 유체로 대부분 가정하여 사용한다.

유체에 따른 체적탄성계수와 밀도와 배관에 따른 물리량을 각각 [표 12.2.2]와 [표 12.2.3], [그림 12.2.14]와 같이 정리하였다.

[표 12.2.2] 일반적인 유체의 물리량

유체	온도 ℃	체적탄성계수		밀도	
		$10^6 lbf/ft^2$	GPa	$slugs/ft^3$	kg/m^3
Water	20	45.7	2.19	1.94	998
Salt Water	15	47.4	2.27	1.99	1,025
Mineral Oils	25	31.0~40.0	1.5~1.9	1.67~1.73	860~890
Kerosene	20	27.0	1.3	1.55	800
Methanol	20	21.0	1.0	1.53	790

[표 12.2.3] 배관의 물리량

유체	Young's 탄성계수		프와송 비
	$10^9 lbf/ft^2$	GPa	
Steel	4.32	207	0.30
Cast Iron	1.88	90	0.25
Ductile Iron	3.59	172	0.28
Concreate	0.42~0.63	20~30	0.15
Reinforced Concreate	0.63~1.25	30~60	0.25
Asbestos Cement	0.50	24.0	0.30
PVC	0.069	3.3	0.45
Polyethylene	0.017	0.8	0.46
Polystyrene	0.10	5.0	0.40
Fiberglass	1.04	50.0	0.35
Granite(rock)	1.0	50.0	0.28

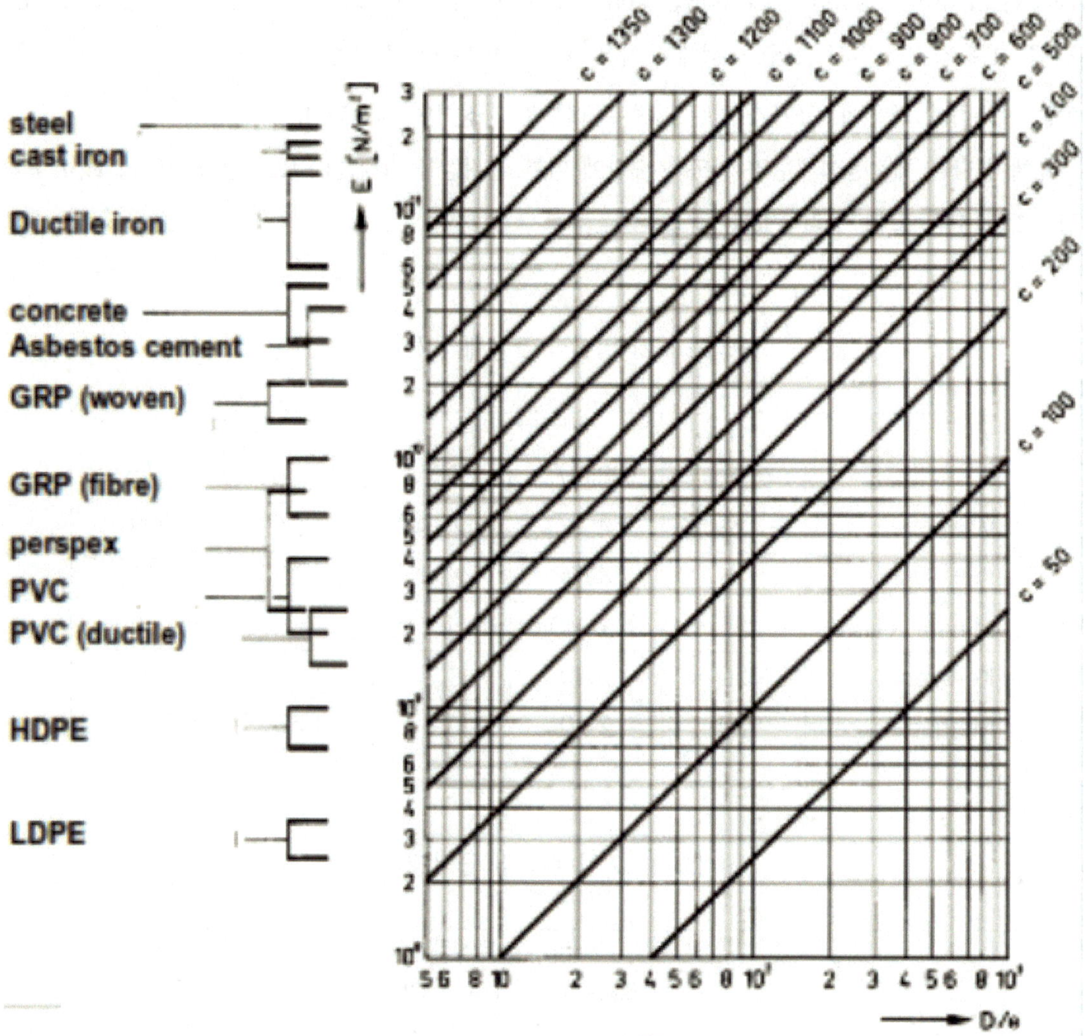

[그림 12.2.14] 배관의 경년계수와 조도에 따른 체적탄성계수의 변화

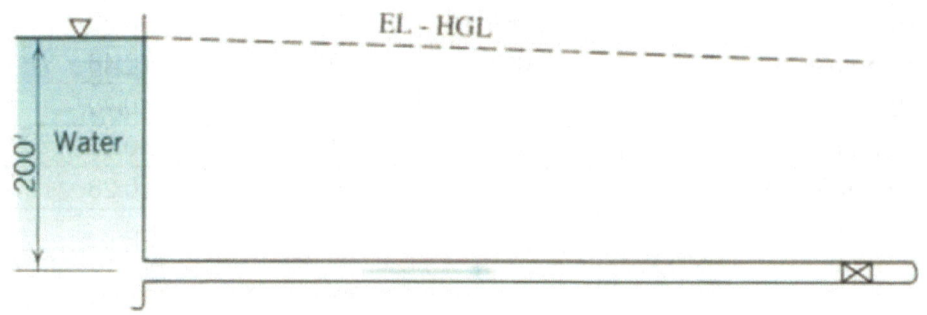

[그림 12.2.15] 예제 3을 해석하기 위한 시스템

※ 예제 3

[그림 12.2.15]와 같이 길이가 $3,048m$인 지름 $60.96cm$의 배관내 정상 흐름은 $1.83m/s$의 속도로 발생한다. 강철로 제작된 파이프는 벽 두께가 $0.635cm$이다. 배관의 파동 속도와 갑작스러운 밸브폐쇄로 인한 헤드 증가를 계산하라. 또한, 최대 압력이 발생할 때 가장 긴 밸브폐쇄시간(Valve Closure Time)를 구하라.

$$a = \sqrt{\frac{E_v/\rho}{1 + \frac{E_v}{E_p}\frac{d}{e_p}(1-v^2)}} \qquad (12.2.40)$$

$$a = \sqrt{\frac{2.19 \times 10^9 Pa/(998 kg/m^3)}{1 + \frac{2.19 \times 10^9 Pa}{207 \times 10^9 Pa}\frac{60.96cm}{0.635cm}(1-0.3^2)}} = \sqrt{\frac{2,194,389}{1.924}} = 1,067.9 m/s = 3,503 ft/s$$

$$\triangle H = \frac{a}{g} \triangle V \qquad (12.2.33)$$

$$\triangle H = \frac{1,067.9}{9.8} \times 1.83 = 199.41m = 653ft$$

동일한 최대압력을 생성하는 가장 긴 밸브폐쇄시간을 찾으려면 임계 밸브폐쇄 시간인 $2L/a$초를 이용하여 구하면 된다. $2L/a$초 미만의 시간 내에 밸브가 닫히면 갑작스러운 밸브 닫힘과 동일한 압력이 생성된다. 따라서 중요한 밸브 폐쇄 시간은 $5.71s$가 된다.

$$2\frac{L}{a} = \frac{2 \times 3,048}{1,067.9} = 5.71s$$

▶ 공기가 유입되는 경우

배관라인에 공기가 있다면(만수되지 않은 관 등) 배관라인의 파동 속도가 급격히 감소한다. 즉 파동 전파와 압력이 크게 영향을 받는다. 일반적인 식 (12.2.40)의 파동속도 방정식을 사용할 수 있지만, 유체의 체적탄성계수(E_v)와 밀도를 결정하는 데 주의가 필요하며, 보통 공기 혼합물의 체적탄성계수와 혼합물의 밀도는 각각 식 (12.2.41)과 식 (12.2.42)로부터 구한다. 공기가 유입되는 경우의 파동속도는 식 (12.2.43)과 같다.

$$E_{mix} = \frac{E_v}{1+\alpha_{mix}\left(\dfrac{E_v}{E_{air}}-1\right)} \tag{12.2.41}$$

여기서, α는 공극률(Void fraction)

$$\rho_{mix} = (1-\alpha_{mix})\rho \tag{12.2.42}$$

$$a_{mix} = \sqrt{\frac{E_v/\rho_{mix}}{1+\dfrac{E_v}{E_p}\dfrac{d}{e_p}(1-v^2)+\alpha_{mix}\dfrac{E_v}{E_{air}}}} \tag{12.2.43}$$

공극률과 탄성의 값이 압력에 따라 달라지므로 파동속도는 배관라인의 압력에 따라 달라지는 감소된다. 또한, 공기가 포함되어 있으므로 파동 속도에 따라 열역학적 과정이 발생하므로 복잡해진다.

▶ 상용 수충격 프로그램

최근에는 학계 및 전문 엔지니어링 실무자에게만 적합했던 많은 수격 모델을 이제 일반인도 액세스할 수 있어 이를 이용하면 복잡한 경우에도 쉽게 해석할 수 있다. 이 섹션에서는 상업적으로 이용 가능한 여러 수격 현상 소프트웨어 패키지에 관해 설명하고 자 하는데 객관적을 위하여 아래와 같이 각 패키지의 연락처만 기록하였다.

Pipenet.   www.sunrise-sys.com
HAMMER   www.ehg.dns2go.com
HYTRAN.   www.hytran.net
HYPRESS   www.hif.cz
IMPULSE   www.aft.com
WANDA   www.wldelft.nl/soft/wanda
FLOWMASTER www.flowmaster.com
SURGE2000. www.kypipe.com
LIQT   www.advanticastoner.com
WHAMO   www.cecer.army.mil/usmt/whamo/whamo.htm
TRANSAM   www.hydratek.com

12.3 수격현상의 완화방법[91]

수충격에 의한 펌프설비 및 관로의 파손을 방지하고 이로 인한 주민의 급수중단으로 생활불편 등을 예방하는 근본적인 대책은 수충격이 예상되는 펌프 및 배관 설계시 반드시 수충격해석을 실시하여 적정한 수충격 완화설비를 갖추도록 하는 것이다.

수충격 완화설비의 효율적이고 정확한 운영관리를 위해 전문인력 및 기술력을 확보하는 것이 중요하며, 급수량의 증가나 펌프 관로 시설 등의 노후화로 증설 교체 관로 노선변경 등이 이루어질 경우, 기존의 수충격 완화설비에 대한 적정성을 필히 수충격해석에 의해 검토하고, 만약 부적정하다고 판단되는 경우에는 기존의 수격완화설비에 적합한 시설로 변경하거나 수격완화설비를 보완토록 하여야 한다.

수충격의 완화방법 중 일반적으로 사용되고 있는 방법 중 대표적인 방법만 살펴보았다.

1) Fly-wheel(플라이휠)

펌프의 관성을 증가시켜 펌프의 급격한 속도변화 및 압력강하를 완화시키는 방법이다.

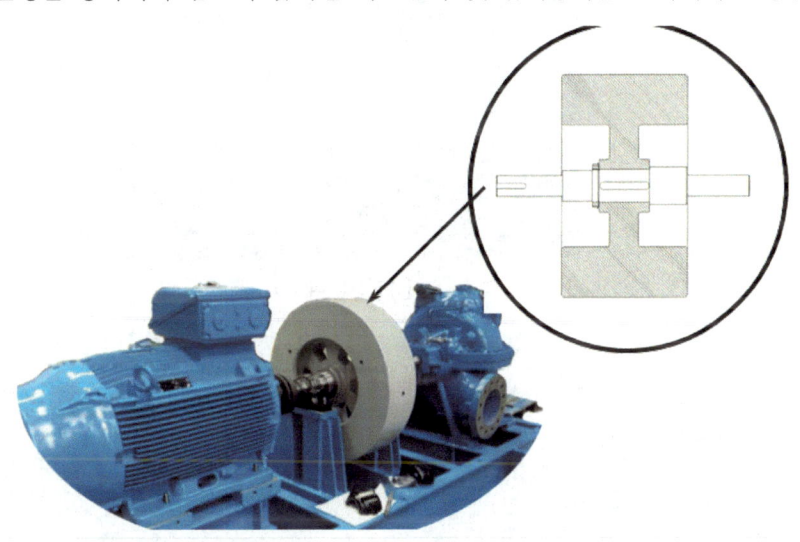

[그림 12.3.1] Fly-wheel이 설치된 펌프[92]

---
[91] Mohamed S. Ghidaoui, A Review of Water Hammer Theory and Practice, Applied Mechanics Reviews
[92]

2) 서지탱크 설치

펌프의 토출관 측에 설치하는 수조로 [그림 12.3.2]와 같이 압력 강하 시 체크밸브를 통하여 충분한 물을 관로내에 보급함으로써 부압의 형성을 방지하는 방법으로 압력조절수조(Surge Tank)를 설치하는 방법에 비해 소형이므로 경제적이나 관로의 보호 범위가 한정되는 방법이다.

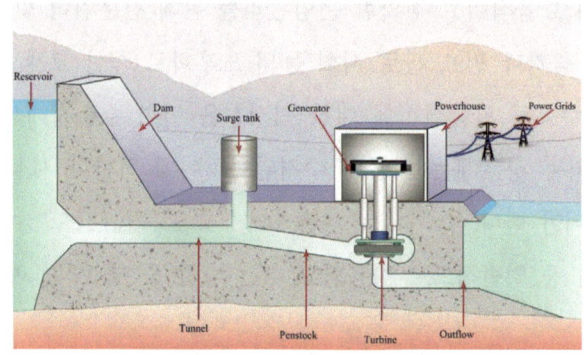

(a) 서지탱크 설치개략도[93]

(b) 설치 예[94]

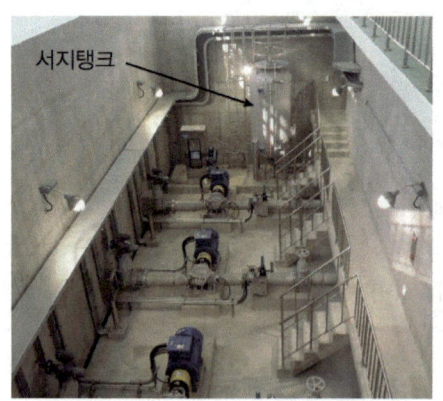 

(c) 펌프장에 설치된 예[95]

[그림 12.3.2] 서지탱크 관련 사진

---

93) https://ig7.ir/en/surge-tank/
94) Kendoon Surge Vessel
95) 노형운저, 2023, 문제 해결력을 키우는 유체역학

3) 체크밸브 설치

수충격에 대형펌프를 보호하기 위한 가장 대표적인 방지책은 [그림 12.3.3]과 같은 역지밸브(체크밸브)이다. [그림 12.3.3]과 같은 펌프장에서 노란색 밸브가 체크밸브이고, 개별 펌프를 보호하기 위해 각각 설치된 것을 알 수 있다. 체크밸브는 펌프를 보호하는 데는 좋지만, 관로에 충격을 줄 수 있는 단점이 있다.

[그림 12.3.3] 역지밸브가 설치된 펌프장[96]

상수도 시설중에서 체크밸브로 많이 사용되는 종류는 스윙식인 플레이트 체크(Dual Plate Check), 틸팅 디스크 체크(Tilting Disc Check) 등이 있으며, 수평식은 디스크의 상하 동작에 의해 개폐되는 체크 밸브로 리프트 체크(Lift Check), 인라인 체크(In-line Check) 등이 있다.

밸브 선정에 있어서 밸브의 닫히는 속도와 시간이 매우 중요하다. 식 (12.2.28)인 임계폐쇄 시간($T_M = 2L/a$)에 따라 직폐 또는 완폐용 밸브로 분류된다. 필요에 의해 대시포트(Dashpot)나 중량(Weight)을 추가하여 디스크의 닫힘 속도를 조절하기도 한다. 직폐식 체크밸브는 [그림 12.3.5]와 같이 물이 반대 방향으로 흐르게 되면 즉시 차단되어 역류를 방지하는 방식이고, 완폐식 체크 밸브는 관로 내의 물이 역류 개시 직후에 급격하게 폐쇄하지 않고 서서히 차단함으로써 압력의 급상승을 경감시키는 방법으로 펌프의 토출구 측에 설치하므로 충격 완화하는 방식이다.

---

96) https://blog.naver.com/rove7/223346402418

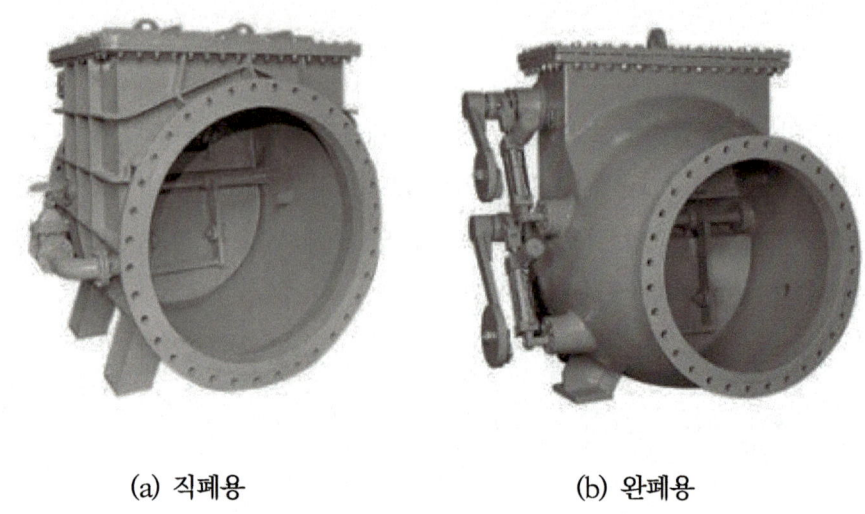

(a) 직폐용   (b) 완폐용

[그림 12.3.4] 직폐와 완폐식 체크밸브[97]

▶ 체크밸브 완폐/급폐 검토 예

만약, 배수지에 설치된 밸브가 $90s$에 완전히 닫히도록 세팅되어 있다. 수충격 전파 속도는 $950m/s$이고, 관로 길이는 $17km$라고 할 때 이 배수지에 설치된 밸브가 어떤 형식의 밸브(급폐 또는 완폐)인지를 검토해보자.

수충격파의 임계폐쇄 시간은 $T_M = 2L/a = 2 \times 17,000/950 = 35.8\,s$가 된다. 밸브가 닫히는 속도($90s$)가 수충격의 속도 보다 훨씬 느리므로, 완속 폐쇄 형식임을 알 수 있다.

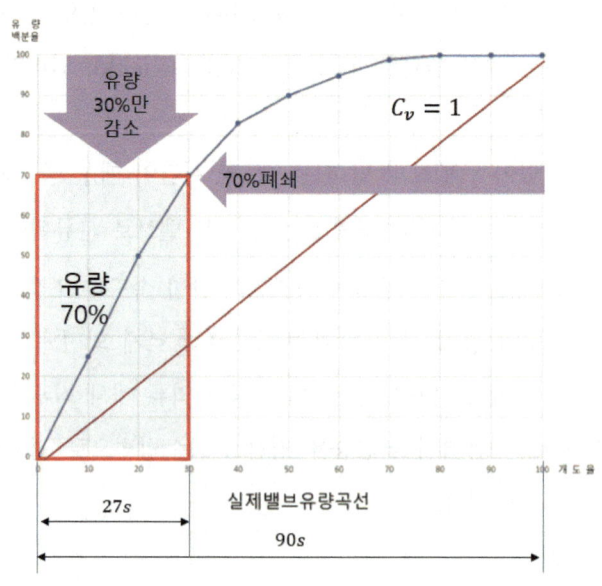

[그림 12.3.5] 실제 밸브 유량곡선

---

97) 정호영, 지연화, ㈜삼진정밀 기술혁신센터, 스윙 체크 밸브와 틸팅 디스크 체크 밸브의 특징 비교

제 12 장 수격 현상

대부분 체크밸브는 [그림 12.3.4]와 같이 버터플라이 밸브 형식이 많이 사용되고, 이런 밸브의 유량곡선은 [그림 12.3.5]와 같이 개도에 따라 직선($C_v = 1.0$)으로 변하는 것이 아니라, 비선형적으로 변화하는 특성을 갖는다.

- 재검토 필요

위에서 구한 $T_M = 35.8s$과 셋팅 시간인 $90s$의 관계를 다시 체크해야 한다.

- . 밸브 개도율이 100%에서 30%까지 잠갔을 때, 비선형 유량계수로 유량은 100%에서 70%로 변화하였다.
- . 즉, 밸브를 70%잠갔지만, 유량은 겨우 30%만 감소되었다는 의미이다.
- . 즉, $63s$동안 밸브를 폐쇄해도 유량이 제어되지 않아,
- . 시스템에 충격완화는 되지 않았다는 의미하고, 앞에서 검토한 완폐의 의미는 없다.

- 재검토 결과

- . 유량의 변동(70%의 유량)이 급격히 이루어지는 밸브 개도가 30%에서 0%로 감소했을 때, 시간을 재계산하면 $27s$가 되고,
- . 임계시간인 $35.8s$보다 적으므로,
- . 급폐가 되어 수충격 영향을 제어할 수 없게 되어 사고가 발생했음을 알 수 있다.

- 대책

- . 개도율이 30%정도 남았을 때 1분~2분 정도 쉬어 주고,
- . 10%내외일 때 한번 쉬어서 조작하면, 수충격을 상수도 기준인 $10kg_f/cm^2$(설계기준에 따라 다를 수 있음)이하로 맞출 수 있다.

이런 계산은 시스템마다 상황이 다름으로 밸브 작동 알고리즘은 적절한 수충격해석을 통하여 결정해야 한다.

밸브 완전 클로즈시 수충격이 관단면 밸브 디스크에 미치는 힘

관경(mm)	단면적(m²)	수충격(압력이 미치는 힘)			
		15kgf/cm²일 때	10kgf/cm²일 때	5kgf/cm²일 때	3kgf/cm²일 때
500	0.196	29.452	19.635	9.817	5.890
600	0.283	42.412	28.274	14.137	8.482
700	0.385	57.727	38.485	19.242	11.545
800	0.503	75.398	50.265	25.133	15.080
900	0.636	95.426	63.617	31.809	19.085
1000	0.785	117.810	78.540	39.270	23.562
1100	0.950	142.550	95.033	47.517	28.510
1200	1.131	169.646	113.097	56.549	33.929
1350	1.431	214.708	143.139	71.569	42.942
1500	1.767	265.072	176.715	88.357	53.014
1650	2.138	320.737	213.825	106.912	64.147
1800	2.545	381.704	254.469	127.235	76.341
2000	3.142	471.239	314.159	157.080	94.248
2200	3.801	570.199	380.133	190.066	114.040
2400	4.524	678.584	452.389	226.195	135.717

(힘의 단위 톤)

[그림 12.3.5] 밸브 완전 폐쇄시 밸브디스크에 미치는 힘[98]

[그림 12.3.5]와 같이 ○○배수지 밸브($D=600mm$)의 폐쇄시 순간적으로 $15kg_f/cm^2$의 압력이 발생하고, 이를 계산해 보니, $42.4ton$의 힘이 순간적으로 걸린 것으로 알 수 있다. 실제 배수지 유입 측에 설치된 관압계를 보고 계산한 결과이다. 평상시 압력은 $2kg_f/cm^2$이내이고, 정수두가 걸렸을 때는 $3kg_f/cm^2$ 정도이다. 보통, 경험상 수충격은 순간적으로 $42.4ton$이 넘는 힘으로, 즉 정상 압력의 3~5배 정도 높게 형성됨을 알 수 있고, 이런 영향은 펌프장의 밸브 디스크를 밀어 버리니 접합부의 플랜지 부가 밀려 사고 원인이 되었다.

12.4 설계 예를 통한 설계인자 검토

보통 수격현상을 고려한 설계를 하거나, 기존 시스템을 보완할 때 아래와 같이 12가지 사항을 체크해야 한다.

---

98) https://blog.naver.com/rove7/223346402418

1. 깨지거나 금이 간 배관 또는 피팅(기존 시스템)
2. 대부분의 경우, 비상 전원으로 문제를 해결할 수 없는 정전 문제
3. 싸이클 타임주기보다 다소 빨리 폐쇄되는 밸브
4. 써지 허용차를 포함한 배관설계에 정적 또는 운전 헤드를 더하여 계산된 써지의 최대값
5. 짧은 배관길이에 걸친 큰 양정의 변화(34ft 혹은 1 bar)가 있는 경우
6. 5ft/sec를 상회하는 배관라인의 속도
7. 기존시스템에 걸쳐서 보다 큰 유동을 수반하는 시스템의 개선할 경우 (renovation)
8. 가동중단 이후에도 펌프를 통하여 운전되는 저양정 시스템인 경우
9. 공진상태에서 계산된 압력써지 값보다 더욱 큰 값을 보이는 배관시스템
10. 캐피티이션을 형성시킬 수 있는 저양정을 동반시키는 매끄럽지 못한 배관형태를 갖는 시스템
11. 펌핑시스템을 위한 긴 흡입라인을 갖는 시스템
12. 적절하지 못한 사이즈의 벤트와 진공밸브를 갖는 시스템

강관에 사용되는 이론적 접근방법과 12가지의 항목을 이용하여 탄성관 이론적 해석을 좀 더 완벽히 수행하는 데 필요한 간단한 방법을 제공하고자 한다. 그러나 이 방법들이 좀 더 세밀한 접근법의 대안이 될 수는 없다.

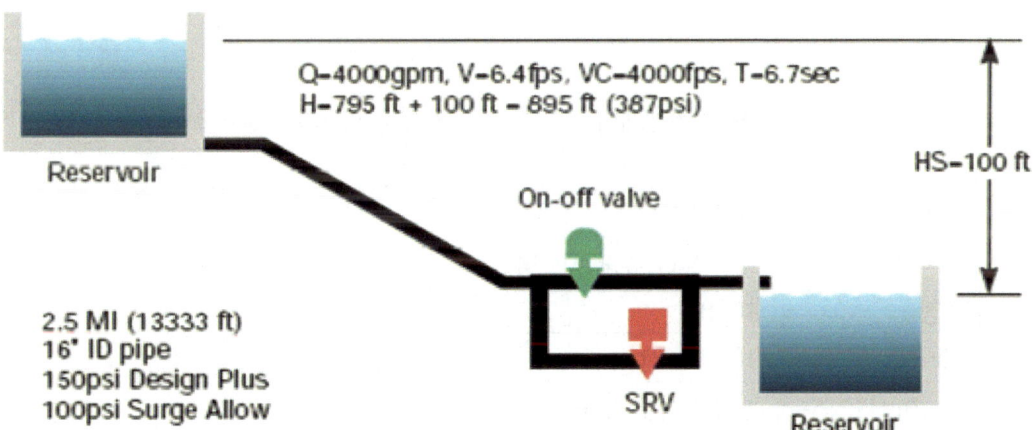

[그림 12.4.1] 중력으로 작동하는 자연 유하 유량 시스템

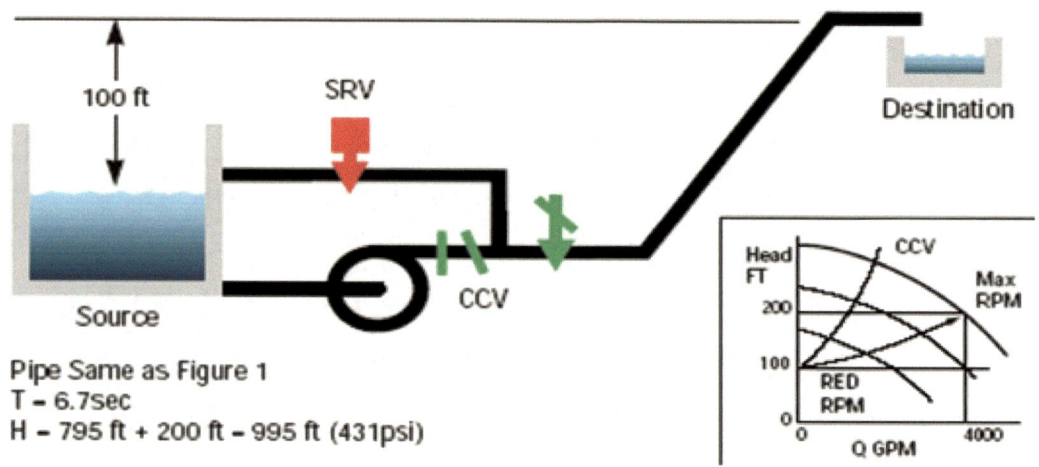

[그림 12.4.2] 펌핑시스템

[그림 12.4.1]과 [그림 12.4.2]는 동일한 방법으로 설계된 경우이다. 두 시스템의 차이는 자연유하 유량(수차)시스템과 펌핑 시스템이다. 각 그림 안과 [표 12.4.1]에 주기의 값, 최대써지압력과 배관 설계기준이 나열되어 있다.

먼저 문제에 적용이 되는 서지신호를 결정하고 이를 설명해야 한다. 그런 후 써지감쇠의 방안과 그에 따른 장치의 사이즈를 선택한다. 필요한 경우라면, 완전한 탄성관 해석까지 진행해야 한다.

[표 12.4.1] 각 시스템에서 주기의 값, 최대써지압력과 배관 설계기준

	그림 12.4.1	그림 12.4.2
구분	자연 유하 유량 시스템	펌핑 시스템
실양정	100ft	
배관지름	16" ID Pipe	
배관길이	2.5MI (13,333ft)	
유량	4,000gpm	
유속	6.4ft/s	
파동속도	4000ft/s	
전양정	$H = 795 + 100 = 895 ft (387 psi)$	$H = 795 + 200 = 995 ft (431 psi)$
싸이클 타임주기	$T = 6.7s$	$T = 6.7s$

▶ [그림 12.4.1] 시스템

체크해야 될 '12가지 써지 항목' 중 2번, 3번, 4번, 그리고 6번을 동시에 적용되어야 한다.

2번항 정전 문제
- 정전사고는 대부분의 써지 보호장치에 사용에 있어 체크하여 할 가장 우선시 되는 항목이다.
- 일반적으로 비상동력체계는 압력써지의 영향을 피할 만큼 충분하게 빠르게 반응하지 못한다.
- 이런 자연유하 유량 시스템의 경우, 밸브 폐쇄를 통제함으로써 정전을 제외한 모든 우려되는 문제점들을 해결할 수 있다.
- 써지안전밸브(Surge Relief Valve, SRV)는 명백한 해답이고, 배관 설계 시방을 바꾸는 것보다 경제적이다.
- 압력셋팅에 의해 정전시 SRV는 반드시 열리게 설계하면 된다.
- [그림 12.4.1]에 사용된 밸브는 6-in SRV나 8-in SRV이다.

3번항 폐쇄 밸브
- 밸브를 닫는(혹은 여는) 시간은 시스템을 설계할 때 조절될 수 있고, 이 점은 정상적인 싸이클에 따른 운전상태에서는 써지압력을 줄이거나, 심한 경우 완전히 없앨 수도 있다.
- 만약 공압이나 유압밸브용 액츄에이터를 사용하는 경우, 몇개의 밸브 운전을 통한 가입조건은 동력정전사태에 대한 위험으로부터 감소나 피할수 있다.

4번항 써지의 최대값
- 써지 허용차를 감안한 배관과 부속품 장치의 설계압력은 써지를 포함하여 계산된 총압력값보다 반드시 더 커야 한다.
- 만약 써지가 발생한다면, 반복누적응력으로 인해 응력파괴가 발생할 수도 있다.
- 따라서 플라스틱을 포함한 재료의 내구성 한계는 반드시 고려되어야 한다.
- 더욱 튼튼한 배관과 장비를 사용하는 것은 써지저감장치의 사용과 비교하여 볼 때 비용 측면에서는 보다 효율적일 수 있다

6번항 5ft/sec를 상회하는 배관라인의 속도
- 이 항목은 4번 항목과 같이 고려되어야 한다.
- 계산된 최대압력이 써지허용차를 감안한 배관의 설계압력을 초과하는 경우가

발생 된다면, 이때 밸브의 폐쇄시간을 증가시키는 것은 하나의 옵션이다.
-. 만약 온-오프 밸브가 선형의 폐쇄특성을 갖고 있고 획일적으로 폐쇄할 수 있다고 할 때, 이를테면 15초 동안에 유량의 75%감소를 반영한다면 (또는 2ft/sec를 따라갈 때, 5초간의 폐쇄간격이 주어진다면), 최대 써지압력은 대략 150psi로 확연히 감소시킬 수 있다.

▶ [그림 12.4.2] 시스템

2번항 정전문제
-. 정전은 갑자기 펌프의 토출 중단 및 시스템 서지압력 기능을 중단시키게 된다.
-. 정전에 관한 문제점들은 10in SRV에 사용하므로 해결될 수 있다.

3번항 밸브 사용
-. 온오프 밸브([그림 12.4.1])대신 조절용 폐쇄용 체크밸브(CCV)를 사용하면 폐쇄 타임을 연장시키는 것이 가능해진다.
-. 밸브가 닫혀 감에 따라, 밸브에 걸친 추가되는 압력저하는 유량을 감소시킨다.
-. 특정 프리셋타임(Preset Time)을 이용하면 특정한 밸브위치에서 밸브를 닫고 펌프를 멈출 수 있다.
-. 펌프의 차단에 앞서 압력헤드와 유량(flow)을 감소시키기 위해 변속드라이버를 사용하면, 감속의 효과가 나타날 수 있다.
-. CCV와 변속드라이브를 이용한 2가지 방법은 [그림 12.4.2]의 펌프 특성 곡선과 관로 저항 곡선 상에 표시되어 있다.

4번항 써지의 최대값
-. 좀 더 강도가 센 배관과 피팅이 고려되어야 한다. 그러나 이 경우에도 관 속도와 마찰 손실과 같은 다른 고려사항(6번항)은 반드시 고려되어야 한다.

6번항 5ft/sec를 상회하는 배관라인의 속도
-. 16″ID Pipe보다 18″ID 배관을 고려한다면, 4000gpm에서 속도는 6.4ft/s에서 5.04ft/s로 감소할 것이고, 마찰 손실은 56ft까지 감소된다.
-. 최대서지압력은 626ft까지 또는 총압력은 682ft(295psi)까지 감소된다.
-. 마찰 손실의 감소는 232 BHP에서 190BHP에 반영될 것이고, 실제로 1백만 갤런 당 10.44달러를 절약할 수 있다. ($0.08/kWh로 전제할 때.)

시스템의 해결책
-. 100psi써지를 허용하는 18″파이프를 고려했다.
-. 컨트롤밸브 또는 컨트롤된 폐쇄용 체크밸브 및 정속드라이버가 어쩌면 비용이 덜 드는 해결책이라고 할지라도, 스윙체크밸브와 변속드라이버(VSD)를 사용하는 것을 추천되었다.
-. 유량을 감소시키기 위해 컨트롤 밸브 방법을 사용하는 경우, 더 큰 압력이 펌프에 부과되는데, 이는 펌프 시스템 곡선으로부터 명백해진다. 반대로 VSD에 의해 속력이 감소할 때 동시에 유량과 압력은 감소하므로 더 좋은 방법이다.

모든 수격 현상 문제를 해결하는 데에 필요한 보호장치에는 유일한 답이란 없다. 즉, 2가지 예에서 보듯이 간단한 경우에도 쉬운 설계과정이란 없기 때문이다.

제 13 장 펌프선정과 유지보수(사례중심)

> ▶ 본 장에서는 1장부터 12장까지의 주제에서 다루지 못한 내용을 사례중심으로 다루었다.

13.1 좋은 펌프란?

좋은 펌프란 당연히 효율이 좋은 것이다. 이에 사용자들은 [그림 13.1.1]과 같이 높은 효율의 펌프를 사용하는 것이 필요하다. 제조업체에 의하여 명시된 펌프 효율은 STP(표준 온도와 압력) 상태 아래에서 펌핑된 유체인 물을 참조한다.

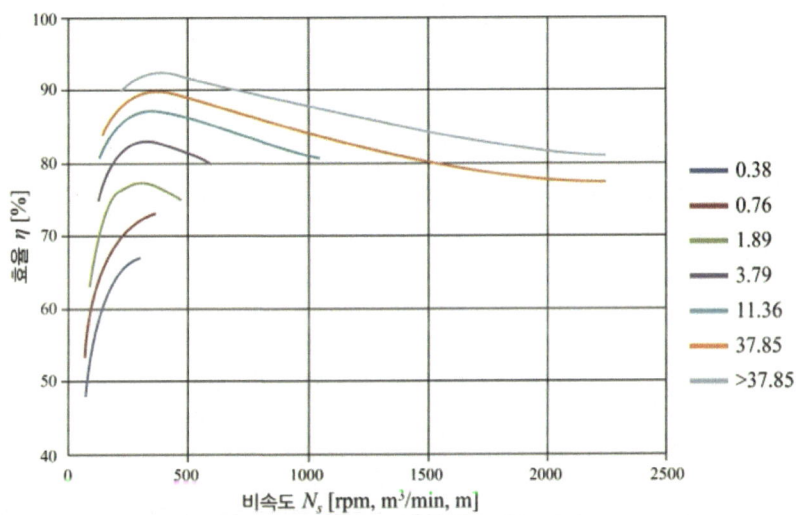

[그림 13.1.1] 펌프 효율 대 비속도 및 펌프 크기

그렇다면 좋은 펌프의 효율은 어떤 것인가? 원심 펌프에 대하여, 비속도에 의하여 예측함으로써 펌프 크기(유량)와 임펠러 모양으로부터 효율을 결정하는 [그림 13.1.1]이 오랜 기간 사용했다.

이 그림에서는 단단 원심 펌프가 반지름방향 베인 설계의 임펠러에 대하여 유량이 증가하기 때문에 효율이 더 높다는 것을 알려주고 있다.

▶ 손실 해석

미국의 터보기계류 관련 에너지 시장은 연간 4,000억 달러이다. 원심펌프는 전체 에너지의 $5\,[\%]$를 차지하고 있고, 여기서 $1\,[\%]$만 절감해도 원가를 크게 줄일 수 있다. 이러한 손실관점에서 효율을 재해석하는 것이 [그림 13.1.2]와 같은 손실해석(Loss Analysis)이다.

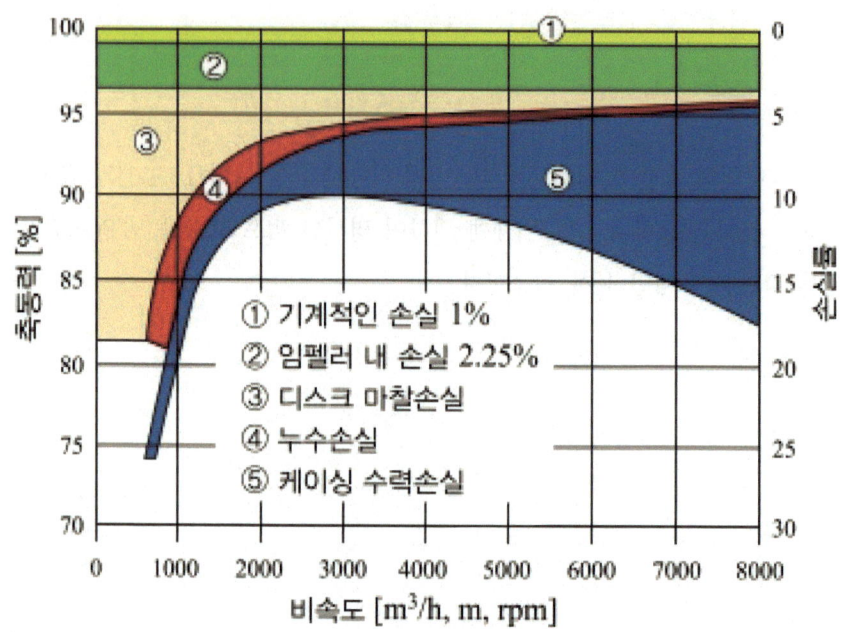

[그림 13.1.2] 손실과 효율의 개념

기본적으로 전동기로 입력되는 에너지로부터 유체기계인 펌프에 의해 전부 유체에너지로 변환되었다면 [그림 13.1.2]에서 보듯이 $100\,[\%]$의 효율을 갖게 된다. 그러나, 기계의 상대운동으로부터 기계손실(Mechanical Efficiency) η_m이 발생하므로 이에 대한 손실을 고려해야 한다. 즉 상대운동의 원리를 변경시킨다면 기계적 손실을 줄여줄 수 있다.

또한, 여기에는 [그림 13.1.3]에서 발생되는 임펠러 형상과 마찰에 의한 손실 η_e, 그리고 케이싱과 입구에 의한 손실 η_c가 발생하고, 여기에 누설손실 η_v를 고려한다면 식 (13.1.1)과 같이 펌프효율을 계산할 수 있게 된다. 식 (13.1.1)의 펌프에 입력되는 전력은 축동력, L_s로 사용한다. 식 (13.1.1)에서 중요한 것은 [그림 13.1.1]에서 언급된 효율 등을 곱으로 표현했다는 것이다.

$$\eta_p = \frac{\rho g\,QH}{P} = \frac{\gamma QH}{L_s} = \eta_m \cdot \eta_e \cdot \eta_c \cdot \eta_v \tag{13.1.1}$$

기본적으로 펌프 효율은 $100\,[\%]$가 될 수 없으나, [그림 13.1.4]와 같이 코팅을 통하여 임펠러에 대한 손실, 케이싱과 입구 관련 손실, 누설손실 등을 줄여준다면 유체기계의 효율을 증가시킬 수 있다는 것을 의미한다.

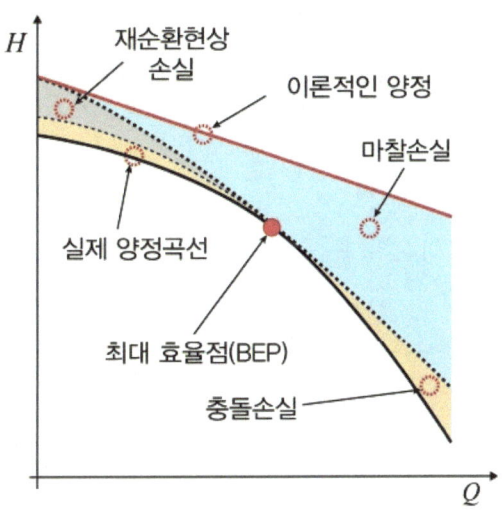

[그림 13.1.3] 펌프에서 발생되는 손실의 원인과 종류

(a) 코팅전   (b) 코팅후

[그림 13.1.4] 마찰손실을 줄이기 위하여 코팅처리

현재 사용하는 펌프효율이 비속도에 따라 제시된 [그림 13.1.1]의 효율보다 낮다면 효율을 상승시킬 수 있는 여지가 있다는 것을 의미한다. [그림 13.1.1]의 스테파노프 선도는 1990년도의 데이터이므로 2025년 현재 발전된 CFD 기술과 제작기술을 이용한다면 효율을 좀 더 증가시킬 수 있을 것이다.

13.2 관성에너지

펌프에서 관성 또는 가속 에너지의 심각성이 펌프 사용자들에게 있어서 다른 과도현상(제현상; 서지[99]) 또는 수격현상(12장))보다 중요하게 판단되지 못하는 경우가 있다. 펌프 운전에 관한 문제의 원인이 관성에너지에 의하여 종종 발생하기 때문에 이를 결코 무시하여서는 안 된다.

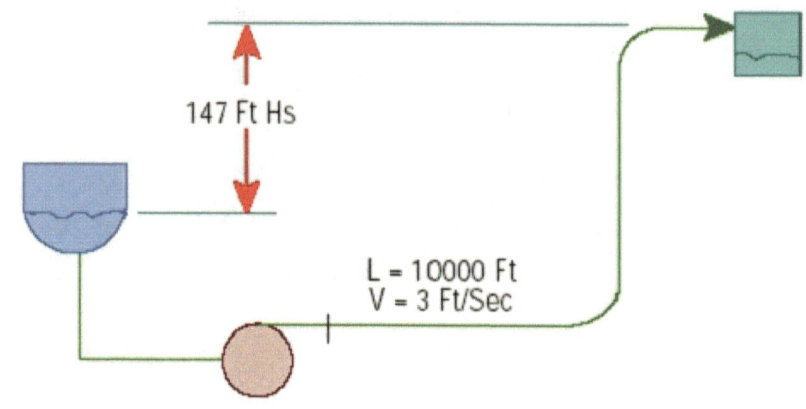

[그림 13.2.1] 관성에너지를 설명하기 위한 펌프 시스템

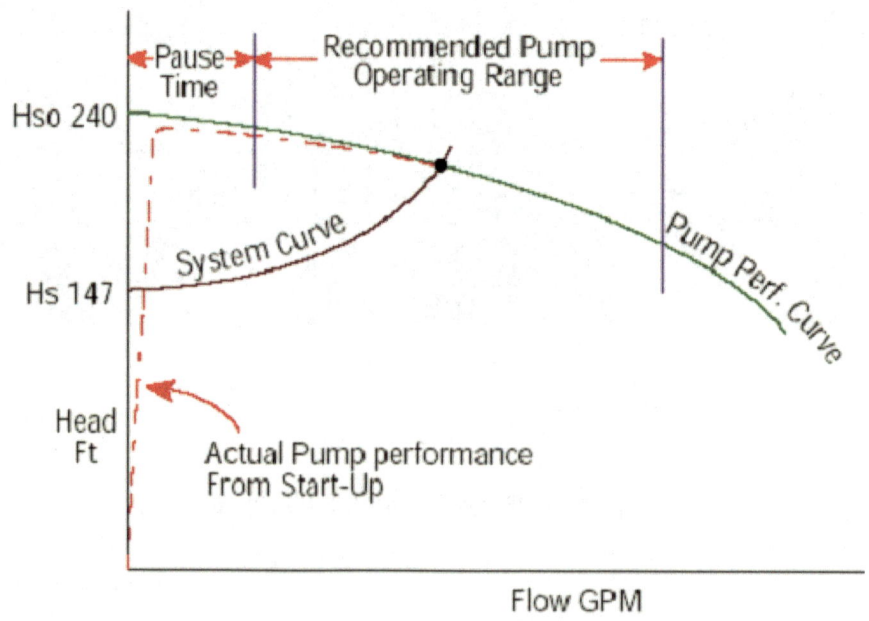

[그림 13.2.2] 펌프 성능 곡선과 관로 저항 곡선의 관계

---

[99] 서징현상은 펌프보다 팬에서 많이 발생한다. 이러한 현상은 관로저항곡선이 급해져서 유량공급이 되지 않는 상황이다.

[그림 13.2.1]과 같이 10,000ft의 토출 배관을 가지는 시스템에 유체가 가득 차 있다고 가정하자. 이송되는 유체는 3ft/s의 설계속도로 운전되기 위하여 정지상태로부터 반드시 가속돼야 한다.

이때, 뉴턴의 제 2법칙($F=ma$)에 의하면 단위시간(Δt)당 운동량변화를 발생시키는 가속력($\Delta F = m(\Delta V/\Delta t)$)이 요구된다.

만약 모터가 기동될 때 펌프 성능 곡선에서 펌프 토출압은 [그림 13.2.2]에서 보는 것과 같이, 관로 저항 곡선의 운전 점과 교차되기 위해 상승되게 된다.

[그림 13.2.2]에서 보듯이 가속력은 펌프의 차단양정(Hso)과 정압(Hs)사이의 차이만큼 해당된다. **이 힘은 토출배관내 유체에 가해지는 압력**으로써 사용되고, 이 에너지를 **관성에너지**라 한다. 펌프의 운전이 설계점에서 운전되기 위하여 배관내 속도는 점진적으로 증가될 것이고, 이때 [그림 13.2.2]내 점선은 기동 신호에 반응하는 순간 압력을 나타낸다.

▶ 퍼지기간(Pause Time)

펌프가 기동될 때와 설계점(관로 저항 곡선과 펌프 양정 곡선에 교차점)에 도달한 시간을 "퍼지기간(Pause Time)"이라고 한다.

이런 퍼지기간은 원심펌프를 갖는 펌프장에서는 항상 나타나게 되는데, 펌프장에서 펌프가 기동되면 펌프 토출 압력값은 예상된 운전압력보다 큰 압력을 나타내다가 몇 초 후의 압력 값은 운전압력보다 낮게 된다.

그럼 퍼지기간과 펌프에 어떤 영향을 미치는가?

-. 펌프 운전이 펌프 용량의 최고효율 지점의 좌측에서 운전될 때(저유량 운전), 케이싱내 유체 압력은 케이싱 주변을 따라 변화하게 되고 그 결과로 언바란스된 반경방향 추력이 임펠러 면(쉬라우드 사이)에 작용하게 된다.

-. 반지름 방향 하중이 증가하는 동안 축은 변형되게 되며 작용된 추력이 항상 동일한 방향으로 작용하기 때문에 축은 가 회전에 따라 반대의 굽힘 응력을 받게 된다.

-. 만약, 그 하중이 축재질의 한계 값을 초과하였다면, 축은 조기에 피로하중이 발생하여 파손될 것이다.

과도한 응력의 상태는 기동시에 발생되기 때문에 과연 언바란스된 하중이 축에 손상을 발생시킬 수 있을까? 반대의 굽힘응력에 의하여 가해진 응력들이 누적되었기 때문에 피해는 운전회수, 퍼지기간 그리고 응력의 양에 따라 변화하게 된다.

이 반지름 방향(내측방향으로 수직) 하중은 관련 베어링 수명을 감소시킬 수 있다. 또한, 변형된 축은 패킹상자에서 누수를 증가시키거나 미캐니컬 실의 수명을 감소시킬 것이다.

다른 예제이기는 하지만 펌프 축에서 발생한 피로하중에 의한 파괴는 임의의 운전상태 하에서 있는 로터리 펌프 안에서 또한 발생할 수 있다.

근사적인 퍼지기간은 식 (13.2.1)으로부터 계산될 수 있다.

$$\Delta t = 0.031 \left(\frac{L \times V}{H_{so} - H_s} \right) \tag{13.2.1}$$

만약, 펌프가 시간당 1번 구동하고 퍼지기간이 10초, 펌프 rpm이 1800 (30Hz) 이라고 하면, 반지름 방향 추력을 받는 상태에서 매일 펌프의 축이 초당 7200번을 회전할 것이다. 대부분의 피로파괴는 100만 회전 또는 그 이하 또는 약 140일의 운전일수 내 발생된다.

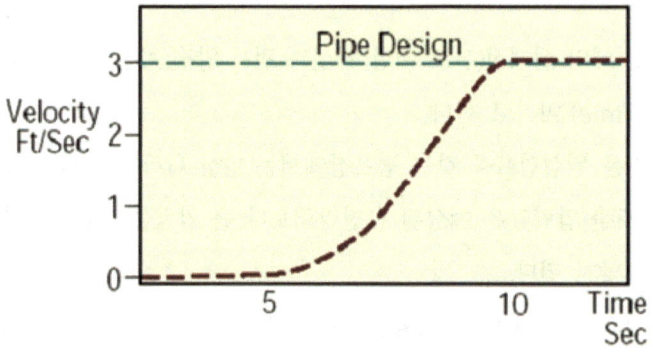

[그림 13.2.3] 시스템에 대한 관성의 영향

[그림 13.2.3]은 펌프 기동부터 설계속도까지 도달하는데 배관속도를 나타내고 있다. 이러한 궤적의 함수는 방정식을 통하여 기동시와 설계점까지 계산하게 된다. 분명히 펌프 유량은 설계속도에 도달하기 전에 시방에서 제시된 최소 한계 유량을 초과한 값까지 증가할 것이다. 더욱이 펌프의 안전한 운전을 위하여 펌프 성능 곡선상의 최소와 최대 유량 한계 사이에서 운전범위를 선택하게 되어있다. 제시된 최소유량 한계보다 적게 운전을 한다면 많은 문제를 초래할 수 있다.

▶ 관성에너지를 고려한 설계시 주의사항

관성에너지와 관련된 문제는 단단, 편흡입 및 양흡입, overhung으로 설계된 임펠러가 장착된 펌프 시스템에서 가장 빈번하게 발생한다. 이러한 시스템내 펌프들의 설계는 보통 높은 양정과 적은 유량을 갖는 특징을 가지고 있다.

큰 고형물을 토출시키기 위하여 보통 쉬라우드 사이가 최소 3인치의 공간 때문에 발생되는 관성에너지에 의한 추력 및 불균형 된 압력을 보상하여 주기 위하여, 큰 면적이 고려된 논-클로그 임펠러가 사용된다.

보통, 퍼지기간의 경계값(Threshold Value)을 10초로 설정하고, 설계 시스템 조건에 따라 퍼지기간을 계산하여 사용한다.

시스템의 또 다른 형태의 경우, 즉 송풍기 또는 공압 Ejector 펌프와 같이 다이어프램을 사용하는 경우는 반드시 관성에너지에 관한 사항과 공기압력 가속추력이 충분한지를 체크하여야 한다.

이러한 문제를 고려하였을 때 과연 어떤 방향으로 설계를 하여야 하는가? 원심펌프의 경우는 관성에너지를 극복할 수 있도록 가능한 추력을 최소화하기 위하여 체절유량에서 가파른 양정곡선이 되도록 설계하여야 한다.

13.3 복잡한 시스템에 대한 펌프 선정

흡입지점과 토출 지점을 각각 1개씩 갖는 개방형 전달시스템은 매우 단순한 형태를 가지며 실생활에서 볼 수 있다. 그러나, 산업현장에서는 [그림 13.3.1]과 [그림 13.3.2], [그림 13.3.3]과 같이 나수의 흡입지점과 토출지점을 갖는 시스템이 일반적이다.

이런 복잡한 시스템에서 유량과 배관 크기에 대하여 균형을 잡는 것은 매우 복잡하다. 이런 형태의 문제에 대하여 간단한 배관 네트워크 전용프로그램을 사용해야 한다.

13.3.1 Case1

[그림 13.3.1]은 1개의 착수지점으로 2개의 펌프장을 갖는 Blending과 Injection 펌프 시스템을 나타내며, 1번 펌프에서 결정된 유량에 2번 펌프장에서 발생한 유량을 더한 병렬운전시스템이다. 이 시스템은 pH의 balance, 고분자(polymer) 공급의 첨가 또는 혼합 세제(blending agents) 유입 등에 사용된다.

이 같은 경우 운전시 펌프들은 유량과 압력에 의하여 결정되기 때문에 원심식 또는 용적식 또는 두 가지가 혼합된 형태의 펌프들을 적용할 수 있으며, 분명하게 어느 흡수지점의 유량도 변화할 수 있다.

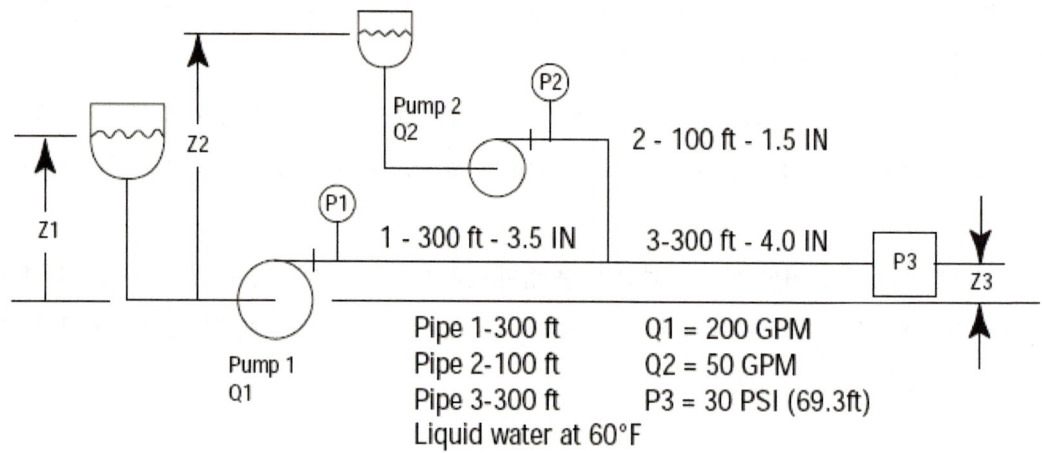

[그림 13.3.1] 2개의 흡수지점과 1개의 착수지점을 갖는 시스템(Case1)

▶ 변수산정

[그림 13.3.1]을 보면 복잡하기 때문에, 1번 펌프와 2번 펌프의 크기를 선정하기 위해 아래와 같이 시스템 변수를 정리해야 한다.

- 주어진 값

    -. 유량(Q_1과 Q_2)

    -. 토출 지점 압력(p_3)

    -. 배관 길이(L_1, L_2, L_3)

    -. z_1, z_2와 z_3의 높이(펌프의 축 중심 기준)

    -. 흡수정의 압력(흡입 면의 마찰 손실은 무시)

• 구해야 될 변수

　　-. 펌프의 토출 압력(p_1과 p_2)

　　-. 1번, 2번과 3번 배관에 대한 길이 마찰손실(h_{L1}, h_{L2}, h_{L3})

▶ 가능한 운전조건

[그림 13.3.1]과 같은 시스템에서는 가능한 운전조건은 3개이다.

　※ 운전조건 A : 1번 펌프와 2번 펌프 모두 운전

　※ 운전조건 B : 1번 펌프는 운전, 2번 펌프는 정지

　※ 운전조건 C : 1번 펌프는 정지, 2번 펌프는 운전

▶ 운전조건에 따른 계산된 펌프 1, 2의 토출 압력

　※ 운전조건 A

$$p_2 = p_3 + h_{L3} + h_{L2} + (z_3 - z_2)$$

$$p_1 = p_3 + h_{L3} + h_{L1} + (z_3 - z_1)$$

h_{L3} ; Q_1과 Q_2의 합으로 계산

　※ 운전조건 B

$$p_2 = p_3 + h_{L3} + (z_3 - z_2)$$

$$p_1 = p_3 + h_{L3} + h_{L1} + (z_3 - z_1)$$

h_{L3} ; Q_1의 유량으로 계산

　※ 운전조건 C

$$p_2 = p_3 + h_{L3} + h_{L2} + (z_3 - z_2)$$

$$p_1 = p_3 + h_{L3} + (z_3 - z_1)$$

h_{L3} ; Q_2의 유량으로 계산

13.3.2 Case2

[그림 13.3.2]은 1개의 착수지점으로 4개의 펌프에 관한 문제로 Case1보다 복잡한데, 보통 하수처리 펌프장에서 사용되는 시스템이다.

Case1의 경우와 같이 Case2의 경우 4대 펌프의 토출 압력을 아래와 같이 계산할 수 있다.

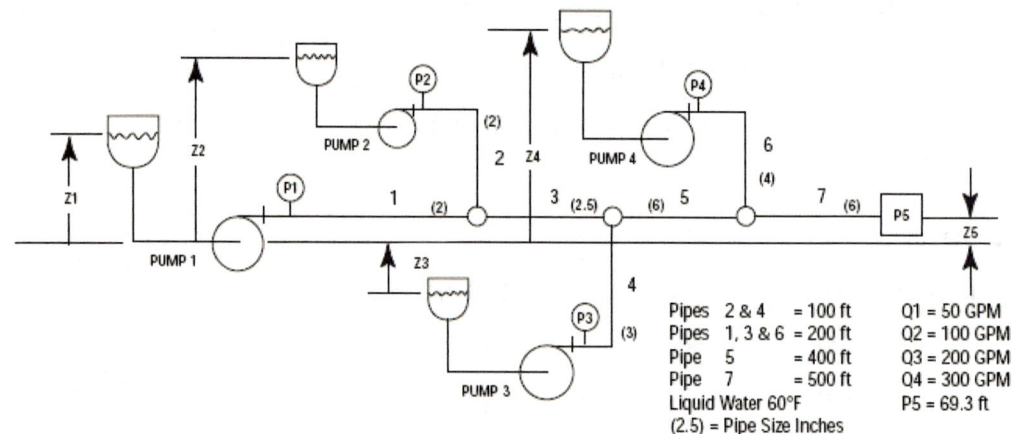

[그림 13.3.2] 다수의 흡수지점과 한곳의 착수지점을 갖는 시스템(Case2)

$$p_1 = p_5 + h_{L7} + h_{L5} + h_{L3} + h_{L1} + (z_5 - z_1)$$

$$p_2 = p_5 + h_{L7} + h_{L5} + h_{L3} + h_{L2} + (z_5 - z_2)*$$

$$p_3 = p_5 + h_{L7} + h_{L5} + h_{L4} + (z_5 - z_3)*$$

$$p_4 = p_5 + h_{L7} + h_{L6} + (z_5 - z_4)*$$

* 펌프의 토출 압력은 펌프의 중심선으로 교정된 것이다.

중요하게 고려해야 할 사항은 임의의 배관내에서 마찰 손실인데, 이는 배관에서의 유량의 합으로써 계산해야 한다. 예를 들면, 만약 모든 펌프장이 운전되고 있었다면, h_{L7}은 유량의 합 ($Q_1 + Q_2 + Q_3 + Q_4$)으로써 계산될 수 있고, 동일한 조건에서, h_{L3}은 유량 Q_1과 Q_2의 합으로써 계산될 수 있다.

만약, 2번 펌프의 고장이고 1번, 3번, 4번 펌프가 운전 중이라고 할 때, 마찰 손실 h_{L3}, h_{L5}와 h_{L7}는 유량 Q_2를 배제하고 계산되어야 하며, p_2의 압력은 2번 펌프의 중심선에서 교정된 z_2를 가지는 2번과 3번 배관의 교차점에서의 압력이 된다.

13.3.3 Case3

[그림 13.3.3]은 1개의 흡입지점과 다수의 착수지점을 갖는 시스템인데 다음과 같은 특장을 가지고 있다.

-. 펌프 1대로 운전되는 밀폐형 또는 순환 펌프 시스템
-. 유량을 조절하기 위하여 유량제어밸브(FCV)가 각각 부착된 배치 프로세스 또는 연속적인 유동 베셀
-. 착수점 A, B와 C의 수위가 동일하다고 설정하고, 안전밸브(Relief Valve, RV)는 설정된 압력에서 과도한 유량을 우회시키는 시스템

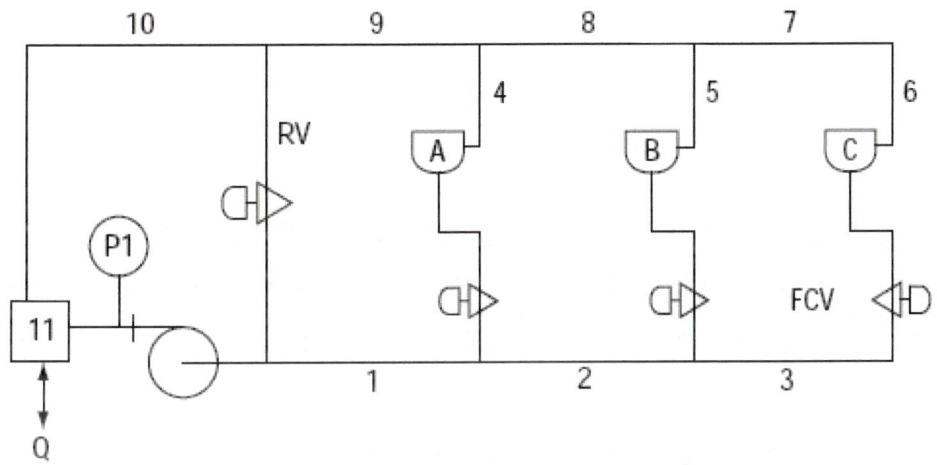

[그림 13.3.3] 1개의 흡수지점과 다수의 착수지점을 갖는 밀폐형 시스템(Case3)

▶ 결정할 변수

압력 p_1은 펌프 유량에서 시스템을 통한 관마찰로부터의 압력강하의 합을 나타내며, 착수점 A, B와 C의 수위가 동일하기 때문에, 바이패스 유량에 따른 압력을 아래와 같이 계산할 수 있다. 단, 착수점 C점만 있는 경우만 계산하였다.

$$p_1 = h_{L11} + h_{L10} + h_{L9} + h_{L8} + h_{L7} + h_{L6} + h_{L3} + h_{L2} + h_{L1}$$

3곳의 동일한 착수지점의 운전인 경우는 다음과 같다.

$$p_1 = h_{L11} + h_{L10} + h_{L9} + h_{L8} + h_{L7} + (h_{L6} + h_{L5} + h_{L4})/3 + h_{L3} + h_{L2} + h_{L1}$$

동일한 두 곳이나, 3곳(더 많은)의 착수지점에 대하여 계산할 경우, 경계지점(4,5,6라인)의 마

찰의 평균값을 더 하여 계산해야 한다.

펌프 계기 압력은 3배관의 마찰 손실의 합과 3곳의 착수지점에서 평균 손실과 작동 중인 안전 밸브에서 임의의 압력강하를 더해서 읽어야 한다.

만약, 착수지점에서 근본적으로 마찰 손실 상에서 차이가 있다면, 최대 손실 단위를 사용하는 경우 최대 양정 조건이 요구된다. 변속 펌프의 경우 훌륭한 적용이 될 수 있다.

정속 운전시 안전밸브는 최대 유량보다 적은 지점에서 1개 또는 여러 개의 착수점에서 발생되는 실질적 유량(substantial flow)을 우회시킬 것이다. 펌프는 정속 유량과 압력 또는 고정된 동력에서 운전되고 있다. 전체 유량제어밸브를 센싱하는 모터 속도 제어를 이용하여 변속 펌프 시스템은 요구에 따라 운전범위에 걸쳐 펌프가 운전되는 것이 가능해지고, 이는 소요 동력을 감소시킬 수 있다.

13.4 다운 힐 펌핑 시스템

[그림 13.4.1]과 같이 배관이 대기로 노출된 경우(폐쇄 순환계 또는 개방수로) 높은 곳까지 승압하여 올린 후 보통 펌프장보다 낮은 위치까지 중력에 의하여 자연스럽게 유하로 흘러가는 것 시스템을 다운 힐 펌핑 시스템이라 하고 아래와 사례에서 흔히 볼 수 있다.

- 수 마일의 긴 배관을 통해서 바다로 방출되는 경우
- 상업용 건물내 설치된 가열 및 냉각 시스템
    -. 폐순환 형태이고 펌핑 마찰 손실을 보상하기 위한 크기로 펌프 제작
- 원수 및 폐수 펌프장
    -. 유체에 따라 더 높은 위치에서 더 낮은 위치까지 펌핑될 경우 가능성
- 예를 들어 강둑보다 높은 위치에 있는 대부분의 빗물 처리장 펌프
    -. 초기 프라이밍 양정의 저하와 더 낮은 운전 양정을 발생시킴

이런 시스템은 여러 가지 주위조건들에 따라 물이 토출되지 않은 문제들이 종종 발생한다. 이와 같은 사례는 설계 유량에서 관마찰 손실이 극복할 수 있는 펌프 시스템의 양정(펌핑 다운힐)이 요구되기 때문에 이에 대한 내용을 검토하자.

제 13 장 펌프선정과 유지보수(사례중심)

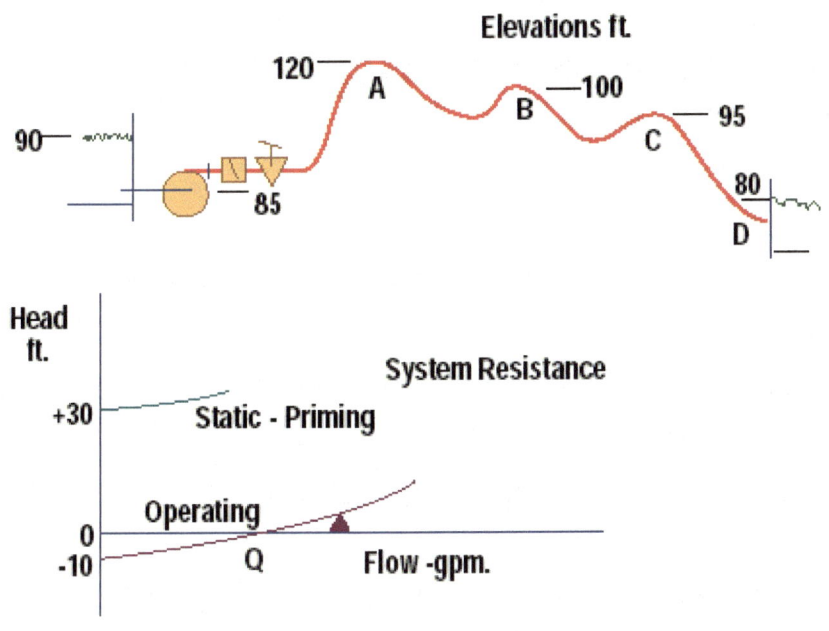

[그림 13.4.1] 다운힐 펌핑 시스템의 초기 개념

[그림 13.4.1]은 골짜기와 정점의 울퉁불퉁한 지형을 가지는 시스템으로 원수 공급 또는 폐수 송수 시스템의 공통적인 개략도를 묘사하고 있다. 펌프의 운전시 반드시 극복해야 할 정양정은 A점 (시스템의 최고높이)로부터 결정된다.

▶ 배관이 만수되어 흐르는 정상적인 경우
  -. 배관이 만수되어 흐를 때는, 그림에서 표시된 고도를 근거로 하여 전양정의 값은 음(-)의 값이 된다.
  -. 이론적으로, 일단 배관이 만수가 되면, 사이펀 효과로 유체는 임의의 값(Q)까지 공급된다.
  -. 사실 토출 지점(D점)은 펌프장보다 더 낮은 위치에 있어서, 펌프가 정지한 후 액체(펌프와 컨트롤 밸브 유형에 따라 다르지만)는 시스템을 통하여 연속적으로 흐를 수 있다.

▶ 정지시
  -. 만약, 펌프 정지시 유체는 배관에서 역류하지만, 이를 피하려고 펌프 토출 판에 스윙 또는 볼 체크 밸브를 설치하여야 한다.
  -. 이때 발생된 배관 내 공기는 반드시 배출되어야 한다.
  -. 따라서, 설계시 A, B와 C와 같은 높은 위치에서 적절한 크기의 공기 배출 밸브(ARVs)을

사용해야 한다.

-. ARVs는 토출 관의 초기 충전양과 공기의 배출 후 계속되는 배관내의 공기의 재충전양을 조절시키는 역할을 한다.

▶ 변속펌프를 사용할 경우
-. 변속 펌프를 사용한다면 토출량을 조절하거나 속도를 감소시킴으로써 유량을 제어할 수 있다.
-. 유체 속도의 셋팅 점은 관 지름과 최고 높은 점(A점)과 펌프를 연결하는 배관의 기울기 경사에 따라 변화된다.
-. 유체의 속도를 조절하는 목적은 배관이 유체가 채워짐에 따라 배관 내에 갇힌 공기를 토출하기 위함이다.
-. 더욱이, 원수 시스템과 폐수 시스템은 일반적으로 다양한 양의 유입 공기를 포함하고 있다.
-. 이 ARVs는 공기를 유체 밖으로 토출시키거나, 토출 배관과 같은 높은 위치 점으로 이동시키는 기능을 한다. 따라서, ARVs이 적용하여 이런 시스템에서 공기를 제거할 수 있어야 한다.

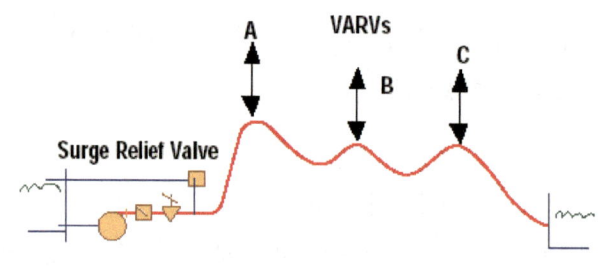

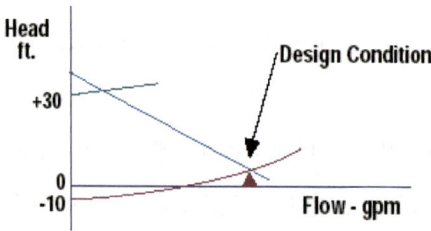

[그림 13.4.2] 다운힐 펌핑 시스템의 최종 설계

▶ 체크밸브와 진공-공기방출밸브(VARVs) 설치
-. ARV 시스템, 만수된 관, D점에서 개방된 토출관이 사용된 시스템 경우, 펌프 정지시 유체의 역류를 방지하기 위하여 반드시 컨트롤 밸브를 사용하여야 한다.

- 이러한 조건으로, 토출점 D에서 물은 관에서 더 낮은 압력(진공) 때문에, 더 낮은 위치까지 자연 유하로 흐르게 될 것이다.
- 고도차이에 따라 배관 내 증기 캐비테이션이 발생 될 수 있고, 압력 차에 따라 배관 붕괴의 한계점을 초과할 수 있다.
- 만약, 선택된 AVR 밸브가 진공-공기방출밸브(VARVs)라면 펌프 정지 시 A, B와 C지점에서 수주분리되거나 대기로부터 공기가 유입되고, 부분적으로 D점에서 유체를 토출하게 된다.
- 펌프 정지 후 연이은 기동시 높은 고도에서 공기가 방출될 수 있게 하거나, 진공 형성을 감소시킬 수 있는 VARVs가 A, B, C와 D점 근처에 설치되도록 해야 한다.
- 즉, 어떤 방법이 선택되던지 펌프 정지시 D점에서 원격 제어로 밸브가 닫치도록 설계해야 한다.

▶ 수격현상
- 설계 시 이러한 점에서 반드시 수충격 압력에 대한 체크가 이루어져야 한다.
- 시스템 내에서 이런 유동 방해 현상은 일반적으로 위험한 수충격 작용이 발생할 수 있다는 것을 시스템 설계자는 인지하여야 한다.
- 정상적인 그리고 긴급 상황에 의한 펌프의 가동 중지시 수격 압력을 줄이는 설비 공급이 필수적이다.

13.5 펌프 성능 저하의 문제 해결

[그림 13.5.1]과 같이 115gpm에서 작동하고 925ft의 전양정으로 운전될 계획이었지만, 현장에서 115gpm 및 890ft의 차압(TDH)으로 설계에서 요구되었던 유량을 토출하지 못하고 있음을 알 수 있다. [그림 13.5.1]에서 보듯이 유량이 30gpm일 때(녹색 선)부터 펌프의 압력에서 현저한 감소를 나타내었다.

유량증가에 따른 이러한 급격한 압력의 저하는 일반적으로 임펠러로부터 어딘 가에서 유동이 방해되고 있다는 것을 의미한다. 즉, 차단점에서 전양정은 동일하기 때문에 임펠러의 문제는 아니다.

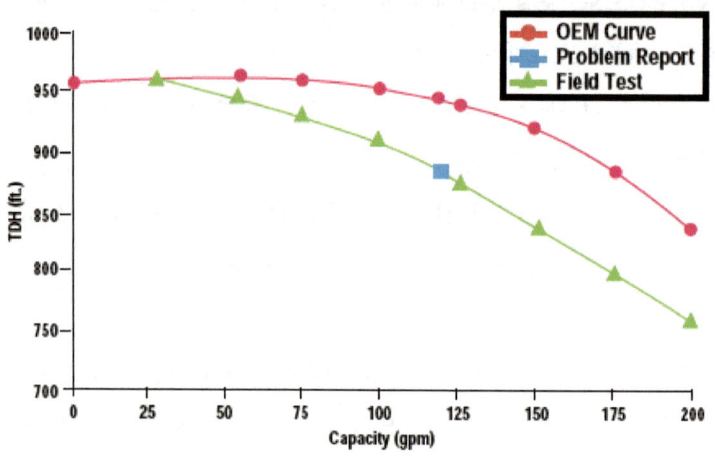

[그림 13.5.1] 현장 시험 대 OEM 곡선

▶ 경제성 검토

[그림 13.5.1]에서 시방을 만족하기 위하여, 펌프는 60gpm의 유량을 더 토출되어야 한다. 이런 유량 손실이 비용으로 얼마가 되는지 아래와 같이 경제성을 검토했다. 이때, 판매자료를 근거로 물의 가격을 $0.02/lb로 가정하였다.

$$0.68 \times \frac{62.4 lb/ft^3}{1ft^3/7.48gal} \times 0.02 \frac{\$}{lb} \times 60 \frac{gal}{min} \times 1440 \frac{min}{day} = \$9,802.47/day$$

여기서 0.68은 유체의 비중량, $62.4lb/ft^3$은 물의 비중량이다.

경제성검토에 의거 하루당 약 $10,000의 추가적인 비용이 발생함을 예측하였다. 이러한 손실은 원래 시방대로 운전된다면 개선될 수 있으리라 판단하였다.

▶ 실험전 체크사항

먼저 실험을 하기 전에 아래와 같은 다음과 같은 주요 인자가 제대로 되었는지 확인해야 한다.
· 새로운 게이지들뿐만 아니라 모든 게이지는 교정되어야 한다.
· 게이지의 눈금은 반드시 펌프 흡입구의 중심선에 조정돼야 한다.
· 컴퓨터에서 수집된 유량의 눈금을 사용할 때는 제품의 실제 온도와 압력을 기록하고, 표준 온도 및 압력 상태로부터 실제 상태까지의 눈금을 보정해야 한다. 온도가 높은 운전에서는 유량 보정은 특히 중요하다.
· 각 펌프 세트의 눈금에 대하여 펌프의 운전속도를 측정한다. 이러한 것은 성능 곡선상에

표시되는 것처럼 OEM's 곡선의 공칭 속도로 반드시 보정이 돼야 한다.
- 4장에서 다룬 상사법칙을 사용한 지름의 차이에 관해 보정하기 위하여 임펠러의 지름 확인하였다.

[표 13.5.1] 성능 저하에 관하여 발생 가능한 항목

발생 가능한 원인	설 명
1. 부적절한 작동으로 인한 내부 재순환	펌프는 운전중이고 BEP 근처나 그 위치에서 제어되었다. 내부 재순환은 불가능하다.
2. 사양에 없는 링 간격	발생 가능한 원인임. 현장 시험에서 나타나다. 압력은 유량에 따라 저하되고, 폐쇄(shut-in) 상태에서 OEM 성능을 제공한다.
3. 배관 시스템에서 장애물	연약한 배관 설계는 심각한 성능 문제를 발생시킬 수 있다. 이러한 펌프는 흡입 배관 및 토출 배관에서 현저한 감소를 가져온다.
4. 손상된 임펠러	자주 발생하지 않음. 펌프 유량은 OEM 곡선에서 벗어나지만, 폐쇄 상태에서 펌프 유량은 시험 곡선 압력을 제공한다.
5. 소형의 목 또는 축소된 단간 통로	발생 가능한 원인임. 만약 단 사이에 퇴적물이나 이물질이 쌓여있다면, 현저한 성능 저하가 발생한다.
6. 시스템 설계가 장애물을 형성함	토출 배관은 토출 노즐로부터 지름 5인치 배관보다 작은 4인치에서 1.5인치까지 줄어들었다.
7. 비 OEM 부품의 사용	발생 가능한 원인임. 그러나 자주 발생되지는 않음. 기록에서 현존하는 임펠러가 OEM이라는 것을 나타낸다.
8. 운전 속도가 시험 속도와 부합하지 않음	펌프는 직접 연결되어져 있고, 운전 속도에 근접한다.
9. 인자에 의한 에러가 STP의 유량을 보정하기 위하여 사용되었음	발생 가능한 원인임. 유량을 STP로 조절할 때, 재질의 밀도에 대한 운전 온도의 영향은 반드시 설명되어져야 힌다.

또한, 실험하면서 펌프의 작동 증상 및 시스템의 상태에 관한 철저한 분석([표 13.5.1]에 제시된 항목)을 통하여 성능 저하에 관하여 발생 가능한 원인으로 확인해야 한다. 이러한 리스트는 펌프의 시험 및 검사에 관한 지침으로써 사용될 수 있다.

► 도출된 문제점에 따른 해결점

최종적으로 기계적인 검사 혹은 시험에 의하여 얻어지는 현상과 현장 시험에 의하여 나타나는 펌프 성능에 대하여 일어날 수 있는 원인을 확인할 수 있도록 [표 13.5.2]에 같은 원인과 대책을 수립하였다.

[표 13.5.2] 펌프 성능에 대하여 일어날 수 있는 원인과 논의

상태 설명	적용 가능성에 대한 논의
1. 소형의 볼류트 목 또는 축소된 단간 통로	케이싱을 검사하였을 때 이러한 상태는 존재하지 않았다. 어떤 퇴적물 또는 관 막임도 발견되지 않았다.
2. 사양에 없는 링 간격	링이 검사되었고, 간극은 재설치 이전의 OEM의 권장사항으로 복구하였다.
3. 배관 시스템에서 장애물	어떤 물리적인 장애물도 발견되지 않았다. 그러나 이전에 언급했던 것처럼, 토출 배관은 토출 노즐로부터 지름 5인치 배관보다 작은 4인치에서 1.5인치까지 줄어들었다.
4. 비 OEM 부품의 사용	검사에서 모든 부품이 일련화된 OEM 부품으로 나타났다.
5. 인자에 의한 에러가 STP의 유량을 보정하기 위하여 사용되었음	데이터에서 만들어진 모든 보정은 실제 상태를 반영한다.

► 최종결과

[표 13.5.2]와 같은 논의결과 펌프 토출부터 관 지름의 현저하고 갑작스러운 변화는 압력의 급격한 저하를 발생하는 주요 인자로 발견되었다. 즉, 원래 적은 배관 지름으로 인하여 속도 유량을 압력 유량으로 전환하는 과정을 방해하고 있었다. 또한, 펌프 출구부터 토출 수조까지 지름 5~10in의 배관피팅류에 의하여 관로저항이 높음을 알 수 있다.

이런 경우에서 해결방안으로 배관 지름 변경과 2×4in 리듀서(reducer), 4in 체크 밸브 및 4in 블럭 밸브(block valve)를 제거한 후, 일직선의 배관방향으로 지름 10in 의 관의 다운스트림을 재설치하였다. 이처럼 변경한 후, [그림 13.5.3]와 같이 펌프를 재시험하였다.

[그림 13.5.3]에서 보여주는 결과(보라색)는 이전의 성능보다 상당히 향상된 것을 설명하고 있다. 유출량은 30% 증가하였다. 이러한 성능 향상은 펌프를 대체하는 비용에 비해 매우 작은 규모의 비용을 사용하여 얻을 수 있었지만, 아직도 원래의 시방을 만족하지 못하고 있다.

이를 해결하기 위하여는 설계가 잘못되었는지, 제작이 잘못되었는지부터 장시간의 검토가 필요하다.

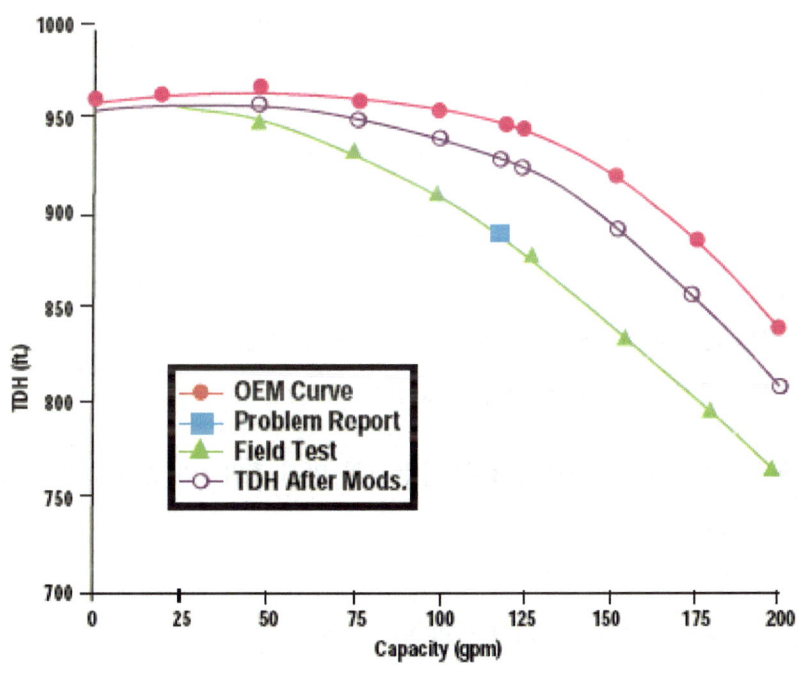

[그림 13.5.3] 변경 후의 성능

13.6 진동

13.6.1 진동의 원인

펌프의 고장 원인으로 중 중요한 것은 진동 및 공진이 있다. 펌프 설치를 위하여 사용된 구조물은 공진 주파수에 의하여 여진이 될 때 진동과 소음 증폭을 발생시키는 고유주파수를 갖기 때문이다.

진동은 음차(Turing Fork)는 항상 같은 음과 같은 배음(Overtones)를 갖는 고유주파수(Natural Frequency)와 가진 주파수(대부분 회전수)가 일치함으로 공진(Resonance)이 발생한다. [그림 13.6.1]과 같이 펌프와 같은 강성 구조에서는 같은 현상이 발생한다. 비록, 공진현상은 악기와 음악관련 분야에서는 좋게 사용되지만, 회전 기계인 펌프에서 발생하는 공진은 반드시 피해야 한다.

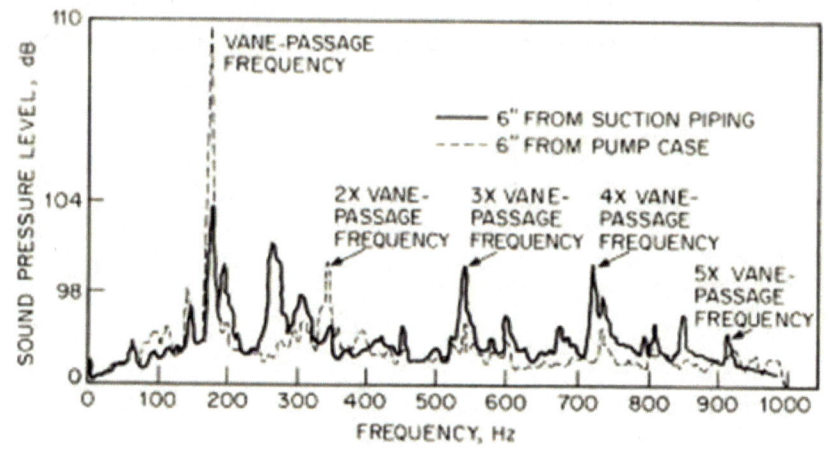

[그림 13.6.1] Noise vibration spectra showing vane pass frequency (source: The Pump Handbook publ. by McGrawHill)

펌프와 관련 구조물에서 발생된 고유주파수는 1차 임계 주파수가 중요하고, 첫 번째 배음인 2차 임계 주파수가 중요하다.

펌프에서 발생할 수 있는 진동 원인은 다음과 같다.
1. 잔류의 불균형
2. 베인 통과
3. 오일 휩프(whip)
4. 반경/축방향 충격에 의한 오정렬
5. 모터 권선(windings)
6. 마찰이 없는 베어링의 마모

제 13 장 펌프선정과 유지보수(사례중심)

잔류의 불균형(Residual unbalance)과 임펠러 베인 통과를 지날 때의 임펠러 베인의 펄스들은 원심펌프에서 여진력(exciting force)에 관한 2가지 주요한 원인이 된다.

1차 임계 고유주파수는 운전 회전속도(rpm)의 10% 안의 범위에서 주로 발생한다. 원심펌프의 경우는 여진력은 상대적으로 작고, 고유주파수는 여진력의 75% 범위에 접근된다. 따라서 일반적으로 식 (13.6.1)과 같이 ±25%에 의한 1차 임계와 ±[(25)/n]%에 의한 n차 임계 고유주파수를 피해야 한다.

$$\frac{0.75}{n}f_n \leq R_n \leq \frac{1.25}{n}f_n \tag{13.6.1}$$

여기서 R_n : n차 임계 고유 주파수에 대하여 피해야 할 주파수 범위

f_n : n차 임계 주파수

13.6.2 고유 주파수 측정

현장에서 펌프 설비의 고유주파수를 [표 13.6.1]과 같이 측정하였는데 실험에서 측정할 수 있는 가장 낮은 임계 주파수는 2차 임계 주파수이다.[100] [표 13.6.1]에서는 1,800의 분당 사이클(cpm)에서 3차 임계 주파수가 확인되었다.

[표 13.6.2] 측정된 임계주파수의 예

임계 주파수	진동 주파수(cpm)
2	600
3	1,800
4	3,600
5	6,800
6	11,500
7	18,000
8	30,000

결론적으로, [표 13.6.2]와 같은 펌프 시스템의 고장 원인은 긴 축(12인치)에 의한 간섭 주파수 때문이었다. 현장에서 진동을 줄이기 위하여 정밀한 정렬방법과 한 개의 큰 축에서 중간축으로의

---
[100] 현장마다 다르다.

전환을 적용하여도 이와 같은 현상은 계속 발생했었다. 중요한 것은 고유주파수의 변경은 조립품의 강성도를 변화시킴으로써 가능하다.

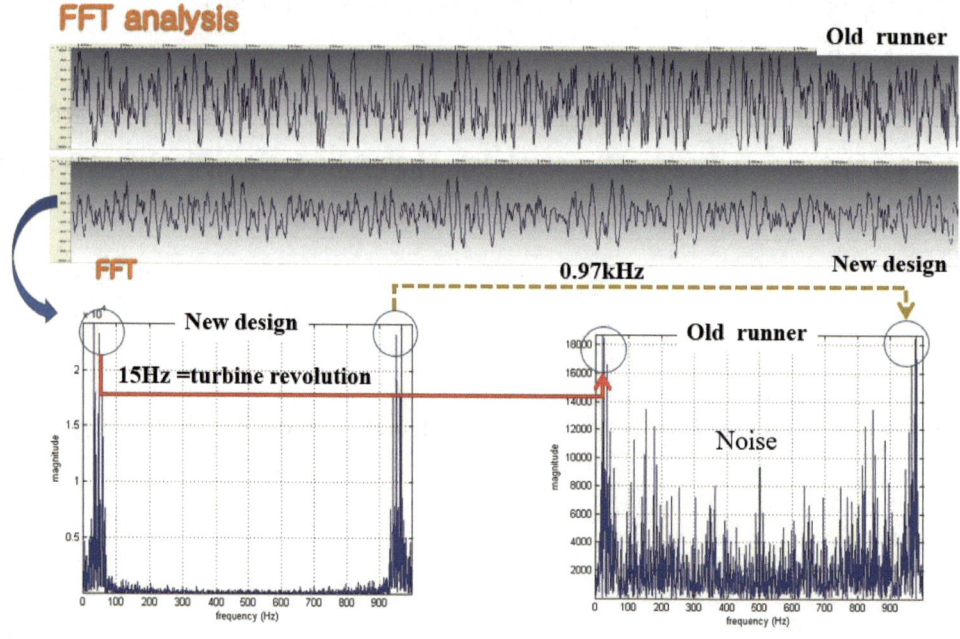

[그림 13.6.2] 핸드폰으로 측정된 소리로부터 FFT분석한 예

이런 진동문제를 해결하기 위하여 최근에는 고가의 장비를 이용하지 않고, 핸드폰으로 [그림 13.6.2]와 같이 녹음을 하여, 간이적으로 FFT분석하여도 쉽게 문제가 어디서 발생하는지 판단할 수 있다. 이때는 고유주파수가 얼마이고, 배음이 얼마인지 그리고, 발생된 주파수가 무엇 때문에 발생하는지는 미리 공부해 놓아야 한다.

[그림 13.6.2]를 보면 수차의 운전주파수인 15Hz에서 고유주파수가 발생하고, 나머지 주파수는 발생된 캐비테이션에 의한 것이라는 것을 예측할 수 있었다. 이런 결과는 러너를 새롭게 설계한 결과, 잡음이 사라졌기 때문이라 판단하였다. 단, [그림 13.6.1]은 Nyquist 주파수를 반영하지 않은 결과이다.

제 13 장 펌프선정과 유지보수(사례중심)

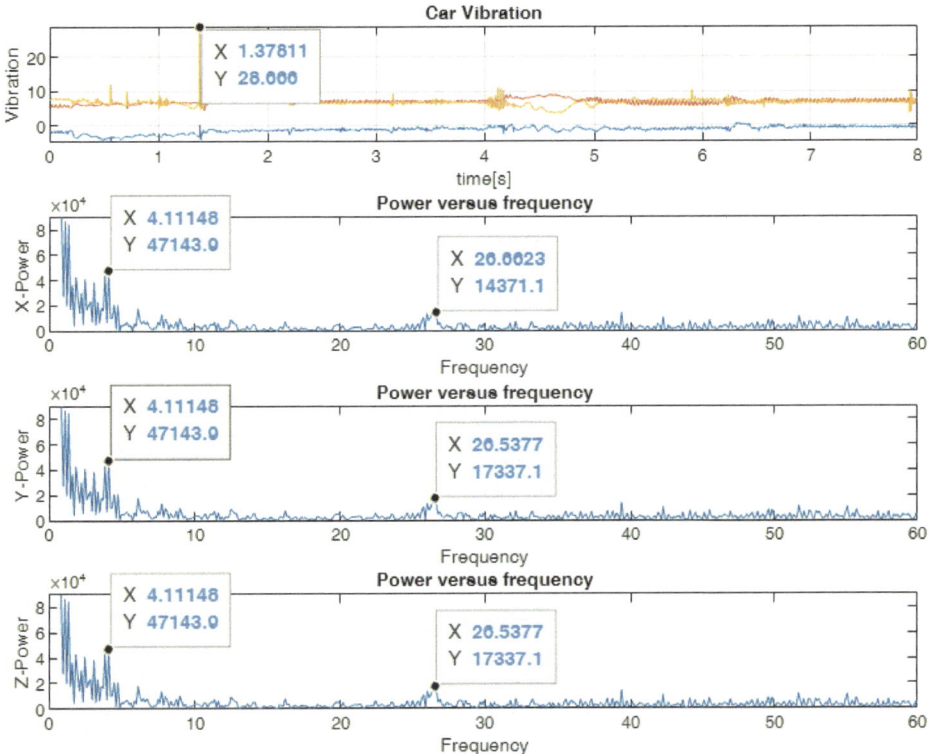

[그림 13.6.3] 핸드폰 어플로 측정된 자동차 정차시 진동을 FFT분석한 예

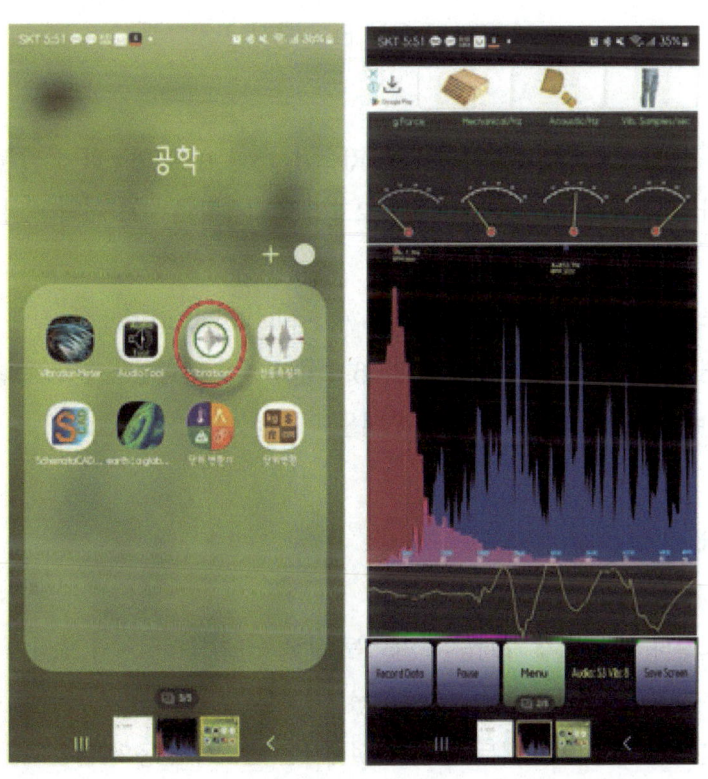

[그림 13.6.4] 핸드폰 진동 어플

```
cla,clc;
fid =fopen('data2.dat');
if fid ==-1
    disp('Error. check the file')
else
    a= textscan(fid, '%f %f %f %f %f');
end

time= a{1};Xvib= a{2};Yvib= a{3};Zvib= a{4};

subplot(411)
plot (time,Xvib);grid;
title("Car Vibration");xlabel("time[s]");ylabel("Vibration")
xlim([0 8]);
hold on
plot (time,Yvib);plot (time,Zvib);
hold off

n=length(time);
fs=418;T= 8.0263;df =1/T;
nyquist =fs/2;

x = fft(Xvib);
y = fft(Yvib);
z = fft(Zvib);
%f = ((1:n)-1)*df;
f =(1:n/2)/(n/2)*nyquist;
pxx = abs(x(1:n/2)).^2 ;
pyy = abs(y(1:n/2)).^2 ;
pzz = abs(z(1:n/2)).^2 ;

subplot(4,1,2)
plot(f,pxx)
plot(f,pzz)
xlim([0 60]);
ylim([0 90000]);
xlabel('Frequency'); ylabel('X-Power')
title('Power versus frequency')

subplot(4,1,3)
plot(f,pyy)
plot(f,pzz)
xlim([0 60]);
ylim([0 90000]);
xlabel('Frequency'); ylabel('Y-Power')
title('Power versus frequency')

subplot(4,1,4)
plot(f,pzz)
xlim([0 60]);
ylim([0 90000]);
xlabel('Frequency'); ylabel('Z-Power')
title('Power versus frequency')
```

[그림 13.6.5] FFT 분석 프로그램

또한, [그림 13.6.3]은 핸드폰의 진동 어플([그림 13.6.4])를 이용하여 자동차의 정차시 진동을 분석한 예이다. 이런 FFT분석은 Matlab 프로그램을 이용하였는데, 이때 사용한 코드는 [그림 13.6.5]와 같다.

Matlab코드를 굳이 구매하지 않고, https://matlab.mathworks.com/에 들어가 Online으로 회원 가입하면 쉽게 접근할 수 있다. [그림 13.6.4]의 빨간 사각형은 핸드폰 웹으로 측정된 데이터를 matlab서버에 업로드하고 처리하는 포맷을 나타낸 것이다.

13.6.3 임계 주파수의 제어

정적인 구조물의 공진 임계 주파수의 제어는 고장 난 펌프에서처럼 현장에 일차적인 책임이 있다. 왜냐하면, 제조업체에서는 일반적으로 강성 구조물을 지지하는데 적합한 해결방안과 커플링과 교차한 정렬을 포함하지 않기 때문에, 현장 설계자는 반드시 진동의 불필요한 증폭에 대한 최종적인 방지대책을 제공해야 한다.

이와는 반대로 동적(회전하는)인 구조물의 공진 임계 주파수의 제어는 제조업체에 책임이 있다. 왜냐하면, 3상 모터 구동기는 rpm의 제한된 선택 내에서 이용할 수 있으므로, 시행착오의 방법으로는 문제를 발생시킬 수 있는 대부분 회전속도를 제거하는 데 시간이 오래 소요된다.

그러나, 회전수를 변화시키기 위한 인터버를 사용하는 구동기는 현재 상당히 일반화가 되어가고 있지만, 부득이하게 이러한 변속 운전은 중간적인 주파수에서 예기치 못한 과도한 진동의 레벨을 생성시킬 수 있다.

저가의 변속 구동기의 사용은 현장에서 손실이 많은 문제점을 형성할 수 있다. 그래서 잠재적인 진동 근원에 대한 철저한 평가가 설치 전에 권장된다. 저 rpm, 위에 매달린 무거운 트레쉬 펌프 임펠러와 임펠러 베인의 제한된 수는 동시적으로 높은 여진의 발생과 임펠러 조립 부품의 임계 주파수 증폭을 생성할 수 있다.

임펠러 조립 부품의 임계 주파수는 오직 펌프의 설계 단계에서 조절될 수 있다. 그러나 임계 주파수에 대한 수학적인 계산과 경험상의 현장 점검으로부터 대부분 펌프가 제대로 진동에 대하여 고려를 하지 않고 있음을 발견하곤 한다.

찾아보기

(A)

ANSI/HI 1.1-1.5, 1994 ······ 86, 97

ANSI/HI 9.8 Pump Intake Design
　······································ 201

(C)

CFD ······································ 195

Cone/Plate 점도계 ············· 92

cone/plate 점도계 ············· 85

(D)

dip현상 ································ 33

Duplex Metals ···················· 48

(F)

FFT 분석 ··························· 282

(G)

Grand Seal ·························· 38

(H)

HI 규격 1988, 원심펌프 1.6
　······································ 170

(J)

Joukowsky의 압력 서지 공식
　······································ 227

JSME S 004-1984 ············· 201

(L)

Labyrinth 밀봉 ···················· 58

(N)

NEMA ···································· 62

(P)

PIV 방법 ···························· 194

PTFE ····································· 59

PWM ··································· 142

(S)

SEM ································ 87, 93

Stepanoff ························ 52, 95

(T)

TSJ S 002 ·························· 201

(V)

VS(Variable Speed) 커플링 방식
　······································ 136

VVVF ·································· 136

(W)

Wide Sweep Elbow ········· 168

(Y)

Young의 탄성계수 ············ 242

(ㄱ)

가능유효흡입헤드 ················ 162

가스켓 ··································· 59

색인

가압펌프 시스템 ················ 69
가진 주파수 ······················ 278
강체해석 ···························· 231
개방형 임펠러 ···················· 44
고유 주파수 ······················ 279
고해 ···································· 92
곡관 ·································· 111
공기유입 보텍스 ··············· 191
관로저항곡선 ········ 105, 183, 262
관말제어 ···························· 68
관성에너지 ················ 145, 262
글리세린 ···························· 84
급속 폐쇄 ························ 230
급폐 ································ 250
기하학적 상사 ················· 201
깃의 형태 ·························· 49

(ㄴ)
논-글러깅 임펠러 ················ 44
뉴턴유체 ··············· 81, 84, 94

(ㄷ)
다단 펌프 ·························· 68
다운 힐 ··························· 270
단단 펌프 ·························· 68
단속 보텍스 ····················· 192
단위 양정 ·························· 74
단위 유량 ·························· 74
달시-바이스바하 식 ··········· 111
대시포트 ·························· 249
동력소비곡선 ····················· 31
동심 리듀서 ····················· 167
동심 보텍스 ····················· 192

뒷 베인 ······························ 40
뒷굽은 깃 ·························· 51
등가상등길이 ····················· 28
디퓨저 펌프 ······················ 46
딕소트로픽 유체 ················ 84

(ㄹ)
레오펙틱 유체 ···················· 84
레이놀즈 수 ······················ 202
롤러 베어링 ······················· 53
리데나 ································ 57
리테이너 ····························· 57

(ㅁ)
마그네틱 커플링 ················ 61
마모 ····························· 48, 193
마찰손실 ···························· 26
마찰에너지 ·························· 8
미캐니컬 실 ················ 38, 56
밀봉장치 ···························· 54
밀폐형 임펠러 ···················· 41

(ㅂ)
바깥지름 ···························· 52
반동도 ································ 52
반지름 방향 추력 ······· 33, 264
발란싱 홀 ···················· 38, 40
배관 두께 ························ 242
배유 ································· 278
배플 ································· 168
백풀아웃 ···························· 35
밸브 교축 ·················· 107, 156
밸브관련 히스테리 ··········· 136

283

알기 쉽게 풀어 쓴 펌프이야기

버블형성 ················· 178	상사법칙 ················· 77, 95,
버킷 스트레이너 ··············· 211	················· 109, 275
벌루트 펌프 ··············· 35	서지탱크 ················· 248
베르누이 방정식 ············· 5	서징현상 ················· 193
베어링 ················· 33, 53	설탕물 ················· 85
베이스 ················· 62	세미 개방형 임펠러 ········· 42
베인의 개수 ··············· 45	소음 ················· 61, 130,
벨마우스 ················· 169, 206	················· 164, 178
변속시스템 ················· 33	속도삼각형 ················· 77
변속운전 ················· 130, 135, 147	손실 양정 ················· 26, 111
병렬운전 ················· 120, 128	손실 해석 ················· 260
보텍스 ················· 28, 44,	수격 현상 ················· 219
················· 166, 191	수두 ················· 3
보텍스 방지 기구 ············· 208	수리모형실험 ············· 166, 191, 200
보텍스 펌프 ··············· 44	수주 분리 ················· 11
보텍스의 판정기준 ············· 215	수주분리 ················· 273
봉수 ················· 55	수중 보텍스 ················· 191
부르동 압력계 ··············· 2	수중 펌프 ················· 67
부손실 ················· 28, 111,	수증기압 ················· 179
················· 173, 225	수직형 ················· 68
부스터 펌프 ··············· 68	수충격 ················· 273
불균일 유동 ··············· 194	순수 점성 뉴턴유체 ········· 83
붕괴 현상 ················· 177	쉬라우드 ················· 44
브라시우스 식 ··············· 173	스러스트 베어링 ············· 53
비뉴턴유체 ················· 81, 85, 102	스월미터 ················· 205, 215
비속도 ················· 25, 73, 259	스터핑 박스 ················· 54
비침전 슬러리 ··············· 86	슬러리(현탁액) ················· 68
빙햄유체 ················· 83	시간 독립성 비뉴턴유체 ········ 83
	시간 의존성 비뉴턴유체 ········ 84
(ㅅ)	실양정 ················· 20
사류펌프 ················· 32, 65, 68	실험절차서 ················· 214
사류형태 ················· 39	싸이클 타임주기 ············· 230
사이펀 효과 ················· 11, 271	써지안전밸브 ················· 255

(ㅇ)

압력 ································· 1
압력조절수조 ················ 248
압력헤드 ·························· 3
압상시스템 ···················· 162
앞굽음 깃 ························ 51
양정 수정계수 ················ 99
양흡입 원심펌프 ············ 37
양흡입펌프 ····················· 64
에너지 방정식 ·················· 6
에어포켓 ························ 167
역방향 편심 리듀서 ······ 167
역지밸브 ························ 249
역학적 상사 ··················· 201
연속 보텍스 ··················· 192
연합운전 ················ 125, 133
염료분사 실험 ··············· 207
오일 실 ··························· 57
완속 폐쇄 ··············· 230, 250
완화 ······························· 236
완화방법 ························ 247
우상승곡선 ······················ 33
운전점 ······················ 78, 105,
 ································· 128, 182
원심형태 ··················· 39, 40
원주속도 ························· 52
웨버 수 ·························· 202
웨어링 ···························· 41
위치 헤드 ····················· 4, 8
유량곡선 ························ 250
유량누설 ························· 38
유량수정계수 ·················· 99

유량제어밸브 ················ 269
유체커플링 ··············· 77, 136
유효흡입헤드 ················ 162
의가소성유체 ·················· 93
이상 유동 ························ 81
이차 유동 ······················ 212
인듀서 ····················· 45, 211
인버터 ················ 69, 77, 136
일본터보기계학회 ········· 197
임계속도 ························· 90
임계주파수 ··················· 279
임계폐쇄 시간 ··············· 236
임펠러 ················ 35, 39, 73
임펠러 아이 ··················· 157
임펠러 컷팅 ······ 49, 77, 108
입형 ······························· 68

(ㅈ)

재순환현상 ···················· 187
전단농화(Shear Thickening) 유체
 ·· 83
전단박화(Shear Thinning) 유체
 ·· 83
전단율 ····························· 82
전단응력 ························· 82
전력원단위 ············· 121, 151
전양정 ···························· 20
점성 ························ 81, 202
점성계수 ························· 82
점탄성 유체 ···················· 84
접근유량 ······················· 194
접근유속분포 ················ 207
정압 ································· 3

정적헤드 ······················· 18
주손실 ···················· 111, 173
중간유속 ······················ 203
직렬운전 ······················ 126
진동 ······················ 178, 278

(ㅊ)
차단양정 ······················· 25
차단운전 ······················· 25
차동헤드 ······················ 184
천공 ························· 200
청동 ·························· 47
체적탄성계수 ·············· 226, 241
체절양정 ······················· 25
체절운전 ······················· 25
체크밸브 ············ 158, 248, 272
최고효율점 ····················· 33
최대 유량점 ···················· 31
최소유량 ······················· 33
축류펌프 ················ 34, 65,132
축류형태 ······················· 39
축소비 ······················· 201
축추력 ················· 38, 40, 53
출구 각도 ······················ 50
출구 조건 ······················ 18
침식 ···················· 48, 178,
 ·························· 187, 193
침전 슬러리 ···················· 86

(ㅋ)
캐비테이션 ·············· 33, 162,
 ·························· 169, 170,
 ·························· 273, 280

캔드 모터(Canned Motor) 펌프
 ····························· 61
커플링 ························ 60
컨트롤 밸브 ·············· 149, 272
컷워터 ························ 39
케이싱 ···················· 35, 37
코팅 ························ 261
콜레브룩-화이트 식 ············ 112

(ㅌ)
탄성해석 ····················· 225
탱크를 이용한 압상시스템 ····· 162
토출정압헤드 ·················· 20

(ㅍ)
파동속도 ················ 226, 240
파스칼 법칙 ····················· 4
패임 보텍스 ·················· 192
패킹 ·························· 54
패킹상자 ················· 38, 264
팽창성 유체 ···················· 83
퍼지기간 ····················· 263
펄프액 ················ 85, 91, 104
펌프 특성 곡선 ········ 24, 30, 105
펌프 흡수정 설계기준 ········· 201
펌프성능 환산법 ················ 99
펌프에너지 ····················· 5
편류유동 ····················· 194
편흡입 펌프 ··················· 64
포화증기압 ··················· 163
폴리머용액 ···················· 83
풋밸브 ······················ 158
프라우드 수 ·················· 201

프라이밍 ·············· 158
프리네스 ·············· 91
프리셋타임 ·············· 256
프와송비 ·············· 242
플라이휠 ·············· 247
플랜지 ·············· 59
플레이트 ·············· 62
플렉시블 커플링 ·············· 61
피토관 ·············· 206
필요 흡입양정(NPSHre) ······· 127
필포트 ·············· 159

(ㅎ)
하젠-윌리암 식 ·············· 107
헤드 ·············· 3, 8, 10
헬리컬 유동 ·············· 28, 211
혼류 ·············· 32
황토물 ·············· 85, 86
회전수 변화 ·············· 110, 238
회전영향 ·············· 168
효율 ·············· 259
효율 수정계수 ·············· 99
흡상 시스템 ·············· 169, 172
흡수정 ·············· 68, 158
흡수정 관련 코드 ·············· 196
흡입 가이드 ·············· 211
흡입 스플리터 ·············· 211
흡입 압력 ·············· 41
흡입비속도 ·············· 177
흡입손실 ·············· 170
흡입정적헤드 ·············· 20
흡입조건 ·············· 157